Helge Bergmann
Wasser, das Wunderelement?

Weitere Bücher aus der Erlebnis Wissenschaft Reihe:

Al-Shamery, K. (Hrsg.)
Moleküle aus dem All?
2011
ISBN: 978-3-527-32877-2

Schwedt, G.
Die Chemie des Lebens
2011
ISBN: 978-3-527-32973-1

Schwedt, G.
Lava, Magma, Sternenstaub
Chemie im Inneren von Erde, Mond
und Sonne
2011
ISBN: 978-3-527-32853-6

Gross, M.
**9 Millionen Fahrräder am Rande
des Universums**
Obskures aus Forschung und Wissenschaft
2011
ISBN: 978-3-527-32917-5

Hüfner, J., Löhken, R.
Physik ohne Ende
Eine geführte Tour von Kopernikus
bis Hawking
2010
ISBN: 978-3-527-40890-0

Roloff, E.
Göttliche Geistesblitze
Pfarrer und Priester als Erfinder und Entdecker
2010
ISBN: 978-3-527-32578-8

Zankl, H.
Kampfhähne der Wissenschaft
Kontroversen und Feindschaften
2010
ISBN: 978-3-527-32579-5

Weiterführende Literatur zum Thema

Koelle, W.
Wasseranalysen – richtig beurteilen
Grundlagen, Parameter, Wassertypen,
Inhaltsstoffe
2010
ISBN: 978-3-527-32522-1

Helge Bergmann

Wasser, das Wunderelement?

Wahrheit oder Hokuspokus

WILEY-VCH Verlag GmbH & Co. KGaA

Autor

Helge Bergmann
Waldstraße 10
56220 Bassenheim

Satz Mitterweger & Partner, Plankstadt

Druck und Bindung CPI – Ebner & Spiegel, Ulm

Umschlaggestaltung Bluesea Design,
McLeese Lake, Canada

In dem Buch werden in einzelnen Fällen
Firmen- oder Produktnamen genannt. Die
Nennung bedeutet nicht, dass diese Firmen
oder Produkte unterstützt oder empfohlen
werden oder dass eine finanzielle Beziehung
des Autors zu einer Firma vorliegt.

1. Auflage 2011
1. Nachdruck 2013

Alle Bücher von Wiley-VCH werden sorgfältig
erarbeitet. Dennoch übernehmen Autoren,
Herausgeber und Verlag in keinem Fall, ein-
schließlich des vorliegenden Werkes, für die
Richtigkeit von Angaben, Hinweisen und Rat-
schlägen sowie für eventuelle Druckfehler
irgendeine Haftung

**Bibliografische Information
der Deutschen Nationalbibliothek**
Die Deutsche Nationalbibliothek verzeichnet
diese Publikation in der Deutschen National-
bibliografie; detaillierte bibliografische Daten
sind im Internet über http://dnb.d-nb.de
abrufbar.

© 2011 Wiley-VCH Verlag & Co. KGaA,
Boschstr. 12, 69469 Weinheim, Germany

Printed in the Federal Republic of Germany

Gedruckt auf säurefreiem Papier

Print ISBN 978-3-527-32959-5

Inhalt

Wasser, das Wunderelement? 1. Auflage. Helge Bergmann
© 2011 WILEY-VCH Verlag GmbH & Co. KGaA, Weinheim

Danksagung

Über die Themen in diesem Buch habe ich über viele Jahre in der Familie und mit zahlreichen Freunden und Kollegen diskutiert.

Insbesondere mit meiner Frau Erika führte ich intensive Gespräche darüber. Ihnen allen danke ich für ihre Hinweise, ihre Kritik und ihre Aufmunterung.

Meine Frau half auch noch in der Schlussphase des Manuskripts, inhaltliche und formale Mängel zu beheben. Ihr widme ich in Dankbarkeit dieses Buch.

Vorwort

»Der Glaube soll ruhig auf seiner Burg bleiben.
Da ist er sicher und geborgen.«
»Wer sich aufs Gebiet des Verstandes begibt,
muss sich den Gesetzen des Landes fügen.«

Wilhelm Busch

Wasser wird in vielen Kulturen der Welt als Grundlage des Lebens beschrieben: Für den griechischen Philosophen Empedokles galt es vor über 2000 Jahren mit Luft, Erde und Feuer als eines der vier Weltelemente. In zahlreichen Mythen spielt Wasser eine Rolle als Symbol der Kraft oder des Lebens, bezeugt durch eine Unzahl von Göttern und heiligen Wesen, die das Wasser in seinen vielfältigen Formen verkörpern. In vielen Religionen wird Wasser als Urquell des physischen wie auch des spirituellen Lebens beschrieben.

Zu Beginn meiner beruflichen Zeit als Wasserchemiker spielten solche Bezüge keine Rolle. Erst später kamen zum wissenschaftlichen Arbeiten mit dem Wasser auch andere Lebenserfahrungen dazu, die häufig rational nicht erklärbar waren. Im Lauf der Jahre entwickelte sich dann bei mir die Frage, ob das Wasser – wie häufig dargestellt – neben seiner physikalisch-chemischen Existenz möglicherweise auch eine spirituelle Rolle spielen könnte. Dazu beigetragen haben viele Behauptungen über das Wasser, die mit meinem wissenschaftlich geprägten Denken nur wenig oder gar nicht übereinstimmten. Solche Darstellungen befassen sich unter anderem mit folgenden Themen:

- Es gibt in der Natur normales und besonderes Wasser.

- Es gibt technische Möglichkeiten, auf das normale Wasser spirituelle Energie zu übertragen, Wasser zu energetisieren.

- Wasser speichert Informationen, es besitzt ein Gedächtnis.

- Wasser kann ungewöhnliche Energie liefern.

- Als gemeinsamer Nenner: vitalisiertes, informiertes oder ähnliches Wasser kann man herstellen oder kaufen.

Wasser, das Wunderelement? 1. Auflage. Helge Bergmann
© 2011 WILEY-VCH Verlag GmbH & Co. KGaA, Weinheim

Es gab also immer wieder einen offensichtlichen Widerspruch zwischen der naturwissenschaftlichen und der esoterischen Sicht auf das Thema Wasser. Dies führte schließlich dazu, dass ich mich auf eine Wanderung zwischen diesen zwei Welten begab. Ich wollte den Pfad zwischen den naturwissenschaftlichen und den esoterischen Darstellungen des Wassers suchen und dabei herausfinden, wo eventuell gemeinsame Ansatzpunkte sind und wo sie nicht übereinstimmen. Es war ein Weg zwischen der rationalen Naturwissenschaft und der Noetik, der Lehre vom wahren Erkennen nicht nur auf dem Einsatz der Logik beruhend. Das Ergebnis dieses Abenteuers – zu Anfang offen, am Ende weitgehend eindeutig – ist auf den folgenden Seiten zu lesen.

Auch als Naturwissenschaftler besitzt man in einem bestimmten Maß eine subjektive und damit auch beschränkte Sichtweise. Man neigt zur Auswahl und Betonung solcher Informationen, die in das persönliche Konzept passen. Um diese selektive Interpretation zurückzudrängen, werden bei aller kritischen Distanz zu esoterischen Meinungen häufig Originaltexte aus der Literatur oder dem Internet zitiert. Ihre Gegenüberstellung mit naturwissenschaftlichen Regeln ergibt nicht immer ein schlüssiges Bild mit einer eindeutigen Aussage, erleichtert aber den Lesern die Bildung einer eigenen Meinung.

Ein Ansatz für dieses Buch ist der Versuch, dem Missbrauch der Naturwissenschaften entgegenzutreten. Häufig wird die Wissenschaft als eine Art »Gütesiegel« verwendet, ohne deren Grundlagen und Grenzen zu kennen oder zu berücksichtigten. Es entstehen zum Teil groteske »wissenschaftliche« Darstellungen, die für Nichtwissenschaftler aber oft nicht als Pseudowissenschaft zu erkennen sind. Dabei ist das Wasser nur ein Gebiet von vielen, auf denen dieser Missbrauch zum Zweck des Geldverdienens betrieben wird. Aus meiner Sicht ist es daher notwendig, solchen Pseudowissenschaften die gegenwärtigen Erkenntnisse der Naturwissenschaft zum Thema Wasser gegenüberzustellen.

Dieses Buch ist somit für diejenigen von Interesse, die sich für das Wesen des Wassers interessieren, so wie es die Naturwissenschaft sieht und die den Vergleich zu anderen Ansichten ziehen wollen. Es kann den Menschen Informationen liefern, die sich in ihrem Leben fachlich mit dem Thema Wasser beschäftigen. Es gibt Hinweise auf den meist unbekannten Markt des esoterischen Wassers und beschreibt dessen Darstellungen. Darüber hinaus wird es potenziellen Käufern des sogenannten besseren Wassers mit diesem Buch möglich sein, mit mehr eigenem Wissen und damit kritischer an die Fragen rund um das Wasser heranzugehen. Manche Enttäuschung über fehlende Wirkung und verlorenes Geld könnte damit vermeidbar werden.

Das Buch richtet sich weiterhin an diejenigen, die vermeintlich wissenschaftliche Informationen über das sogenannte besondere Wasser verbreiten, dahinter aber vor allem ihre kommerzielle Absicht verbergen. Möglicherweise werden sie die eine oder andere ihrer Darstellung auf ihre Glaubwürdigkeit überprüfen. Zumindest werden solche Verkäufer erkennen können, dass der Anspruch auf Wissenschaftlichkeit mehr verlangt als nur Behauptungen und pseudowissenschaftliche Worthülsen.

Ich habe versucht, die wissenschaftlichen Anteile in den Beiträgen so leicht verständlich wie möglich zu halten. Ohne ein bestimmtes Maß an Fachbegriffen ist dieses Thema aber nicht zu abzuhandeln. Selbst in der esoterischen Literatur über Wasser wimmelt es nur so von (pseudo)wissenschaftlichen Texten. Damit verlangt das Buch von Ihnen, liebe Leser, ein bisschen Konzentration und Ausdauer. Auf der anderen Seite kann das Lesen auch als weitläufiger Spaziergang durch die Naturwissenschaften und die Wasseresoterik betrachtet werden, der gleichzeitig Vergnügen bereitet wie neue Einsichten vermittelt.

Bassenheim, Juni 2011   *Helge Bergmann*

1

Von der Ursuppe zum Trinkwasser

Wasser, das Wunderelement? 1. Auflage. Helge Bergmann
© 2011 WILEY-VCH Verlag GmbH & Co. KGaA, Weinheim

Mythos Wasser

Urstoff Wasser

Schöpfungsmythen

In den meisten Schöpfungsmythen und Religionen weltweit spielt Wasser eine fundamentale Rolle. Dabei wird das Wasser oft nicht erst geschaffen wie Himmel oder Erde, sondern ist einfach von Anfang an da. Die eigentliche Schöpfung der Welt oder die Ankunft von Gottheiten geschieht bereits in Anwesenheit des Wassers oder im Schiff auf dem Wasser (Abb. 1). So steht in der Bibel gleich zu Beginn »...und der Geist schwebte über dem Wasser«. [1] Erst danach wurden von Gott das Licht, Pflanzen, Tiere und der Mensch geschaffen. Im Koran wird das Vorhandensein des Wassers ähnlich beschrieben: »Haben die Ungläubigen nicht gesehen, dass die Himmel und die Erde eine Einheit waren, die Wir dann zerteilten? Und Wir machten aus dem Wasser alles Lebendige«. [2] Auch die Schöpfung der Menschen aus Wasser wird beschrieben: »Es ist Er, der den Menschen aus Wasser erschuf«. [3, 4]

Es scheint so, als ob die Menschen seit alters her die immense Wasserfülle in großen Teilen der Erde und die starke Abhängigkeit der menschlichen Existenz vom Wasser dadurch verinnerlicht haben, dass es schließlich als Urstoff galt und gar nicht mehr erschaffen werden musste.

Die grundlegende Bedeutung des Wassers wird auch von der Naturwissenschaft in gewisser Weise mitgetragen. Aus heutiger Sicht entstand das erste Leben auf der Erde vor Milliarden von Jahren in einer Ursuppe. Nach der Hypothese bestand diese aus Wasser, in dem wichtige Molekülbausteine für das heutige Leben entstanden und miteinander reagierten. Näheres dazu wird im nachfolgenden Kapitel beschrieben.

Wasser, das Wunderelement? 1. Auflage. Helge Bergmann
© 2011 WILEY-VCH Verlag GmbH & Co. KGaA, Weinheim

Abb. 1 Wie in den Mythen und Religionen vieler Kulturen war auch bei den Asmat, einem Volk in Papua Neuguinea, in der Urzeit die Erde mit Wasser bedeckt. [5]

Gottheiten und Nymphen

Es verwundert nicht, dass die Bedeutung des Wassers in den Religionen und Mythen der Völker auch in den überirdischen Wesen reflektiert wird, die die Welt aus der Sicht der jeweiligen Kultur erschaffen haben und sie steuern. Über die drei monotheistischen Religionen und den Buddhismus hinaus gibt es kaum eine Religion oder einen Mythos, wo dem Wasser nicht ein eigener Gott oder gottähnliche Wesen, z. B. Quellennymphen und Wassergeister, zugeordnet werden.

Ebenso vielfältig wie die Gottheiten sind die Rituale, die weltweit das Wasser als Element beinhalten. Es wird vor allem in zweierlei Hinsicht verwendet: zum äußeren Reinigen des Körpers vor und im Verlauf eines Rituals und zur inneren, spirituellen Reinigung des Menschen. In dieser Form wird das Wasser auch im Christentum bei der Taufe eingesetzt.

Die Zahl der Gottheiten und Rituale, die mit dem Wasser verknüpft sind, ist unüberschaubar. Zur weiteren Lektüre kann hier auf eine andere ausführliche Informationsquelle verwiesen werden. [6]

Die Sintflut

Neben den Mythen von der Schöpfung der Erde gibt es mit der Sintflut einen weiteren Wassermythos, der weltweit eine erstaunliche Übereinstimmung zeigt. In der Bibel wird der Beginn dieses Ereignisses so beschrieben: »An diesem Tag brachen alle Brunnen der großen Tiefe auf und taten sich die Fenster des Himmels auf, und ein Regen kam auf Erden vierzig Tage und vierzig Nächte. Und die Wasser wuchsen gewaltig auf Erden hundertundfünfzig Tage«. [7] Die gewaltige Überschwemmung wird als Strafe Gottes dargestellt, die nur Noah mit seiner Familie und ausgewählte Tierpaare überlebten.

Die Bibel ist jedoch nicht die einzige Stelle, die eine solch umfassende, für viele Lebewesen tödliche Flutkatastrophe beschreibt. Die wohl älteste schriftlich überlieferte Schilderung einer Sintflut ist im Gilgamesch-Epos zu finden, einer Dichtung aus dem babylonischen Raum, angefertigt vor etwa 4000 Jahren. In der hinduistischen Mythologie war es Manu, der erste Mensch, der ebenfalls ein Schiff baute und darauf die Sintflut überlebte. Bereits in den Jahren 1869 und 1925 berichteten Heinrich Lüken bzw. Johannes Riem von über zweihundert anderen sintflutähnlichen Mythen aus aller Welt. Viele stimmten in zentralen Aspekten überein, z. B. dem Auftreten einer Flut oder Überschwemmung, das Verschulden der Flut durch die Menschen und deren Rettung. Diese Mythen wurden auf der ganzen Welt, in weit voneinander gelegenen Kulturen wie Europa, Indien, China, bei den Azteken, den Aborigines in Australien und den Indianern Amerikas, gefunden.

Ein solches Naturereignis, das in der Bibel auch noch recht detailliert dargestellt ist, animiert nicht nur Künstler (Abb. 2). Bibelkritische Naturwissenschaftler reizt ein solcher Vorfall, eine rationale Erklärung zu finden. Viele Theorien wurden dazu ausgedacht: außergewöhnliche regionale Überschwemmungen, riesige Flutwellen, verursacht durch eingeschlagene Meteoriten und Erdbeben, ein Wassereinbruch in das Schwarze Meer oder in das Mittelmeer. Solche Katastrophen gibt es bis heute, wie die große Überschwemmung 2010 in Pakistan oder in Indonesien 2004 ein Tsunami mit über 200000 Todesopfern zeigten. Keine dieser Sintfluttheorien konnte jedoch bisher überzeugen. Trotz vieler Ideen und Forschungsergebnisse gibt es also heute noch keine plausible Vorstellung davon, wie (und ob) die Sintflut als historisches Ereignis erklärt werden könnte. Möglicher-

Abb. 2 Darstellung der Sintflut von Gustave Doré

weise ist sie die Überlieferung einer katastrophalen Überschwemmung, von der die Menschheit im Lauf ihrer Entwicklung in vielen Regionen der Erde betroffen war.

Wasser-Wunder in der Bibel

Der Begriff Wunder wird in vielfältiger und sehr unterschiedlicher Bedeutung verwendet. Er bedeutet meist ein Ereignis, das unvorhersehbar war oder unerklärlich erscheint. Wenn wir an die sieben Weltwunder des Altertums denken, wird aber auch klar, dass selbst vom Menschen hergestellte Artefakte, wenn sie nur imposant genug sind, als Wunder bezeichnet werden. Die heutige inflationäre Verwendung des Wunders mag damit eher ein Ausdruck der Übertreibung, insbesondere im Vokabular von Geschäftemachern, geworden sein. Mit Religion, Magie oder dem schlichten Staunen über Unerklärliches hat es kaum mehr etwas zu tun.

In der Bibel wird statt des Wortes Wunder meist Zeichen verwendet. Es beschreibt Vorkommnisse, die von Tätigkeiten Gottes oder Jesu handeln, die den Menschen als unerklärlich galten und überliefert wurden. Die Bibel enthält zahlreiche Beschreibungen solcher Wunder, von denen einige herausgegriffen werden, die mit unserem Thema Wasser zu tun haben. Dabei entwickelten sich in der modernen Zeit zwei grundsätzliche Sichtweisen: Die Wunder werden bibeltreu als wahre Vorkommnisse akzeptiert oder sie werden als Gleichnis angesehen und von manchen bibelkritisch auf ihren möglichen realen Grund hinterfragt. Der zweite Ansatz steht natürlich der generell kritischen Naturwissenschaft deutlich näher, ohne dass dies jemanden vom Glauben abhalten sollte. Einige Beispiele sollen dieses Hinterfragen von Wasser-Wundern in der Bibel zeigen.

Die Israeliten gehen durch das Rote Meer

Bei ihrer Flucht aus Ägypten gerieten die Israeliten in eine Falle: hinter ihnen die ägyptischen Verfolger, vor ihnen das Rote Meer. Durch ein Wunder wurden sie gerettet: »Als nun Mose seine Hand über das Meer reckte, ließ es der Herr zurückweichen durch einen starken Ostwind die ganze Nacht und machte das Meer trocken und die Wasser teilten sich ... Die Israeliten gingen trocken mitten durchs Meer und das Wasser war ihnen eine Mauer zur Rechten und zur Linken«. [8]

Dieser Vorgang wird heute als durchaus erklärbar angesehen. Bibelforscher vermuten dahinter einen Übersetzungsfehler in der Frühzeit der Bibel, nachdem die ersten Fassungen des Neuen Testaments angefertigt worden waren. Danach soll im Text ursprünglich ein Schilfmeer gemeint gewesen sein, aus dem dann das Rote Meer wurde. Dass ein Schilfmeer, also eine Sumpfzone, von kundigen Leuten durchquert werden kann, ist plausibel. Ebenso ist es mit einiger Fantasie möglich, hohes Schilf, das sich im Wind wiegt, als Wogen anzusehen. Daneben wird darauf hingewiesen, dass auch andere Routen infrage kommen könnten, die ebenfalls durch Schilf- und Sumpfgebiet führten, für Menschen passierbar, nicht aber für Pferde und Wagen. Schließlich gibt es noch die Meinung, ein Riff im Roten Meer könnte durch den erwähnten Ostwind für kurze Zeit freigelegt worden sein und die Durchquerung erlaubt haben.

Bitteres Wasser wird süß

»Da kamen sie nach Mara; aber sie konnten das Wasser von Mara nicht trinken, denn es war sehr bitter. ... Da murrte das Volk wider Mose und sprach: Was sollen wir trinken? Er schrie zu dem Herrn und der Herr zeigte ihm ein Holz; das warf er ins Wasser, da wurde es süß«. [9]

Diese Erzählung aus dem Alten Testament ist weniger bekannt als andere Bibel-Wunder. Aus naturwissenschaftlicher Sicht könnte der bittere Geschmack auf salzhaltiges, eventuell magnesiumreiches Wasser hindeuten (Magnesiumsulfat = Bittersalz). Diese Art von bitterem oder salzigem Quellwasser gibt es an vielen Stellen der Erde. Eine rationale Erklärung für den Vorgang der Wasserverbesserung und für die Rolle des Holzes ist jedoch nicht zu finden.

Wasser wird zu Wein

Nachdem bei einer Hochzeit in Kana der Wein ausgegangen war, sorgte nach der Erzählung in der Bibel Jesus für Nachschub: »Jesus spricht zu ihnen: Füllt die Wasserkrüge mit Wasser! Und sie füllten sie bis obenan. Und er spricht zu ihnen: Schöpft nun und bringt's dem Speisemeister! Und sie brachten's ihm. Als aber der Speisemeister den Wein kostete, der Wasser gewesen war...« [10]

Dieses Wunder ist naturwissenschaftlich in keiner Weise zu erklären. Es würde bedeuten, dass aus Wasser (H_2O) neue Substanzen wie Alkohol, Zucker und viele Aromastoffe entstanden waren, die vor allem Kohlenstoff enthalten und eine völlig andere molekulare Struktur aufweisen. An diesem Wunder scheiden sich die Geister besonders krass: Entweder man glaubt vorbehaltlos daran und nimmt die Verletzung naturwissenschaftlicher Gesetze in Kauf oder man erklärt es durch Magie, ähnlich dem aus dem Hut gezauberten Kaninchen. Dies setzt – analog zum realen Kaninchen – voraus, dass jemand neuen Wein irgendwoher besorgt, dies aber verschwiegen hatte.

Jesus geht über das Wasser

Die Geschichte schildert einen Vorfall auf dem See Genezareth. Die Jünger Jesu waren gerade dabei, über den See zu rudern: »Und er sah, wie sie sich beim Rudern abmühten, denn sie hatten Gegenwind. In der vierten Nachtwache ging er auf dem See zu ihnen hin, wollte aber an ihnen vorübergehen. Als sie ihn über den See gehen sahen, meinten sie, es sei ein Gespenst, und schrien auf«. [11]

Dazu ist zu bemerken, dass die Fähigkeit auf dem Wasser zu gehen, bereits in der Antike manchen Göttern zugeschrieben wurde. Sie galt als Zeichen ihrer Macht, das zu tun, wozu Menschen nicht in der Lage sind. Insofern könnte hier eine Übernahme dieses Göttermythos auf

Jesus vorliegen. Als weitere, neuere Erklärung wurde das überraschende Ereignis eines Temperatursturzes am See Genezareth angeboten. [12] Dadurch soll sich Eis gebildet haben, über das Jesus laufen konnte. Angesichts der physikalischen Details der biblischen Geschichte – rudernde Männer, Gegenwind und Wellen – scheint diese Idee einer tragfähigen Eisschicht aber nicht sonderlich plausibel zu sein.

Die in der Bibel geschilderten Wunder bleiben also weiterhin ungeklärt. Außerdem werden sie heute nicht mehr unbedingt als wahr betrachtet. Sie wörtlich zu nehmen würde bedeuten, wesentliche Erkenntnisse in der Natur seit der Niederschrift der Bibel einfach zu ignorieren. Man kann sie aber weiterhin als Metapher sehen, d.h. als sprachliches Bild, das auch heute noch eine Bedeutung übertragen kann. Ob die Sichtweise Realität oder Gleichnis gewählt wird, hängt von der individuellen Einstellung zur Religion ab nach dem Wort Friedrichs des Großen: »Es soll jeder nach seiner Façon selig werden.«

Heilquellen, heilige Quellen, Lichtwasser, Mondwasser

Heilquellen

Es gibt eine große Zahl Wasserquellen, die für Heilzwecke genutzt werden. Bereits im Altertum waren Bade- und Trinkkuren mit diesen Wässern üblich. Heute leben ganze Ortschaften von der Balneologie (Bäderkunde), der medizinischen Nutzung solcher Quellen. Ergänzt wird sie durch weitere Anwendungen des Wassers, etwa durch die Hydrotherapie nach Sebastian Kneipp.

Heilige Quellen

Zahlreiche Flüsse, Seen und Quellen dienen in den Religionen und Mythen der Verehrung eines Gottes oder heiligen Wesens. So gibt es in Indien sieben heilige Flüsse, von denen der Ganges der bedeutendste ist. Meist sind es jedoch Quellen in aller Welt, die schon vor langer Zeit als Kultstätte dienten. Dazu werden in der Neuzeit gelegentlich neue Quellen für heilig erklärt, weil sie mit spirituellen Erfahrungen Einzelner in Zusammenhang gebracht werden. So soll der 14-jährigen Bernadette Soubirous im Jahr 1858 bei Lourdes nahe der Grotte Massabielle mehrfach eine weiß gekleidete Frau erschienen sein. Die Quelle gilt seither als heilig (Abb. 3).

Abb. 3 Die Quelle in der Grotte von Lourdes

Wichtig ist dabei, das heilige Wasser von der religiösen Seite her zu sehen. Es ist der persönliche Glaube, der dieses Wasser für den einen Menschen heilig macht, dem anderen hingegen nichts bedeutet. Das Wasser hat offensichtlich eine Wirkung auf diejenigen, die daran glauben, und es bewirkt dadurch immer wieder die Heilung Kranker. Das Wasser selbst ist aus naturwissenschaftlicher Sicht in keiner Weise von dem verschieden, das in der Nähe in einer anderen Quelle aus der Erde fließt. Auch bei einer rituellen Weihe erfährt das Wasser selbst, ob im Fluss oder aus einer Quelle, keinerlei physikalische oder chemische Veränderung, es wandelt sich auch keine Substanz in eine andere um. Bei all diesen Zeremonien, die das Wasser weihen, handelt es sich um religiös begründete, symbolische Handlungen. Materielle Veränderungen eines Wassers durch ein Ritual als wirklich zu erwarten würde bedeuten, das Symbol, den Gedanken hinter dem Ritual, nicht zu akzeptieren.

Lichtwasser

Die Wallfahrt zu einem heiligen Wasser ist aus verschiedenen Gründen nicht jedem möglich. Wer dennoch ein quasi geheiligtes Wasser für den Hausgebrauch haben möchte, findet auch dafür ein Angebot: Es gibt Lichtwasser (auch Marienwasser genannt) zu kaufen. Eine der Beschreibungen dafür lautet: »Die Lichtwässer sind als solche definiert, weil sie bei einem entsprechenden Resonanztest auf alle Frequenzen des Lichts antworten. Sie entspringen aus Quellen an speziellen Orten mit göttlichen Erscheinungen oder sie informieren sich mit Licht im Moment der Erscheinung.« [13]

Dieses Angebot fällt aus den bisherig getrennten Rahmen von Religion und Naturwissenschaft. Hier werden Orte mit göttlichen Erscheinungen mit naturwissenschaftlichen Argumenten verknüpft: »Resonanztest auf Frequenzen des Lichts ... sie informieren sich ...«. Die Wirkung des heiligen Wassers muss anscheinend wissenschaftlich begründet werden, aus welchem Grund auch immer. Wir kommen hier an ein Gebiet, das weder religiös noch naturwissenschaftlich ausgerichtet ist, sondern vorwiegend auf Geschäftemacherei zielt.

Mondwasser

Ein alternatives Angebot gibt es für Mondwasser: »Mondwasser ist sehr einfach herzustellen. Geben Sie frisches Wasser in eine saubere Karaffe und stellen Sie das Wasser nach draußen oder auf die Fensterbank, sodass das Mondlicht sich darin spiegeln kann. Je nach Mondphase wird das Wasser nun programmiert ...Vollmondwasser wirkt unterstützend und gibt Kraft. Neumondwasser unterstützt Sie z. B. bei einer Diät und hilft seelisch ins Gleichgewicht zu kommen, man findet Ruhe und Entspannung.« [14]

Wasser – ein Symbol in Gefahr

Es gibt auf der Erde wohl kein Element, das umfassender als Symbol verwendet wird als das Wasser (Abb. 4). Es repräsentiert die spirituelle Verbindung von Himmel und Erde, sein Kreislauf in der Natur gilt als Metapher für das menschliche Leben, es reinigt und heilt äußerlich wie innerlich. Weiterhin wirkt es wie kein anderes Element der Erde auf den Menschen ein: Es erhält das Leben, denn ohne Wasser kann der Mensch nicht leben. Es kann aber auch durch seine Gewalt zerstören. Es ist also nicht verwunderlich, dass das Wasser praktisch in allen Kulturen, in deren Religionen und Ritualen wie auch in der Kunst verankert ist. Seine Bedeutung für das Leben auf der Welt im weitesten Sinne ist unbestritten.

Im Lauf der letzten Jahrhunderte hat sich neben den Religionen und Ritualen ein ganz anderes Feld entwickelt: Die Naturwissenschaft mit

Abb. 4 Eine Haferähre mit Wassertropfen auf Spinn-
fäden. Für Romantiker die Perlenkette einer Fee, für
Physiker das Ergebnis der hohen Oberflächenspannung
des Wassers

ihrem forschenden Blick auf alles, was in der Natur existiert. Selbstverständlich wandte sie ihre wissenschaftliche Betrachtung auch dem
Wasser, seinen Eigenschaften und seiner Rolle in der Natur zu.

Religionen und Naturwissenschaft haben in jahrhundertelangem
Gegeneinander gelernt, sich weitgehend in den jeweiligen Grenzen
zu respektieren. Zwischen beiden entwickelte sich aber auf sehr pro-
fane Weise eine weitere Weltsicht. Da wird dem Wasser ein Gedächtnis zugeschrieben, heilige Quellen sollen wegen besonderer Schwingungen heilen, das heilige Wasser des Ganges soll deshalb wirken,
weil es Substanzen namens Hydride enthält, die man natürlich als
Nahrungsergänzungsmittel kaufen kann. Diese »Zwischenwelt«
nutzt die vertraute Symbolik des Wassers, verlässt aber die Basis der
Religionen und Mythen und wird weltlich. Sie schafft neuzeitliche
Mythen über das Wasser, die aber zum großen Teil geschäftlichen
Zwecken dienen sollen.

Dieser Bereich jenseits der religiösen und der naturwissenschaftlichen Sichtweise ist das Gebiet der Pseudowissenschaft. Im Gegensatz zu Fragen des Glaubens sehen sich hier Naturwissenschaftler
veranlasst, nachzuhaken und nach Beweisen zu fragen. Dass es dann
zwischen der pseudowissenschaftlichen und der naturwissenschaftlichen Betrachtungsweise Differenzen gibt, ist vorprogrammiert.
Große Teile des vorliegenden Buches befassen sich mit Aspekten und
Grenzüberschreitungen dieser Art.

Anmerkungen

1 Bibel, 1. Mose 1, 2
2 Koran, 21:30
3 Koran, 25:54
4 Dass nach anderen Stellen der Mensch aus Lehm oder Erde geschaffen wurde, spielt hier keine Rolle; s. Koran, 15:26, 30:20
5 Akrias Pase, Holzrelief, Daetz-Sammlung, Schloss Lichtenstein (2009)
6 Z. B.: Selbmann, S. (1995) Mythos Wasser: Symbolik und Kulturgeschichte, Badenia Verlag, Karlsruhe
7 Bibel, 1. Mose 7, 11-12
8 Bibel, 2. Mose 14
9 Bibel, 2. Mose 15, 23-25
10 Bibel, Johannes 2, 1-12
11 Bibel, Markus 6, 48-50
12 www.sueddeutsche.de/wissen/bibel-forschung-ein-eiskaltes-wunder-1.834693 (05 April 2006)
13 www.lichtwasser.ws/(21 September 2010)
14 www.hexe-lucia.de/?page–id=43777 (21 September 2010)

Wasser in der Natur

Im Jahr 1805 veröffentlichten die Wissenschaftler Joseph Gay-Lussac und Alexander von Humboldt ihre neueste Entdeckung: Wasser setzt sich aus zwei Teilen Wasserstoff und einem Teil Sauerstoff zusammen. H_2O, die wohl bekannteste chemische Formel der Welt, war geboren. Es war ein früher Meilenstein bei der noch immer andauernden Erforschung des Stoffes Wasser.

Zweihundert Jahre später, am 14. Januar 2005, erreichte die Weltraumsonde Huygens den Mond Titan, der den Planeten Saturn umkreist. Nach über acht Jahren Flugzeit durch den Weltraum landete sie auf seiner Oberfläche und schickte Bilder zur Erde zurück. Aus ihnen konnten Wissenschaftler schließen, dass sich auf der Oberfläche des Planetenmondes Wasser in Form von Eispartikel befand. Astronomen haben darüber hinaus schon seit vielen Jahren immer wieder über die Existenz von Wasser in den Weiten des Universums berichtet.

Zwischen diesen Dimensionen, dem winzigen Molekül und dem riesigen Universum, spannt sich der Bogen, der das Interesse der Naturwissenschaftler am Wasser beschreibt. Für keine andere Substanz der Erde gilt etwas Ähnliches.

Woher kommt das Wasser?

Die geschätzte Menge an Wasser auf der Erde umfasst rund 1,4 Milliarden Kubikkilometer (Abb. 5). Knapp 97 % Prozent davon füllen die Ozeane und Meere, nur 3 % liegen als Süßwasser vor, großenteils als Eis in den Polkappen und in Gletschern. Als Süßwasser für Mensch und Natur bleibt damit nur noch 1 % der gesamten Wassermenge, als Grundwasser, Flüsse und Seen. Diese Menge ist schließlich noch sehr unterschiedlich auf die Weltregionen zwi-

Wasser, das Wunderelement? 1. Auflage. Helge Bergmann
© 2011 WILEY-VCH Verlag GmbH & Co. KGaA, Weinheim

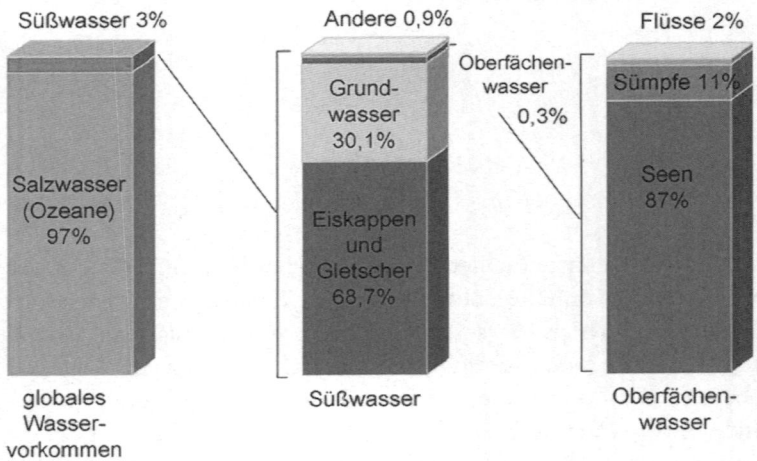

Wasserverteilung auf der Erde

Süßwasser 3% Andere 0,9% Flüsse 2%

Salzwasser (Ozeane) 97%

Grundwasser 30,1%

Oberfächenwasser 0,3%

Eiskappen und Gletscher 68,7%

Sümpfe 11%

Seen 87%

globales Wasservorkommen

Süßwasser

Oberfächenwasser

Abb. 5 Die Verteilung des Wassers auf der Erde [1]

schen Regenwäldern und Wüsten, großen Seen und Gebirgslandschaften verteilt.

Wo kommt das viele Wasser her? Zahlreiche Mythen beschreiben in der ihnen eigenen, bildhaften Sprache, wie es zu Urzeiten auf die Erde gekommen sein soll oder schon da war (s. Mythos Wasser). Naturwissenschaftler fragen aus beruflicher Gewohnheit etwas hartnäckiger nach: Wie entstand das Wasser tatsächlich? Wie kommt es auf die Erde? Warum in dieser Menge?

Über diese Fragen wird schon lange gerätselt. Vor allem in den letzten Jahrzehnten erhoffte man sich durch die Entsendung von Weltraumsonden, Wasservorkommen in anderen Teilen des Universums zu finden. Man wollte daraus Rückschlüsse auf die Herkunft des Wassers auf der Erde ziehen können. Bis dahin konnten größere Mengen nur als Eis auf Kometen nachgewiesen werden. Wie schnell sich jedoch die Erkenntnisse ändern können, zeigt eine NASA-Mission mit dem Ziel, an den Polen unseres Mondes nach Wasser zu suchen. Am 9. Oktober 2009 wurde die Weltraumsonde LCROSS gezielt in einem Krater des Mondes zum Absturz gebracht. Eine direkt nachfolgende Sonde analysierte Bestandteile in dem aufgewirbelten Mondstaub. Was viele Jahre nicht geglückt war, gelang diesmal: Es wurden in diesem Bereich etwa 90 Liter Wasser nachgewiesen, eine relativ große Menge angesichts der bisherigen Annahme, der Mond sei »trocken«. Die Auswertung und Interpretation der Daten ist (2010) jedoch noch in Gang.

Zur Entstehung des Wassers im Universum besagt eine heute gängige Theorie, dass sich im Lauf der langen Entwicklungsgeschichte des Universums, also nach dem Urknall vor etwa 15 Milliarden Jahren, zunächst Wasserstoffatome und später Sauerstoffatome aus der Urmaterie gebildet haben. Beide Elemente reagierten dann miteinander und bildeten riesige interstellare Wolken aus Wasser, die wegen der niedrigen Temperatur im Weltraum von -273 °C als Eis vorliegen. Da diese chemische Reaktion immer noch weitergeht, entstehen ständig weitere große Mengen Wasser im All. Die Astrophysiker J. Müller und H. Lesch beschreiben dies anschaulich: »*So entsteht beispielsweise in den Wolken des Orionnebels, einer riesigen Molekülwolke in unserer Milchstraße, täglich eine Wassermenge, die ausreichen würde, die irdischen Meere 60-mal zu füllen.*« [2]

Für die mögliche Herkunft der Wassermengen auf der Erde gibt es derzeit zwei Theorien. Zum einen könnte das Wasser eine der Komponenten der Urgaswolke gewesen sein, aus der die Erde einst entstand. Nach einer anderen Theorie hat sich in der »nur« etwa 4 Milliarden Jahre langen Erdgeschichte durch Einschläge eishaltiger Kometen die große Wassermenge angesammelt, die man heute vorfindet. Einen Hinweis darauf lieferte 1999 ein Komet mit der Bezeichnung C/1999 S4 LINEAR. Bei dessen Zerfall wurde Wasser beobachtet, das in der Isotopenzusammensetzung dem auf der Erde ähnlich war.

Auch wenn manches Detail in dieser komplizierten Kette von physikalischen und chemischen Reaktionen noch fehlt, gilt die Herkunft der großen Wassermengen auf der Erde heute im Grundsatz als geklärt. Darüber hinaus ist bislang auch weiterhin kein anderer Planet bekannt, auf dem das Wasser nicht nur in großer Menge, sondern auch in allen drei Aggregatzuständen – fest, flüssig und gasförmig – vorkommt.

Ursuppe und Biotop

Aus heutiger naturwissenschaftlicher Sicht entstand das Leben auf der Erde vor rund vier Milliarden Jahren im Wasser. Nach der ältesten und bekanntesten Hypothese fand dieser Prozess in einer ›Ursuppe‹ statt. Sie bestand aus dem damals heißen Wasser, in dem einfache Moleküle wie Methan und Ammoniak aus der Uratmosphäre unter Energieeinwirkung von elektrischen Entladungen und UV-Strahlen miteinander reagierten. Nach dieser Theorie der chemischen Evolution bildeten sich zunächst einfache organische Moleküle, die wiederum miteinander reagierten und zunehmend komplexere Moleküle bildeten entsprechend dem Schema in Abb. 6.

Chemische Evolution des Lebens	Bildung von	Komplexität
Ursuppe (Wasser + einfache Moleküle + Energie) ⇓ einfache organische Moleküle ⇓ Bausteine für komplexe organische Moleküle ⇓ komplexe organische Moleküle ⇓	Molekülen	gering
Bildung einfacher Zellstrukturen ⇓ Bildung komplexer Zellen ⇓	Zellen	
Biologische Evolution: Bildung von komplexen Lebensformen	höheren Lebensformen	hoch

Abb. 6 Schema der chemischen Evolution des Lebens aus der Ursuppe, gefolgt von der biologischen Evolution

Seit der Idee der Ursuppe gibt es noch weitere Hypothesen über die ersten Anfänge des Lebens. Zum Beispiel wurden die Entstehung und Entwicklung in der Nähe heißer Vulkanschlote auf dem Meeresgrund und sogar der Import von Molekülbausteinen durch Meteoriten, die auf der Erde einschlugen, vorgeschlagen. [3] Die letztere Theorie verschiebt aber die eigentliche Frage nach der Entstehung des

Lebens nur an eine andere Stelle im Universum. Unabhängig von den Hypothesen gilt jedoch die Annahme, dass kein Beginn und keine Weiterentwicklung von Leben ohne Wasser möglich gewesen wäre. Begründet wird dies mit seinen Eigenschaften, die die Formen des auf unserer Erde bekannten Lebens unterstützen: Es ist ein hervorragendes Lösemittel für viele Substanzen und damit ein geeignetes Medium für chemische und biochemische Reaktionen. Es ist im Temperaturbereich der biochemischen Prozesse flüssig und wirkt durch seine hohe Wärmekapazität ausgleichend bei Temperaturschwankungen. Weitere Eigenschaften werden bei den Anomalien des Wassers beschrieben.

Aus dem kochenden Urmeer sind durch die Abkühlung unseres Planeten inzwischen Ozeane und Meere mit moderaten Temperaturen geworden. Sie stellen ein riesiges Biotop mit einer buchstäblich nur oberflächlich bekannten Vielfalt an Tieren und Pflanzen dar. Erst in den letzten Jahrzehnten haben Wissenschaftler begonnen, die tieferen, dunklen Meeresschichten und den Meeresboden zu erforschen. Im Jahr 2000 wurde eine internationale Bestandsaufnahme der Meeresorganismen (engl. Census of Marine Life) ins Leben gerufen. Mehr als 2000 Forscher aus rund 80 Ländern beteiligten sich daran. [4] Ihr Ziel war es, in diesem 10-jährigen Projekt die Vielfalt und Verteilung des marinen Lebens zu erfassen. Sie fanden bisher etwa 230 000 Arten, darunter erstaunliche Organismen mit bizarren Körperformen (s. Abb. 7) und ungewöhnliche Körperfunktionen, z. B. Blitzlichter zur Täuschung und Abwehr von Feinden. Eine der neuesten Entdeckungen stellte der Fund dar, dass Bakterien in großer Zahl und Vielfalt im Meer vorkommen, darunter Arten, die bei über 100 °C in der Umgebung von Vulkanschloten am Meeresgrund existieren. [5, 6] Es wird gegenwärtig geschätzt, dass in den unterschiedlichen Meeresregionen mindestens eine Milliarde verschiedener Bakterienarten existieren.

Es hat den Anschein, als würden wir in den riesigen Wassermassen der Erde noch viele Geheimnisse kennenlernen. Der Mythos vom dunklen, unerforschten Ozean gilt zwar noch, er hat aber erste Kratzer bekommen. Nachdem nun die Naturwissenschaft diesen Teil der Erde ins Auge gefasst hat, bleibt sie nach aller Erfahrung an dessen Erforschung, auch wenn es viele Jahrzehnte dauern wird. Sicherlich wird dies eine spannende Suche und man darf nach den bisherigen Daten noch viele aufregende Ergebnisse erwarten.

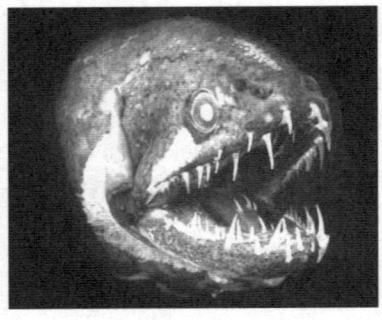

Abb. 7 Bestandsaufnahme in der Tiefsee: Dieser Drachenfisch hat sogar auf der Zunge Zähne

Wasserkreislauf und Klima

Die wohl wichtigste Naturerscheinung für die Menschen und für alle Lebewesen ist der Kreislauf des Wassers. Darunter versteht man die ständigen Übergänge, die mit dem Wasser in all seinen Erscheinungsformen vor sich gehen: Flüsse, Seen, Ozeane und Eis auf der Erde, Grundwasser in der Erde oder Wasserdampf, Wolken und Niederschläge in der Atmosphäre. In Abb. 8 ist ein einfaches Schema dieses Kreislaufs zu sehen. Die Wissenschaften Hydrologie und Klimatologie untersuchen genauer, wie der regionale Wasserkreislauf die sehr unterschiedlichen Landschaften zwischen dem Äquator und den Polkappen prägt.

Um diesen Kreislauf in Gang zu halten, braucht es eine ergiebige Energiequelle: unsere Sonne. In jedem Meer nimmt das Wasser die einstrahlende Sonnenenergie auf und wird dadurch zu einem schier unerschöpflichen Reservoir an Energie, ähnlich einer riesigen Wärmflasche. Der geschilderte Wasserkreislauf bringt nun das lebensnot-

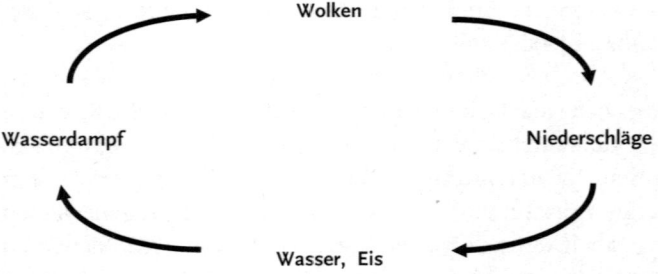

Wolken

Wasserdampf

Niederschläge

Wasser, Eis

Abb. 8 Schema des Wasserkreislaufs in der Natur

wendige Wasser, aber auch diese Energie in Form von Wolken und Niederschlägen praktisch in alle Regionen der Erde. Er kann daher vereinfacht auch als gigantische Wärmepumpe gesehen werden, deren Energie aus der Sonne kommt und deren Übertragungsmedium das Wasser ist. Das kurzfristige Wetter und auch das langfristige Klima jeder Region werden in starkem Maß vom Wasserkreislauf beeinflusst.

Besonders deutlich kann man diese globale Wärmepumpe bei der Bildung von Hurrikanen (Taifunen) beobachten. Dabei handelt es sich um riesige Wirbelstürme, die sich über warmen Ozeanen bilden. Dort saugen sie den Wasserdampf von der Oberfläche in die Atmosphäre und bilden Wolkenbereiche von vielen 100 km Ausmaß. Der Wirbelsturm zieht weiter und das Wasser fällt als Regen auf die Erde zurück. An einer Küste kann er verheerende Überschwemmungen auslösen, vor allem in Verbindung mit den hohen Sturmstärken, die charakteristisch für die Hurrikane sind.

Aus dem Schema des Wasserkreislaufs kann man aber auch Rückschlüsse auf mögliche Klimaänderungen ziehen. Wenn sich die Erde – und damit die Ozeane und die Atmosphäre – auch nur geringfügig erwärmen, kann es zu erhöhten Turbulenzen in der Atmosphäre kommen. Als Folge verdunstet mehr Wasser in die Atmosphäre, begleitet von mehr Energie. Die Folge wiederum sind verstärkte Wolkenbildung und damit Niederschläge. Dieser Kreislauf von Wasser und Energie könnte letztlich zu mehr Wirbelstürmen und anderen Wetterkatastrophen führen. Solche Szenarien werden in der Diskussion der Naturwissenschaftler über den Klimawandel eingehend beschrieben. Nicht zu vergessen sind hier natürlich noch andere Einflussfaktoren wie z. B. Vulkanausbrüche, Sonnenflecken oder El Niño-Ereignisse.

Nutzen und Katastrophen

Wenn man von Energie spricht, meinen die Physiker damit die Eigenschaft der Materie, Arbeit verrichten zu können. In unserem Zusammenhang sind damit zwei Arten gemeint: die potenzielle (Lage-)Energie und die kinetische (Bewegungs-)Energie. Beide Energiearten, genauer ihre Wirkungen, spielen im Wasserkreislauf und für uns Menschen eine große Bedeutung. Sie sollen daher kurz erläutert werden.

Angenommen, eine Kugel liegt auf dem Fußboden (Abb. 9). Sie hat in Bezug auf diesen Boden keine Energie. Hebt man sie auf einen Tisch, bringt man Energie auf, die dadurch in der Kugel in potenzielle Energie umgewandelt wird. Fällt nun die Kugel vom Tisch, verwandelt sich ihre potenzielle in kinetische Energie. Durch sie kann die Kugel nun Arbeit verrichten, z.B. einen Porzellanteller zertrümmern. Auf dem Boden wieder angekommen, ist ihre Energie verbraucht und die Ausgangslage mit null Energie wieder erreicht.

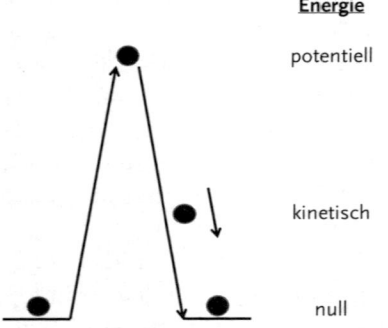

Energie

potentiell

kinetisch

null

Abb. 9 Zusammenhang von potenzieller und kinetischer Energie eines Körpers (hier einer Kugel)

Um die Wirkung der Energie im Wasserkreislauf zu erkennen, brauchen wir gedanklich nur die Kugel gegen ein Wassermolekül oder einen Wassertropfen auszutauschen. Wir können dann leicht erkennen, dass mithilfe der Sonnenenergie das Wasser verdunstet, mit potenzieller Energie versehen wird und in die Atmosphäre gelangt. Das Wasser in einer Wolke, die sich in der Höhe dann bildet, besitzt also ein enormes Potenzial Arbeit zu verrichten, im Guten wie im Schlechten (Abb. 10).

Die Nutzung der potenziellen und kinetischen Wasserenergie ist bereits im Altertum gängige Technik gewesen. Vor allem handelte es sich dabei um die Anlage von höher gelegenen Wasserreservoiren und die Weiterleitung des Wassers zu den Siedlungen, die Bewässerung landwirtschaftlich genutzter Flächen, der Betrieb von Wassermühlen und die Binnenschifffahrt. Vieles davon ist im Prinzip heute noch in Gebrauch, wenn auch unter Verwendung moderner Technik. Dazu kam durch die Entwicklung von Wissenschaft und Technik die Energiegewinnung durch Stauseen, die letztlich ebenfalls eine Nutzung gespeicherter Sonnenenergie darstellt (Abb. 11 bis 12).

Abb. 10 Sich auftürmende Wolken besitzen viel Energie

Abb. 11 Eine Wasserkaskade als Naturerlebnis

Abb. 12 Erzeugung elektrischer Energie (hier das Walchenseekraftwerk

Das andere, negative Bild der Wasserenergie sind die verschiedenen Formen von Katastrophen, die die Natur und die Zivilisation immer wieder heimsuchen: Fluten, Überschwemmungen oder Sturzbäche, oft verbunden mit Schlamm- und Geröelllawinen. Bei solchen Naturprozessen wird zu viel unkontrollierte Wasserenergie frei und kann einen entsprechend hohen Schaden anrichten (Abb. 13).

Abb. 13 Historische Darstellung eines Deichbruchs.

Es ist dieses doppelte Gesicht des Wassers, das das Verhältnis zwischen ihm und uns Menschen schon immer geprägt hat. War früher die regelmäßige Überschwemmung von Flussauen oder die Bewässerung für die Landwirtschaft willkommen, haben an anderer Stelle Fluten bis heute immer wieder ganze Ernten vernichtet. Auch das Gegenteil, Wassermangel und Dürre, stellen eine ähnliche Katastrophe für Natur und Menschen dar und bedrohen ihre Existenz. Immer noch hängt vom richtigen Maß an Wasser die Existenz des Lebens ab. Es ist nicht verwunderlich, dass die Menschen seit langem versucht haben, solch negativen Einflüssen des Wassers durch Wissenschaft und Technik entgegenzuwirken, mit mehr oder weniger Erfolg.

Die geologische Wirkung des Wassers

Verwitterung

Weitere wichtige Eigenschaften des Wassers verändern buchstäblich das Erscheinungsbild unserer Erde. Wie jede andere Flüssigkeit zieht es sich beim Abkühlen zusammen. Beim Gefrieren tritt nun eine Volumenvergrößerung statt, verursacht durch die Bildung besonderer Kristalle. Beim Kristallaufbau des Eises bilden sich nämlich zahlreiche Hohlräume, die eine Volumenvergrößerung um ca. 9 % im Vergleich zum Wasser zur Folge haben. Die Ausdehnung des Eises nimmt mit tieferer Temperatur noch zu und kann schließlich dazu führen, dass ein Stück eines Gesteins abgesprengt wird. Man spricht dabei von Frostverwitterung (Abb. 14).

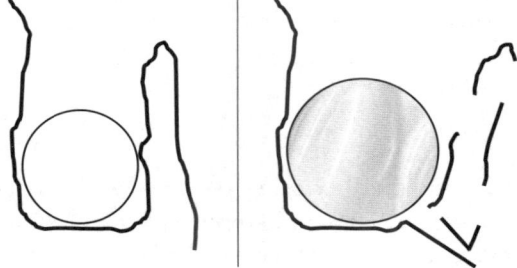

Abb. 14 Schema der Frostverwitterung von Gestein durch Wasser: links – Wassertropfen in einer Gesteinsspalte; rechts – Der gefrorene Wassertropfen hat sich ausgedehnt und ein Stück Gestein abgesprengt. (Die Größe der Ausdehnung des Wassertropfens ist übertrieben, um den Effekt besser zu zeigen.)

Neben dieser physikalischen Verwitterung durch Sprengen des Gesteins agiert das Wasser bei der chemischen Verwitterung als Lösemittel. Zum einen kann es sich mit dem Kohlenstoffdioxid (CO_2) verbinden und Kohlensäure bilden (a). Diese greift dann den Kalk in Gesteinen an und löst ihn auf (b):

(a) $H_2O + CO_2 \rightarrow H_2CO_3$
(b) $H_2CO_3 + CaCO_3 \rightarrow Ca^{2+} + 2\,HCO_3^-$

Das feste Gestein wird durch diese chemische Reaktion aufgelöst, die entstehenden Ionen werden im Wasser fortgespült. (Die sogenannte Wasserhärte entsteht zum Teil durch diesen Prozess.) In einer weiteren Reaktion können die im Wasser gelösten Wasserstoffionen (H^+) der Kohlensäure in bestimmten Mineralien Kationen wie Kalium (K^+) und Magnesium (Mg^{2+}) im Austausch ersetzen. Dadurch wird die Mineralstruktur verändert und die Festigkeit zerstört, das Gestein verwittert.

Erosion

Der Einfluss des Wassers geht aber noch weiter. Lockere Gesteinsteile werden von Wasser fortgespült, es tritt Erosion ein. Verwitterung und Erosion können im Lauf vieler Jahre zum Abtragen von Bergen und schließlich zu einer Veränderung ganzer Landschaften führen. Es gibt sogar Sprichwörter, die sich auf diese Aktionen beziehen: »Steter Tropfen höhlt den Stein« oder »Das weiche Wasser besiegt den harten Stein«. Sie sind physikalisch und chemisch gesehen durchaus gerechtfertigt.

Nivellierung

Was geologische Kräfte, etwa die Bewegung tektonischer Platten oder Vulkane, überall auf der Erde an Strukturen aufbauen, wird durch das Wasser wieder eingeebnet: Verwitterung, Erosion, Geschiebetransport und Fluten sind die hauptsächlichen Kräfte, die zum Abtrag von Gebirgen, zu Dammbrüchen und zur Zerstörung von Fluss- und Küstenlandschaften führen. Im zeitlichen Ablauf kann dies in weniger als einer Stunde bis hin zu Millionen Jahren geschehen.

Wasser nivelliert also im physikalischen Sinn Hohes und Tiefes. Dabei werden wir Menschen immer wieder darauf hingewiesen, dass sich der Zeitbegriff für uns nur auf eine eng begrenzte Erfahrung und Zeitspanne bezieht. Was sind schon die rund 100 Jahre eines langen menschlichen Lebens gegenüber der Faltung und dem Abtragen der Alpen, des Himalaja oder der Rocky Mountains im Lauf einiger hundert Millionen Jahre? Es bleibt für uns letztlich unvorstellbar, wie sich riesige Gebirge durch geologische Kräfte gebildet und durch die Wirkung des Wassers bereits wieder verändert haben. Wir können den jetzigen Zustand der Erde nur als Momentaufnahme beobachten.

Wasser im Körper

Häufig liest man den Satz, dass der Mensch zu etwa 70 % aus Wasser besteht. Nun besteht sein Körper nicht einfach aus einer Hülle aus Haut, gefüllt mit ein paar Knochen und Wasser. Vielmehr ist es in den verschiedenen Körperteilen und Zellen unterschiedlich verteilt und erlaubt die jeweils spezifische Funktion eines Organs. Hier sind drei Beispiele:

- Die Nahrung wird im Mund mithilfe des Speichels (bestehend aus mehr als 90 % Wasser) zerkleinert, verflüssigt und in den Magen transportiert. Im Magen-Darmtrakt werden diesem Brei weitere wasserhaltige Verdauungssäfte zugefügt und schließlich die Nährstoffe entzogen. Dieser komplexe Vorgang ist nur möglich, wenn ausreichend Wasser zur Verfügung steht.

- Das Blut (etwa 5 Liter bei Erwachsenen, bestehend aus mehr als 2/3 Wasser), zirkuliert in unseren Adern und transportiert unter anderem Sauerstoff, Nährstoffe und eine große Zahl biochemischer Stoffe, zum Teil in geringsten Konzentrationen.

- Alle biochemischen Reaktionen in unserem Körper finden in einem durch Wasser bestimmten Medium statt. Daher gäbe es ohne Wasser keinen Stoffwechsel, keine Energieerzeugung zum Fahrrad fahren und keinen Kuss wegen fehlender Hormone.

Unzählige Vorgänge dieser Art stehen hinter der banalen Feststellung, dass der menschliche Körper großenteils aus Wasser besteht.

Wasser ist überall

Bei dieser Allgegenwart und Bedeutung des Wassers ist es nicht verwunderlich, dass es darüber noch eine große Zahl von Rätseln gibt, angefangen bei seiner Existenz im Weltall bis hin zu seinen Eigenschaften im molekularen Bereich. Auf welchem Arbeitsgebiet und in welcher Größenskala man sich auch bei der Erforschung der Welt bewegt, man stößt immer wieder auf das kleine Molekül Wasser.

Die Tabelle 1 fasst dies in konzentrierter Form zusammen. Dabei bedeutet jede Größenordnung für sich wiederum ein riesiges Feld der menschlichen Erfahrung und der wissenschaftlichen Forschung.

Die Naturwissenschaft ist noch weit davon entfernt, alle Fragen um das Wasser beantworten zu können. Obwohl die Kenntnisse darüber inzwischen angewachsen sind, trifft der Ausspruch von Isaac Newton weiterhin zu: »Was wir wissen, ist ein Tropfen; was wir nicht wissen, ein Ozean.«

Tab. 1 Bedeutung des Wassers bezüglich verschiedener Größenordnungen und Lebensbereiche

Größenordnung	Eigenschaften/Lebensbereich
Molekül	• Zahlreiche erstaunliche und für den Menschen nützliche Eigenschaften • Zahlreiche Anomalien, zum Teil noch ungeklärt
lebende Zelle	• Medium für die biochemischen Vorgänge im Körper
Lebewesen	• Beginn und Entwicklung des Lebens auf der Welt im Wasser • wichtigstes Lebensmittel • wichtiges Biotop
Gemeinschaften	• Grundlage jeder Zivilisation • Grundlage für Wirtschaft und Handel
Erde	• »Blauer Planet«: 70% der Erdoberfläche werden von Wasser bedeckt • der Wasserkreislauf formt die Erde und bestimmt das Leben
Universum	• Wasser wurde auf Himmelskörpern gefunden

Leider werden offene wissenschaftliche Fragen auch dazu genutzt, pseudowissenschaftliche Antworten für die vielen noch unbekannten Seiten des Wassers zu geben. Schlimmer noch: Mit diesen Behauptungen will man nicht der Wissenschaft dienen, sondern lediglich Geschäfte machen. Manchmal sind diese Erklärungen erkennbar unsinnig, in vielen Fällen aber auch in scheinbar wissenschaftlichen Formulierungen versteckt. Häufig behaupten diese Pseudowissenschaftler dann auch noch, ihre Erkenntnisse seien von der »offiziellen« Wissenschaft noch nicht anerkannt. Dieser Ausspruch wird von ihnen geradezu als Gütesiegel für die Wahrheit dieser angeblichen Erkenntnisse verwendet. Dass aber auch ihre Behauptungen ohne Beweise dastehen, wird dabei oft verschwiegen. Beim Lesen der folgenden Kapitel wird man immer wieder auf solche Behauptungen über Eigenschaften und Wirkungen des Wassers stoßen.

Anmerkungen

1 http://commons.wikimedia.org/wiki/
File:Wasserverteilung-auf-der-
Erde.png?uselang=de (21 September
2010)

2 Müller, J., Lesch, H. (2003) Woher
kommt das Wasser der Erde? –
Urgaswolke oder Meteoriten. Chemie
in unserer Zeit 37(4), 242-246

3 http://de.wikipedia.org/wiki/Ursuppe
(16 August 2010)

4 www.coml.org (21 September 2010)

5 Schuh, H. (2010) Warum wissen wir
so wenig über das Meer? DIE ZEIT
Nr. 30, 29-30

6 Schuh, H. (2010) Neptuns Tierwelt.
DIE ZEIT Nr. 38, 39-40

Trinkwasser

Nach allem, was wir heute wissen, entwickelte sich das Leben auf der Erde vor einigen Milliarden Jahren im Wasser. Eines der Ergebnisse der seither erfolgten Evolution ist der Mensch. Obwohl er längst ein Landlebewesen geworden ist, bestimmt auch bei ihm die Existenz des Wassers nach wie vor das gesamte Dasein. Er kann nicht existieren, ohne ausreichend damit versorgt zu werden.

Die Qualität unseres Trinkwassers

Einen Teil seines Bedarfs nimmt der Mensch über Trinkwasser und andere Getränke auf, einen weiteren Teil über das Essen in den verschiedensten Variationen. Der Wassergehalt der Nahrungsmittel wird oft unterschätzt. Manche von ihnen, wie Obst und Gemüse, bestehen oft zu drei Viertel und mehr aus Wasser. Welche Arten von Wasser für den Menschen zugelassen sind, wird in Tabelle 2 beschrieben.

Alle diese Wasserarten haben gemeinsam, dass sie öffentlich zugänglich sind, unter der Kontrolle von Behörden stehen und dem naturwissenschaftlichen Bild des Wassers entsprechen, das im Kapitel »Naturwissenschaftliche Betrachtung des Wassers« beschrieben wird. Für pseudowissenschaftliche Ideen, die noch ausführlich beschrieben werden, ist in diesem Bereich kein Platz.

In ihrer Geschichte mussten die Menschen immer wieder schlechte Erfahrungen mit verschmutztem Trinkwasser machen. Daher gibt es inzwischen in vielen Ländern Regelungen zur Kontrolle des Trinkwassers, um eine Gefährdung der Bevölkerung durch die Verwendung von ungeeignetem Wasser auszuschließen.

Wasser, das Wunderelement? 1. Auflage. Helge Bergmann
© 2011 WILEY-VCH Verlag GmbH & Co. KGaA, Weinheim

Tab. 2 Gesetzlich definierte Wasserarten für den menschlichen Gebrauch
(Regelungen in der Europäischen Union)

Trinkwasser	ist öffentlich zugänglich und seine Gewinnung, Aufbereitung und Verteilung erfolgt nach der »Verordnung über die Qualität von Wasser zum menschlichen Gebrauch« (Trinkwasser-Verordnung). [1]
Quellwasser	hat seinen Ursprung in unterirdischen Wasservorkommen und wird aus einer oder mehreren natürlichen oder künstlich erschlossenen Quellen gewonnen.
Mineralwasser	hat seinen Ursprung in unterirdischen Quellen und ist gekennzeichnet durch seinen Gehalt an Mineralien, Spurenelementen oder sonstigen Bestandteilen (Mineral- und Tafelwasser-Verordnung).
Tafelwasser	ist ein mehr oder weniger künstlich zusammengestelltes Wasser mit nur noch bedingt natürlichem Ursprung, das auch Zusatzstoffe enthalten kann (Mineral- und Tafelwasser-Verordnung).
Heilwasser	enthält einen oder mehrere Mineralstoffe oder auch Gase in höherer Konzentration als Mineralwasser. Es muss aus speziellen Heilquellen stammen und eine medizinische Wirksamkeit aufweisen. Es unterliegt den Richtlinien des Arzneimittelgesetzes.

Die grundlegenden Anforderungen darin lauten:

- Wasser für den menschlichen Gebrauch muss frei von Krankheitserregern, genusstauglich und rein sein.
- Im Wasser für den menschlichen Gebrauch dürfen Krankheitserreger nicht in Konzentrationen enthalten sein, die eine Schädigung der menschlichen Gesundheit besorgen lassen.
- Im Wasser für den menschlichen Gebrauch dürfen chemische Stoffe nicht in Konzentrationen enthalten sein, die eine Schädigung der menschlichen Gesundheit besorgen lassen.

Um die geforderte Wasserqualität zu erreichen, setzen Wasserwerke je nach Bedarf verschiedene Verfahren zur Aufbereitung ein (Abb. 15). Folgende Methoden lassen sich unterscheiden:

- Absetzen von Schmutzteilchen mit und ohne Fällmittel,
- natürliche und künstliche Filter,
- Belüftung, Verdüsen und Einpressen von Luft,
- biologische Verfahren,
- chemische Verfahren.

Abb. 15 Wasseraufbereitung in einem Wasserwerk

Krank durch Trinkwasser?

In früheren Zeiten war das Wasser immer wieder Ursache für Krankheiten und die Ausbreitung von Epidemien. Vor allem Durchfallerkrankungen wie Typhus, Cholera und Ruhr waren weit verbreitet. Noch während der letzten Choleraepidemie in Hamburg 1892 erkrankten 17 000 Menschen, 8600 davon starben an der Krankheit. Damals galt sicherlich noch die Feststellung des französischen Forschers Louis Pasteur: »Wir trinken 90 % unserer Krankheiten.«.

In den letzten 100 Jahren hat sich aber auf dem Gebiet der Trinkwasserversortung viel getan. Mit der medizinischen Erforschung der Krankheiten entdeckte man im 19. Jahrhundert auch die Rolle des Trinkwassers bei der Ausbreitung von Seuchen. Daraus ergab sich als Konsequenz die Notwendigkeit, sauberes Wasser öffentlich zur Verfügung zu stellen. Durch eine Aufbereitung des Trinkwassers und die Behandlung der Abwässer wurde dann die Möglichkeit geschaffen, die Bevölkerung vor einer weiteren Ausbreitung von Krankheitskeimen zu schützen.

Mit der Industrialisierung einer Region kam allerdings eine neue Bedrohung der Menschen über die Wasserversorgung hinzu: Die Belastung durch chemische Schadstoffe. Sie gelangten in zunehmenden Mengen durch Abwässer und Abfälle aus Industrieanlagen, später auch aus kommunalen Abwasseranlagen, auf die umliegenden Böden und in die Gewässer. Das Grundwasser und die Flüsse transportierten die aufgenommenen Schadstoffe weiter. Die Folge war, dass das Trinkwasser in den betroffenen Gebieten belastet war.

Wie bei der Bekämpfung der mikrobiellen Verseuchung dauerte es auch hier wiederum – in der zweiten Hälfte des 20. Jahrhunderts – mehrere Jahrzehnte, bis man die Gefahr in vollem Umfang erkannt hatte. Vor allem drei Wege wurden eingeschlagen, um diese Belastung unter Kontrolle zu bekommen: Zum einen wurden Kläranlagen gebaut, die einen Teil der Schadstoffe abfangen konnten, bevor sie sich in der Umwelt ausbreiten konnten. Des Weiteren wurden die Herstellungsprozesse für gefährliche Produkte so verändert, dass die Verwendung von Schadstoffen schon an der Quelle vermindert wurde. Dies ging bis hin zum Verbot einzelner, besonders gefährlicher Produkte, wie z. B. das bleihaltige Autobenzin und das Insektizid DDT. Schließlich wurde die Aufbereitung des Trinkwassers so weit verbessert, dass darin enthaltene Schadstoffe in industrialisierten Regionen praktisch keine Rolle mehr spielen.

Es darf nicht verschwiegen werden, dass es gegenwärtig auch in den industrialisierten Ländern noch und wieder Probleme mit der Trinkwasserqualität gibt. Ein Blick in Fachzeitschriften zeigt dies deutlich. Neue Problemstoffe tauchen auf, wie z. B. Hormone (etwa aus Antibabypillen), hormonähnliche Stoffe oder Arzneimittelrückstände. Diese Substanzen werden selbst durch moderne Kläranlagen nicht ausreichend zurückgehalten und gelangen über die Gewässer und die Uferfiltration in das Trinkwasser. Nach gegenwärtigen Kenntnissen sind ihre Konzentrationen jedoch so gering, dass sie keine erkennbaren Schäden anrichten. [2] Die Fachleute sind sich jedenfalls dieser Gefahr bewusst und arbeiten an Verbesserungen.

Trotzdem wird immer wieder behauptet, dass wir in hochtechnisierten Ländern durch Trinkwasser aus der öffentlichen Versorgung krank werden können. Drei Punkte werden vor allem aufgeführt: »Das Trinkwasser macht krank!«, »Das Trinkwasser ist nicht mehr lebendig!« und »Es ist tot!«. Diese Behauptungen werden ständig weiter propagiert, ohne dass dafür Nachweise gebracht werden. Es wird von Personen weiter gepflegt, die damit Geld verdienen wollen oder nicht informiert sind. Stellen Sie sich selbst einmal die Frage: Wie viele Personen sind Ihnen bekannt, die nachweislich durch Trinkwasser krank geworden sind? Dabei steht natürlich im Hintergrund immer die umfassendere Frage: Wie wird unser Körper durch die Qualität der gesamten Ernährung, aber auch durch andere Faktoren unserer Lebensweise, wie Rauchen, Alkohol oder fehlende körperliche Bewegung, langfristig geschädigt? Es ist nicht bekannt, dass sachkundig aufbereitetes Trinkwasser in diesem Zusammenhang eine gefährliche Rolle spielt. Alles andere sind Märchen vom verbesserten, aber auch teureren Wasser.

In industrialisierten Ländern sollte man daher mit dem Mythos aufräumen, dass normales Trinkwasser krank macht. Seine Qualität ist zumindest dort gesichert, sodass Gefahren von ihm langfristig nicht mehr ausgehen. Dies trifft natürlich nicht auf Sonderfälle zu, wenn z. B. nach Chemikalienunfällen oder Hochwasserkatastrophen Trinkwassergebiete verseucht sind.

Allerdings gibt es noch viele Gegenden in der Welt, wo tatsächlich noch Krankheiten durch das Trinkwasser verursacht werden. Die Vereinten Nationen haben geschätzt, dass für rund ein Zehntel der Weltbevölkerung verschmutztes Wasser immer noch die hauptsächliche Ursachen für Erkrankungen und Todesfälle sind. Ursache hierfür sind in der Regel ein unverantwortlicher Umgang mit Schadstoffen in Industrie und Landwirtschaft, eine unzureichende Technik von Wasserversorgung und Abwasserreinigung und in seltenen Fällen ein tatsächlicher Wassermangel (Abb. 16). Dies sind Bedingungen, die durch entsprechende Maßnahmen verbessert werden müssen und können, um eine Bevölkerung mit hygienisch einwandfreiem Trinkwasser zu versorgen. Dass dies nicht in ausreichendem Maß geschieht, liegt in der Regel an den politischen Prioritäten, die die herrschenden Gruppen in ihren Ländern etabliert haben, und nicht an den fehlenden technischen Mitteln. Das Problem ist jedoch so groß, dass die Vereinten Nationen 2010 beschlossen haben, den Zugang zu einwandfreiem Trinkwasser zu einem allgemeinen Menschenrecht zu erklären. Dieses Recht kann zwar nicht eingeklagt werden, hat aber einen hohen symbolischen Wert. Es ist zu hoffen, dass dieser Schritt zumindest langfristig die Trinkwasserversorgung in den betroffenen Regionen verbessert.

Abb. 16 Ungesicherte Wasserreservoire sind immer in Gefahr, durch Abwässer aus Industrie, Kommunen und Landwirtschaft verunreinigt zu werden.

Mit pseudowissenschaftlichen Behandlungen des Wassers, die im vorliegenden Buch beschrieben werden, lassen sich diese Probleme nicht beseitigen. Es wäre nutzlos, sich damit eine Verbesserung der Situation zu erhoffen. Diese Behandlungen sind nämlich auf dem Luxus aufgebaut, technisch und hygienisch einwandfreies Trinkwasser als Ausgangsprodukt zur Verfügung zu haben.

Der Geschmack des Wassers

Auch wenn Wasser als »sauber« gilt, gibt es doch qualitative Unterschiede. Das bringt uns zu einer grundlegenden Frage: Warum schmeckt eigentlich Wasser gut oder schlecht? Worin liegt der Unterschied zwischen »frischem« Quellwasser und »fadem« Leitungswasser? Die Antwort darauf ist von Bedeutung, will man die Tricks der Anbieter von »verbessertem« Wasser durchschauen. Die Antwort liegt zum einen in der Wassertemperatur, zum anderen in den Inhaltsstoffen des Wassers und schließlich in einer subjektiven Bewertung.

Die Wirkung der Temperatur ist wohl allen bekannt: Füllt man sich im Sommer ein Glas Leitungswasser ab, schmeckt es zunächst wenig erfrischend. Man kann dann das Wasser erst einige Zeit ablaufen lassen, bevor man sich das nachfolgende, kühlere Wasser eingießt. Obwohl es die gleiche stoffliche Qualität hat, schmeckt es deutlich erfrischender. Warum? Das kühlere Wasser floss aus dem Bereich des Kellers oder des Erdbodens nach. Diese niedrigere Temperatur allein genügt bereits, dass das Wasser frischer schmeckt. Dieser Trick wird gelegentlich angewandt, wenn gerade ein Gerät zur »Verbesserung« des Leitungswassers eingebaut wurde: Zur Installation musste viel Wasser ablaufen, das nachfolgende Wasser kommt aus dem kühlen Erdboden, und unmittelbar nach der Installation des Gerätes schmeckt das erste Wasser natürlich frischer – weil es kühler ist. Ein einfaches Thermometer würde dies zeigen. Das soeben eingebaute Gerät hat mit dem frischeren Geschmack nichts zu tun.

Der Einfluss der gelösten Wasserinhaltsstoffe ist etwas schwieriger zu deuten. Es handelt sich dabei um Stoffe, die durch unseren Geschmacks- und Geruchssinn wahrgenommen werden:

- Salze bzw. deren Ionen, wie z. B. Natrium, Calcium, Eisen, Chlorid oder Carbonat, die dem Wasser den mineralischen Geschmack verleihen,

- gelöste Gase, wie etwa Kohlendioxid oder Sauerstoff, die das Wasser frischer, prickelnder machen, oder Schwefelwasserstoff, der einen Geruch nach faulen Eiern verursacht,

- weitere Stoffe, die durch eine technische Behandlung oder ungeeignetes Rohrmaterial in das Wasser gelangt sind: Beispiele sind Chlorverbindungen oder organische Stoffe, die Wasser gelegentlich unangenehm muffig riechen lassen.

Wie ein Wasser letztlich schmeckt, hängt von der Mischung dieser Faktoren ab und macht die enorme Vielfalt der Trink- und Mineralwasserqualität aus.

Ein Postskriptum

Aussage eines Chemie-Professors um 1880: »Das Wasser, H_2O, ist eine hellklar durchsichtige Flüssigkeit, welche den Menschen früherer Zeiten als Getränk diente«. *[3]* Im Gegensatz zu der sehr persönlichen Lehrmeinung dieses Dozenten ist auch heute noch Trinkwasser das Lebensmittel Nr. 1.

Anmerkungen

1 http://www.gesetze-im-internet.de/bundesrecht/trinkwv–2001/gesamt.pdf

2 Ternes, T. (2008) Anthropogene Spurenstoffe im Wasserkreislauf. Vom Wasser **106**, 27-30

3 Fliegende Blätter (1880), zitiert nach Lützeler, H. (1976) Heinrich Lützelers fröhliche Wissenschaft, Verlag Herder, Freiburg

Naturwissenschaftliche Betrachtung des Wassers

Was ist Wasser?

Es steht außer Zweifel, dass das Wasser ein außergewöhnlicher Stoff ist. Es gibt keine andere Substanz auf der Erde, die die organische und anorganische Welt wie auch die Menschen so intensiv beeinflusst. Dichter und Maler beziehen das Wasser thematisch in ihre Kunst ein. Techniker versuchen seit Jahrtausenden, das Wasser zu zähmen und für die Menschen nutzbar zu machen. Naturwissenschaftler arbeiten bis auf den heutigen Tag an der Aufklärung der Frage: »Was ist Wasser?«

Die Entdeckung, dass Wasser aus den zwei Elementen Wasserstoff und Sauerstoff besteht, war sicherlich ein riesiger Meilenstein auf diesem Weg. Mit dem Fortschritt in den Naturwissenschaften ergaben sich jedoch immer neue Fragen. Eine wesentliche Erkenntnis für das Verständnis vieler Besonderheiten liegt in der Molekülstruktur des Wassers. Wir müssen uns also für kurze Zeit in eine unsichtbare Welt, in die Welt der kleinen Materieteilchen begeben.

Die kleinste Einheit: Das Wassermolekül

Aufbau und Struktur

Die Physiker haben schon zu Beginn des 20. Jahrhunderts herausgefunden, dass ein Atom im Wesentlichen aus einem Kern und einer bestimmten Anzahl von Elektronen besteht. Nach dem sogenannten Teilchenmodell ist der Kern von Elektronen umgeben, die sich auf mehrere Ebenen verteilen können. Beim Wasserstoff und Sauerstoff sieht dies folgendermaßen aus (Abb. 17):

Wasser, das Wunderelement? 1. Auflage. Helge Bergmann
© 2011 WILEY-VCH Verlag GmbH & Co. KGaA, Weinheim

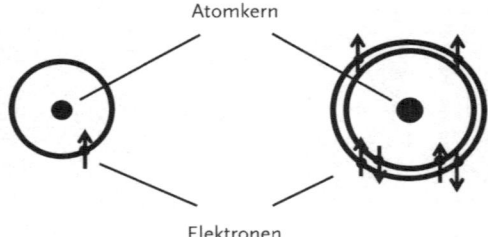

Wasserstoffatom   Sauerstoffatom

Atomkern

Elektronen

Abb. 17   Aufbau des Wasserstoff- und des Sauerstoff-
atoms (die beim Sauerstoff dargestellten Elektronen
sind nur die äußeren Bindungselektronen)

Die den Kern umkreisenden Elektronen haben alle einen rechten
oder linken Spin, dargestellt als ↑ (rechts) und ↓ (links). Elektronen, die sich auf gleichen Umlaufbahnen bewegen, sind nach einem
physikalischen Prinzip soweit wie möglich paarweise mit einem
rechten (↑) und einem linken (↓) Spin gekoppelt (↑ ↓). Sie neutralisieren sich sozusagen in ihren entgegengesetzten Spins. Außer
beim Wasserstoff mit nur einem Elektron ist es demnach nicht möglich, dass in einem normalen Atom die Mehrzahl oder gar alle Elektronen den gleichen Spin haben. Diese äußeren Elektronen der
Atome sind sehr wichtig, denn sie sind es, die für eine chemische
Bindung zur Verfügung stehen. Mit Ausnahme von Wasserstoff und
Helium besitzen alle Atome auch innere Elektronen, die aber für chemische Reaktionen keine Bedeutung haben.

Für ein Molekül wie dem des Wassers mit seinen drei Atomen
trifft im Prinzip das gleiche zu, es ist nur noch etwas komplizierter.
Denn hier handelt es sich nicht einfach um die Addition einzelner
Atome, sondern um eine chemische Verbindung aus zwei Wasserstoffatomen und einem Sauerstoffatom. Das bedeutet, dass sich die
äußeren, bindungsfähigen Elektronen dieser drei Atome zu einem
neuen, größeren Teilchen, dem Wassermolekül, verbunden haben
(Abb. 18).

Von den acht dargestellten äußeren Elektronen bewirken je zwei
die Bindungen H–O, die anderen vier bleiben als sogenannte ein-
same Elektronenpaare übrig. In der linken modellhaften Darstellung
sind die Elektronen mit ihrem Spin dargestellt, in rechten Modell vereinfacht als Bindungsstriche und Doppelpunkte für die freien Elek-

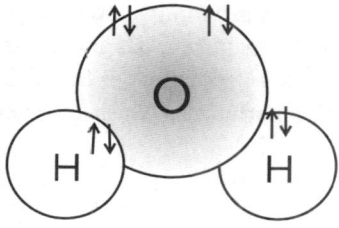
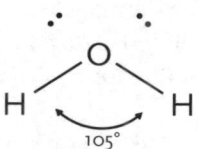

Abb. 18 Zwei Modelle für die Struktur eines Wassermoleküls

tronenpaare. In den meisten Fällen genügt bei der Darstellung von Molekülen diese vereinfachte Form.

Modelle in der Naturwissenschaft

Die durch Beobachtung und Experiment gefundenen Ergebnisse wissenschaftlicher Untersuchungen sind häufig wenig anschaulich. Es ist aber eine Vorliebe von uns Menschen zu versuchen, unsichtbare Dinge bildlich darzustellen. So geht es uns auch mit Atomen und Molekülen, deren Kleinheit uns eigentlich unvorstellbar ist. Also vergrößern und verzerren wir den Maßstab und stellen physikalische Ereignisse und Ergebnisse bildlich vereinfacht in einem Modell dar.

In unserem Fall geschieht dies hier mit dem Wassermolekül und den Atomen von Sauerstoff und Wasserstoff, aus denen sich Wasser zusammensetzt. So wie eine Modelleisenbahn oder ein Gemälde aber nicht die Realität widerspiegeln, stellen solche wissenschaftlichen Modelle nicht die Wirklichkeit dar, sie veranschaulichen lediglich abstrakte Befunde. Je nachdem, welcher Befund besonders dargestellt werden soll, gibt es sogar mehrere Modelle, die sich ergänzen können.

Vor allem zwei Befunde sind von ausschlaggebender Bedeutung für die Eigenschaften von Wasser, im rechten Modell gut zu erkennen: Die gewinkelte Struktur des Moleküls und die beiden freien Elektronenpaare, die den H-Atomen entgegengesetzt am Sauerstoff sitzen. Aus dieser Struktur ergeben sich zahlreiche Eigenschaften des Wassers, die im Vergleich zu ähnlich gebauten Molekülen manche Besonderheiten aufweisen.

Hier sind einige Beobachtungen aus dem Alltag:

- Warum kann man Schlittschuh laufen, während unter dem Eis noch Wasser ist?

- Wie kann das weiche Wasser hartes Gestein zerkleinern?

- Warum kann ein Insekt wie der Wasserläufer auf Wasser laufen?

Diese und manche weiteren Fragen können mit einigen speziellen Eigenschaften des Wassers erklärt werden. Zugegeben, das Folgende ist für manchen eine schwierige Kost, aber das Verstehen der Begriffe fördert das ganze Verständnis für die Eigenarten des Wassers. Die Mühe lohnt sich also.

Elektronegativität und Polarisation

Wie schon dargestellt, haben alle Atome Elektronen, die sie in einer Hülle umgeben. Verbinden sich nun z. B. zwei Wasserstoffatome H zu einem Wasserstoffmolekül H–H, bilden zwei Elektronen eine Bindung zwischen den Atomen aus. Dabei ist das gemeinsame Elektronenpaar (:) gleichmäßig zwischen den Atomen verteilt (Abb. 19, links). In gleicher Weise wird die Bindung zwischen einem Wasserstoff- (H) und einem Sauerstoffatom (O) gebildet. Nun hat aber das Sauerstoffatom eine stärkere Kraft, das gemeinsame Elektronenpaar an sich zu ziehen. In der Wissenschaft bezeichnet man diese Fähigkeit eines Atoms, Elektronen an sich zu binden, als *Elektronegativität*. Das Sauerstoffatom hat also eine größere Elektronegativität als das Wasserstoffatom. Die Folge ist eine Verschiebung der elektrischen Ladung (δ) und damit eine *Polarisation* zwischen den Atomen (Abb. 19, rechts): Während beim Wasserstoffmolekül H-H die Ladungen auf den Atomen ausgeglichen sind (δo), liegt bei der Bindung H-O eine etwas kleinere elektrische Ladung auf dem Wasserstoffatom (δ+), eine größere elektrische Ladung auf dem Sauerstoff (δ-). Nach außen bleibt die elektrische Ladung mit $\pm$ o neutral.

δo	δo	δ+	δ–
H —:— H		H —:→ O	
gleiche Atome		verschiedene Atome	

Abb. 19 Verschiebung des gemeinsamen Elektronenpaars einer Bindung durch unterschiedliche Anziehungskraft von Atomen auf die Elektronen (Elektronegativität); δ über den Atomen bedeutet Teilladung

Im Wasser haben wir sogar zwei H-O-Bindungen. Hier wirkt sich die Polarisation ebenfalls aus, verstärkt sich im Molekül aber noch. Das bedeutet, dass aus beiden HO-Bindungen die Elektronen zum Sauerstoffatom gezogen werden, es erhält eine noch höhere elektrische Ladung (Abb. 20). Es entsteht ein Gebilde, das einem Magnet

Abb. 20 Die Polarisation der Elektronen-
bindungen im Wassermolekül

mit Nord- und Südpol ähnlich ist und daher auch Dipol genannt wird. Die Stärke dieses Dipols wird elektrisches Dipolmoment genannt, weil es durch die elektrischen Ladungen verursacht wird. Wasser hat im Vergleich zu ähnlichen Substanzen ein hohes Dipolmoment.

Das entscheidende Ergebnis ist: Die Polarisation im Wassermolekül, d. h. die Verschiebung der elektrischen Ladungen von den beiden Wasserstoffatomen zum Sauerstoffatom verursacht ein elektrisches Dipolmoment, gleichbedeutend mit einer magnetähnlichen Eigenschaft. Diese Polarisation und das sich daraus ergebende Dipolmoment sind die Ursachen für eine Vielzahl der eigenartigen Eigenschaften des Wassers.

Brücken zwischen den Wassermolekülen

Die beschriebene Polarisation des Wassermoleküls bleibt nicht auf ein einzelnes Molekül beschränkt. Die elektrischen Teilladungen δ+ und δ- wirken auch auf die Nachbarmoleküle, die unterschiedlichen Teilladungen ziehen sich gegenseitig an. So kommt es schließlich dazu, dass ein Wasserstoffatom zusätzlich durch ein Sauerstoffatom eines benachbarten Moleküls angezogen wird und eine schwache Bindung ausbildet (Abb. 21, gestrichelte Linie). Diese Konstellation eines Wasserstoffatoms zwischen je einem fest gebundenen und einem locker gebundenen Sauerstoffatom nennt man eine Wasserstoffbrücke. Die Bindungsform zieht sich durch das gesamte Wasservolumen und bestimmt viele sonderbare Eigenschaften des Wassers, sogenannte Anomalien.

Wassercluster

Das Wort Cluster kommt aus dem Englischen und bedeutet »Anhäufung, Zusammenballung«. In dieser Bedeutung wird es z. B. für Sternhaufen (engl. star cluster) verwendet. Veranschaulichen

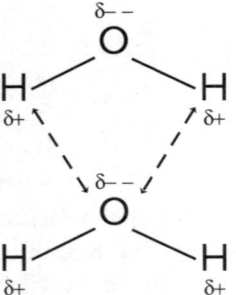

Abb. 21 Die Bildung von Wasserstoffbrücken zwischen zwei Wassermolekülen

kann man sich diesen Begriff mit dem Geschehen auf einem Fußballplatz (Abb. 22). Zu Beginn des Spieles gibt es die Anfangsaufstellung der Spieler **I** und **▲**, also je ein Cluster A und B auf den beiden Platzseiten, mit dem Ball (●) in der Mitte. Während des Spieles bilden sich an den Stellen, an denen sich gerade der Ball befindet, vorübergehend kleine Spielergruppen. Diese Cluster aus Spielern um den Fußball bilden sich ständig neu und lösen sich wieder auf (Abb. 22, z. B. Cluster C und D).

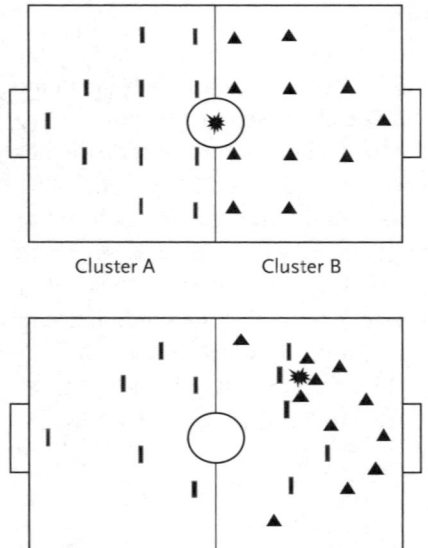

Cluster A   Cluster B

Cluster C   Cluster D

Abb. 22 Beispiel für sich verändernde Cluster: Fußballspieler in Aktion

In ähnlicher Weise ist ein Wassercluster als lose Zusammenballung von Wassermolekülen zu verstehen. Sie ist bedingt durch die Polarisation innerhalb der Moleküle und die Wasserstoffbrücken zwischen den Molekülen. Abb. 23 zeigt das Modell solch eines momentanen Clusters. Da die Wasserstoffbrücken zwischen den Molekülen sehr schwach sind, brechen sie immer wieder auf und bilden sich mit anderen Molekülen neu. Die Zeit für dieses »Bäumchen-wechseldich-Spiel« beträgt nach Labormessungen nur den unvorstellbar winzigen Bruchteil einer Sekunde, genauer 50 Femtosekunden (50 Billiardstel = 0,000 000 000 000 050 Sekunden). [1] Es ist deshalb noch nicht sicher, ob man in normalem, flüssigem Wasser überhaupt von einer mittleren Clustergröße mit x Molekülen sprechen kann.

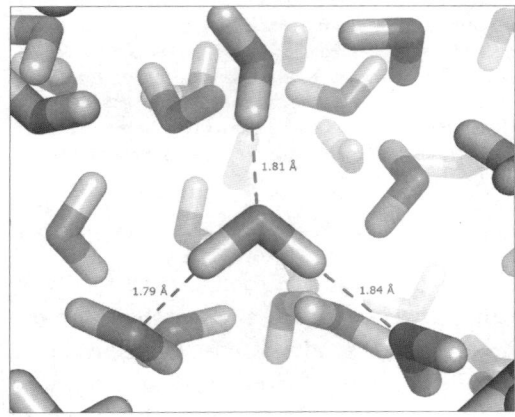

Abb. 23 Cluster aus Wassermolekülen

Wir werden wieder auf diese Cluster im Wasser stoßen, wenn das »Gedächtnis« des Wassers behandelt wird. Auf eine falsche Interpretation der Cluster soll aber jetzt schon hingewiesen werden, am besten am Beispiel eines Werbetextes:

»Das Wassermolekül ist ein Dipol. H_2O – an das Sauerstoffatom sind die beiden Wasserstoffatome in einem Winkel von ca. 110° angebunden. Durch die Polarität der elektrischen Ladung des Basismoleküls (O+ und 2H-) wird die Bildung einer Struktur – eines Flüssigkristalls – zu Großmolekülen ermöglicht. Lebendiges Wasser hat also eine Kristallstruktur!« [2]

Abgesehen von den falschen Angaben zum Bindungswinkel und zur Polarität des Wassermoleküls: Aus den Wasserclustern werden jetzt plötzlich Flüssigkristalle, das flüssige Wasser erhält sogar eine Kristallstruktur! Auf ähnliche Behauptungen und Verdrehung wissenschaftlicher Ergebnisse werden wir noch häufiger stoßen. Sie werden schließlich zu einem der Erkennungsmerkmale für pseudowissenschaftliche Wasserbetrachtungen werden.

Wie unterscheiden sich Wassercluster und Flüssigkristalle?

Bis jetzt kennt man als Flüssigkristalle ausschließlich »organische« chemische Verbindungen, d. h. Stoffe, deren Moleküle ein Kohlenstoffgerüst besitzen. Sie weisen eine besondere Molekülstruktur auf, die sie befähigt, eine Art »dickflüssigen« Zwischenzustand einzunehmen. Wenn man diese speziellen Substanzen über ihren Schmelzpunkt hinaus erhitzt, weisen sie Eigenschaften auf, die zwischen denen des flüssigen und des festen Zustandes liegen. Z. B. ist die Beweglichkeit der einzelnen Moleküle wesentlich besser als in Kristallen, die Ordnung der Moleküle untereinander dagegen schlechter im Vergleich zu den Kristallen. Die wohl wichtigste Anwendung der Flüssigkristalle ist die in Anzeigefeldern elektronischer Geräte (sogenannte LCDs = liquid crystal displays). Dem Wasser fehlt diese Molekülstruktur vollkommen. Die Wassercluster haben zudem einen völlig anderen Zusammenhalt zwischen den Molekülen. Folglich sind Flüssigkristalle oder gar eine Kristallstruktur bei normalem Wasser noch in keinem wissenschaftlichen Labor beobachtet worden. Behauptungen darüber sind reine Spekulation.

Am Beispiel der Wassercluster kann man den Unterschied zwischen den beiden Betrachtungsweisen in der Wissenschaft und der Pseudowissenschaft erläutern. Die Pseudowissenschaft geht davon aus, dass Haushaltsgeräte, die auf dem Markt dafür angeboten werden, solche kleineren Cluster erzeugen. Ein Nachweis dafür wird in keinem Fall angegeben. In der Naturwissenschaft dagegen sind Physiker und Chemiker schon seit einiger Zeit dabei, das Entstehen und die Eigenschaften solcher Cluster eingehender zu untersuchen. Viele Nachweise wurden dafür bereits durch Experimente und Berechnungen erbracht. Allerdings geht auch hier die Forschung weiter und man darf noch manche überraschende Entdeckung bei den Wasserclustern erwarten.

Die Anomalien des Wassers

Im Vergleich zu anderen Stoffen hat das Wasser manche ungewöhnlichen, ja unerwarteten Eigenschaften. Unerwartet (anomal) werden sie deshalb genannt, weil sich Verbindungen, die dem Wasser ähnlich sind, oft ganz anders verhalten.

Zum Beispiel wird durch die Wasserstoffbrückenbildung die gegenseitige Anziehung der Moleküle verstärkt. Dies erschwert das Verdampfen der Flüssigkeit, der Siedepunkt des Wassers ist dadurch wesentlich (anomal) höher als bei vergleichbaren Stoffen. Auf den starken Zusammenhalt der Wassermoleküle ist auch eine weitere Eigenart des Wassers zurückzuführten, nämlich seine Oberflächenspannung. Sie ist im Verhältnis zu anderen Flüssigkeiten sehr hoch, wie die Beispiele in der Tabelle 3 zeigen.

Tab. 3 Werte für die Oberflächenspannung einiger Flüssigkeiten (bei 20 °C, gemessen in mN/m)

Flüssigkeit	Oberflächenspannung
Ethanol	23
Methanol	23
Aceton	23
Benzol	29
Glycerin	63
Wasser	73
Quecksilber	476

Die Oberflächenspannung führt zur Bildung einer Art gespannter »Haut« auf der Oberfläche. Das Wasser ist daher bestrebt, eine möglichst kleine Oberfläche auszubilden, und das ist im Idealfall die Kugelform. Dies erklärt die bekannte Tendenz des Wassers, Tropfen zu bilden.

Die Oberflächenspannung ermöglicht es, dass der Wasserläufer auf einer Teichoberfläche laufen kann oder ein großer Tropfen Wasser auf einer Blattoberfläche zusammenhält (Abb. 24 und 25). Würde man ein paar Tropfen eines Tensids zu diesem Wasser geben, würde die Oberflächenspannung stark absinken. Die Folge wäre, dass sowohl das Insekt untergehen wie der Tropfen zerfließen würden. Beim Geschirrspülen hingegen ist dieser Effekt erwünscht, weil er die Tropfenbildung erschwert und damit ein besseres Ablaufen des Spülwassers nach dem letzten Spülgang bewirkt.

Ebenso bekannt und wichtig ist die Anomalie der Wasserdichte. Da sie enorme Auswirkungen auf das gesamt Leben auf der Welt hat,

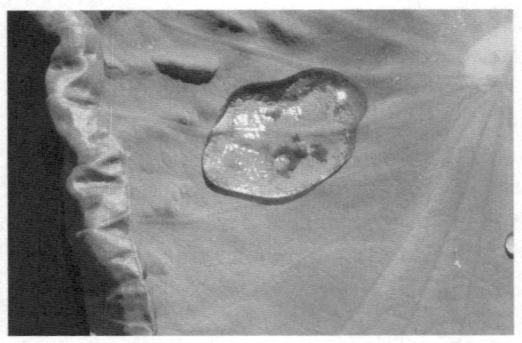

Abb. 24 und Abb. 25 Auswirkungen der hohen Oberflächenspannung des Wassers: Ein großer Wassertropfen hält auf einem Lotusblatt zusammen und ein Wasserläufer bewegt sich problemlos auf der Wasseroberfläche.

sehen wir uns diese etwas näher an. Kühlt man eine »normale« Flüssigkeit ab, zieht sie sich zusammen, sie wird schwerer, ihre Dichte wird höher. Am Gefrierpunkt ist die Dichte am größten. Beim Wasser ist dies anders (wiederum anomal): Hier erreicht die Dichte bei 4°C ihren größten Wert und wird dann bis zum Gefrierpunkt bei 0°C wieder geringer (Abb. 26). Das kältere Wasser wird dadurch leichter und steigt nach oben.

Die Auswirkungen sind bedeutsam: Bei weiterer Abkühlung gefriert das Wasser an der Oberfläche, weil es dort zuerst die 0°C-Grenze unterschreitet. Ein stehendes Gewässer friert daher von der Oberfläche her zu. Anders ausgedrückt: Das 4°C kalte, schwerere Wasser liegt am Grund, während sich das 0°C kalte Wasser an der Oberfläche befindet und das Eis bildet.

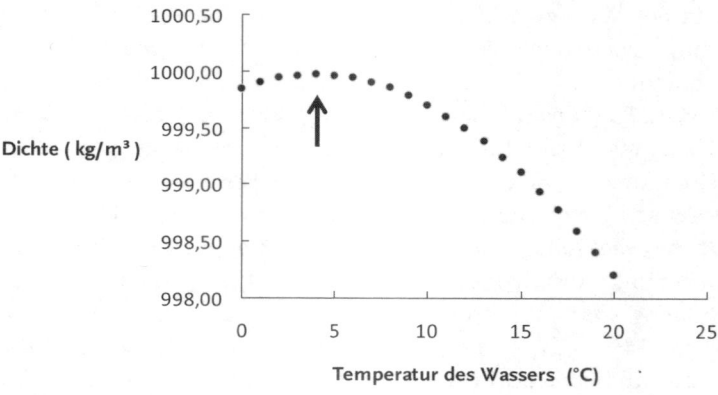

Abb. 26 Die Änderung der Dichte des Wassers mit der Temperatur. Der Pfeil deutet auf das Maximum der Dichte bei 4 °C hin.

Durch das relativ hohe Isolationsvermögen des gebildeten Eises wird in der Natur zusätzlich noch das darunter liegende Gewässer vor weiterer Abkühlung geschützt. Die eingeschlossenen Lebewesen haben damit eine höhere Chance, den Winter zu überleben. Zugleich ermöglicht es den Schlittschuhläufern, ihren Sport auf dem Eis zu treiben.

Eine weitere wichtige Eigenschaft des Wassers ist beim Gefrieren zu beobachten. Dabei tritt eine Volumenvergrößerung ein, verursacht durch die Bildung besonderer Kristalle. Beim Kristallaufbau des Eises bilden sich nämlich zahlreiche Hohlräume, die eine Volumenvergrößerung um ca. 9 % im Vergleich zum Wasser zur Folge haben. Die Ausdehnung des Eises nimmt mit tieferer Temperatur noch zu und kann schließlich dazu führen, dass ein Stück eines Gesteins abgesprengt wird. Man spricht dabei von Frostverwitterung, wie im Kapitel »Wasser in der Natur« bereits beschrieben.

Zum Schluss etwas Küchenphysik oder: Mit Wasser kochen

Nach all der Theorie noch etwas Praktisches für Hobbyköche. Eine häufige Empfehlung beim Kochen von Nudeln, Eiern oder Gemüse lautet, eine Prise Kochsalz zum Kochwasser zu geben. Zu diesem

Küchenmythos gibt es zwei Meinungen: Einmal soll das Salz den Siedepunkt des Wassers erhöhen und damit den Kochvorgang verkürzen. Zum anderen soll (bei Nudeln, Gemüse) der Geschmack gefördert werden.

Der erste Punkt ist physikalischer Art und die Frage lautet: Stimmt das? Die Antwort lautet: Jein! Das zugefügte Salz erhöht tatsächlich den Siedepunkt des Wassers. Aber mit einer Prise Salz ist praktisch nichts erreicht, Man müsste 58 g Kochsalz (= 3 volle Esslöffel, wissenschaftlich: 1 Mol NaCl) pro Liter Wasser zugeben, um eine Erhöhung des Siedepunkts um nur 0,5 °C zu erreichen. Diese geringe Temperaturerhöhung wird aber keine erkennbare Verkürzung der Kochzeit bewirken. Man kann jedoch einen anderen physikalischen Trick anwenden und zum Schnellkochtopf greifen. In ihm wird durch die Druckerhöhung um ca. 1 Bar eine Erhöhung der Siedetemperatur auf etwa 120 °C erreicht. Diese beschleunigt die chemischen Vorgänge beim Kochen dann doch erheblich. Salz wird danach nur noch zum Würzen gebraucht.

Wie man sieht, bietet das Wasser zahlreiche Überraschungen, und die Wissenschaftler sind noch lange nicht am Ende mit ihren Untersuchungen. Übersichten über die Eigenschaften und die Rolle des Wassers sind in der umfangreichen Literatur zu finden.

Anmerkungen

1 Cowan, M. L., Bruner, B. D., Huse, N., Dwyer, J. R., Chugh, B., Nibbering, E. B. J., Elsaesser, T., Miller, R. J. D. (2005) Ultrafast memory loss and energy distribution in the hydrogen bond of liquid H_2O. Nature 434, 199-202

2 http://www.supervita.at/Lebendiges-Wasser/ein-ganz-besonderes-element.htm (11 Juni 2010)

Naturwissenschaftliches Denken und Arbeiten

Um die weiteren Darstellungen in diesem Buch besser verstehen zu können, scheint es sinnvoll, an dieser Stelle auf die Grundlagen einzugehen, auf denen dies alles entstand. Es soll deshalb gleich zu Anfang klar gesagt werden: Diesem Buch liegt das im heutigen naturwissenschaftlichen Arbeiten übliche Denken und Handeln zugrunde. Diese Arbeitsweise ist nicht unumstritten und nur ein Weg zu neuen Erkenntnissen. Sie hat aber seit Jahrhunderten die Naturwissenschaften geprägt. In dieser Zeit wurden große wissenschaftliche und technische Entwicklungen hervorgebracht, die wiederum die gesellschaftliche Entwicklung weltweit prägten. Daher sollen zunächst einige Kriterien des naturwissenschaftlichen Denkens und Arbeitens herausgearbeitet werden.

Die Arbeitsweise der Naturwissenschaften

Die Entwicklung der Wissenschaften

Der Anfang der Naturwissenschaften verliert sich im Dunkel der Jahrtausende. Aber bereits zu Beginn der europäischen Antike, ca. 1000 Jahre v. Chr., waren eine Zahl grundlegender Entdeckungen und Entwicklungen gemacht worden: Die Beherrschung des Feuers, die Erfindung des Rades, die Gewinnung und Bearbeitung von Metallen, Kenntnisse in der Astronomie, die Einbalsamierung von Toten oder die Herstellung von Wein seien hier als Beispiele genannt. Bei diesen Erkenntnissen wird man kaum schon von Wissenschaft im heutigen Sinn sprechen können, aber bereits hier war die Beobachtung der Natur und die Anwendung der gefundenen Regeln eine wesentliche Grundlage.

Wasser, das Wunderelement? 1. Auflage. Helge Bergmann
© 2011 WILEY-VCH Verlag GmbH & Co. KGaA, Weinheim

In der Antike selbst gab es dann vor allem im östlichen Mittelmeerraum und in Asien eine enorme Entwicklung von Mathematik, Physik (vor allem der Mechanik) und Astronomie. Die gezielte Anwendung der neuen Kenntnisse brachte erstaunliche technische Entwicklungen hervor (Abb. 27).

Archimedes

Er war nur einer der zahlreichen Mathematiker und Erfinder in der Antike, aber wohl der genialste und vielseitigste. Seinem Wirken verdanken wir u.a. Kenntnisse über den Hebel und die Schraubenpumpe und nicht zuletzt sein berühmtes »Heureka« (ich hab's!), das er der Sage nach ausrief, nachdem er das »Archimedische Prinzip« (das hydrostatische Gesetz) entdeckt hatte.

Abb. 27 Archimedes, Mathematiker und Erfinder (287–212 v.Chr.).

Vom späten Mittelalter an gab es dann vorwiegend in Europa einen neuen Schub wissenschaftlicher Erkenntnisse. Als Christoph Kolumbus 1492 mit seinen Schiffen von den Kanarischen Inseln nach Westen aufbrach, wussten er und die damaligen Gelehrten längst, dass die Erde rund ist und keine Scheibe. In dieser Zeitepoche traten in Europa auch vermehrt die Alchemisten auf den Plan, vorwiegend mit dem Ziel, Gold herzustellen oder den Stein der Weisen zu finden.

Wesentliche Grundlagen der heutigen Naturwissenschaften wurden ab dem 16. Jahrhundert praktisch und theoretisch entwickelt. Darüber hinaus ermöglichte die neue Art des Buchdrucks mit beweglichen Lettern (Johannes Gutenberg, ab 1450), die neuen Erkenntnisse besser zu verbreiten und ein »Netzwerk« dieses zunehmenden Wissens unter den Gelehrten zu bilden.

Die vorerst letzte Ära der Umwälzungen kam im 19. Jahrhundert mit der Erkenntnis des atomaren Aufbaus der Materie. Sie hat alle Bereiche der Naturwissenschaften, allen voran die zentralen Teile Physik, Chemie und Biologie, total verändert und völlig neue Möglichkeiten zur Erforschung und Beschreibung unserer Welt gebracht. Aber auch seit dieser Epoche haben sich die Naturwissenschaften bis auf den heutigen Tag ständig weiterentwickeln. Da neue Erkenntnisse auch in Zukunft gewonnen werden, gibt es folglich keine endgültigen wissenschaftlichen Kenntnisse, sondern immer nur einen »neuesten Stand der Wissenschaft«. Wissenschaft ist im ständigen Wandel, das Wissen damit aus Prinzip lückenhaft.

Wahrheit oder Irrtum? Der wissenschaftliche Streit über Ideen

Geht man auf diesen letzten Punkt genauer ein, bedeutet er: Vor dem »neuesten« Wissensstand gab es einen, der jetzt als unvollständig, überholt oder gar falsch gilt. Wir kommen damit zu einem wichtigen Aspekt, nämlich zum Umgang mit »alten« und »neuen« Erkenntnissen oder zur Streitkultur in den Naturwissenschaften. Er ist auch für die Diskussion über das Wasser in diesem Buch von Bedeutung.

»Es irrt der Mensch, solang' er strebt«, schrieb schon Goethe in »Faust«. Die lange Geschichte der Naturwissenschaften bestätigt dies, denn sie verlief keineswegs geradlinig auf neue gesicherte Erkenntnisse zu. Eine große Zahl, um nicht pauschal zu sagen fast alle neuen Theorien stießen zunächst auf Widerspruch, sei es von Fachkollegen oder religiösen Autoritäten. Man kennt viele Streitfälle und heute als falsch erkannte frühere Behauptungen und Theorien. Nur einige bekanntere Fälle werden hier beispielhaft genannt:

- Ist die Gestalt der Erde eine Scheibe oder eine Kugel?

- Steht die Erde im Mittelpunkt des Universums (geozentrisches Weltbild) oder die Sonne im Mittelpunkt des Planetensystems (heliozentrisches Weltbild)?

- Der Versuch der Alchemisten: Kann Gold aus anderen Materialien über chemische Reaktionen hergestellt werden?

- In der Quantentheorie: Ist Licht als Welle (kontinuierlich) oder als Teilchen (Energiequant) darzustellen (Welle-Teilchen-Dualismus)?

- Welche Evolutionstheorie trifft zu: der Darwinismus, die genetische Evolutionstheorie oder der auf der Bibel basierende Kreationismus?

- Gibt es einen Klimawandel in unserer Zeit? Wenn ja, wird er vom Menschen verursacht?

Um zu zeigen, wie alt die Tradition des wissenschaftlichen Streites um Ideen schon ist, greifen wir als Beispiel die Frage des geozentrischen bzw. heliozentrischen Weltbildes auf:

Aristarchos von Samos (ca. 310-230 v. Chr.) und Seleukos von Seleukia (geb. ca. 190 v. Chr.) vertraten bereits vor über zwei Jahrtausenden das heliozentrische Weltbild, bei dem die Sonne im Mittelpunkt des Weltalls stand. Hipparchos von Nicäa (ca. 190 – 120 v. Chr.) trat dagegen für das geozentrische Weltbild ein, das die Erde als Mittelpunkt des Weltalls sah. Ptolemäus (ca. 100 – 175 n. Chr.) verfeinerte dieses Modell aufgrund eigener Beobachtungen. Es wurde seither nach ihm benannt. Erst etwa 1300 Jahre später nahm Nikolaus Kopernikus auf der Grundlage neuer Beobachtungen das heliozentrische Weltbild wieder auf. Mithilfe weiterer Untersuchungen durch Johannes Kepler und Galileo Galilei konnte es sich schließlich durchsetzen und gilt bis heute.

An diesem Beispiel sieht man:

- Beobachtungen waren die Grundlage für theoretische Überlegungen und die Entwicklung eines Modells (Visualisierung).

- Verschiedene Beobachter des gleichen Objekts (hier der Umlaufbahnen von Planeten und Sternen) kommen nicht notwendigerweise zur gleichen Deutung des Gesehenen.

- Der Streit über die gegensätzlichen Modelle (geozentrisch–heliozentrisch) wurde durch zusätzliche Beobachtungen entschieden.

- Der »Stand des Wissens« über das Weltbild änderte sich über lange Zeiträume.

- Neue Daten können neue Theorien und Denkmodelle erforderlich machen.

Wissenschaftlicher Streit ist also notwendig und sogar normal, um neue Daten zu erhalten und neue Theorien und Modelle zu entwickeln. Zweifel an bestehenden Vorstellungen und neue Fragen gehören sozusagen zur Arbeitsgrundlage eines seriösen Wissenschaftlers. Dass dies gelegentlich Ärger mit Fachkollegen, Religionen und Politik bringen kann, ist zu erwarten.

Der Weg zum Beweis

Eine neue Idee in der Naturwissenschaft beginnt in der Regel mit einer Vermutung oder einer Entdeckung. Um diesen neuen Sachverhalt zu prüfen, ist es nötig, diese Idee als richtig zu beweisen oder zu widerlegen. In der Naturwissenschaft spricht man von einer Verifizierung (Bestätigung) und einer Falsifizierung (Widerlegung). Dazu wird eine Behauptung (Hypothese) aufgestellt und eine Untersuchung geplant, die die erforderlichen Daten für eine Bewertung liefern kann.

Dieser Weg ist nicht immer geradlinig und auf Anhieb erfolgreich. Aber das ist die Entwicklung der Naturwissenschaften sowieso nie gewesen. Eine Idee muss also nicht sofort akzeptiert werden, sondern im Lauf der Überprüfung im Kreis der Experten Akzeptanz gewinnen. Schematisch dargestellt verläuft der Weg von einer ersten Vermutung bis zu einem wissenschaftlich gesicherten Beweis über mehrere Stufen:

> Vermutung → Behauptung → Experiment → Ergebnis → Überprüfung → Beweis

Dabei kann auf jeder Stufe ein Irrtum erkannt werden, ein stichhaltiger Beweis aber erst am Ende dieser Entwicklung stehen. Keine Hypothese, nicht einmal ein erstes experimentelles Ergebnis gilt daher bereits als »wissenschaftlich gesichert«. Auf dieses Missverständnis stoßen wir bei angeblich besonderen Eigenschaften des Wassers im Folgenden immer wieder.

Dabei können Irrtümer durchaus lehrreich sein, denn sie sind Teil der wissenschaftlichen Entwicklung. Als hervorragendes Beispiel kann der Versuch der Alchemisten gelten, aus verschiedensten Stoffen Gold zu machen. Die echten Alchemisten (nicht die Betrüger, die es auch schon damals gab) waren fest davon überzeugt, dass dies möglich sei. Aus unserer heutigen Sicht wissen wir, dass Gold nicht durch eine chemische Reaktion aus anderen chemischen Elementen hergestellt werden kann. Trotz dieses Irrwegs und vieler weiterer wurde mit dem Forschen der Alchemisten der Grundstein für unsere heutige Chemie gelegt.

Zum Thema wissenschaftlicher Irrtum abschließend noch ein Zitat: »Nur die Naturwissenschaft folgt dem einzigen Erkenntnisinstrument des Menschen, der Ratio. Sie beschreibt die Welt auf nachprüfbare Weise. Und sie ist souverän genug, die Grenzen ihrer Erkenntnis gleich mitzuthematisieren«. [1]

Heutige Kriterien und Regeln für naturwissenschaftliches Arbeiten

Als Folge der mehr als zwei Jahrtausende währenden Entwicklung der Naturwissenschaften haben sich Konzepte entwickelt, die im Wesentlichen auch heute noch gelten. Insbesondere sind hier zu nennen:

- genaue Beobachtung in der Natur oder in Experimenten,

- Erzeugung von Messdaten,

- Wiederholung der Beobachtungen unter wechselnden Bedingungen,

- Blindversuche, Doppelblindversuche,

- Reproduzierbarkeit der Ergebnisse,

- Verwendung statistischer Prüfungen,

- Überprüfbarkeit der Ergebnisse,

- Klare Definition von Stoffen, Eigenschaften und Ereignissen,

- Ergründung von Ursache und Wirkung,

- Ableitung von Theorien aus Experimenten und umgekehrt,

- Entwicklung von Modellen, die die Daten zusammenhängend erklären,

- öffentliche Darstellung und Diskussion von Messungen und Theorien,

- Überprüfung von Theorien oder Modellen aufgrund neuerer Erkenntnisse.

Diese Konzepte sind der Maßstab, an dem seriöse Forschungsprojekte ausgerichtet werden. Ergebnisse, die darauf beruhen, sind schon in Millionen von Publikationen der Öffentlichkeit vorgelegt worden. Sie können überprüft und als Grundlage für weitere Studien verwendet werden. Diese Kriterien waren das solide Fundament der rasanten Entwicklung, die Wissenschaft und Technik in den letzten Jahrhunderten erfahren haben, und sie sind es noch immer. Als Beispiele seien hier genannt: Die Entwicklung der Kunststoffe vom Kautschuk zum Carbonkunststoff, die Rolle von Vitaminen und Hormonen im menschlichen Körper und die Entwicklung der Elektronikgeräte.

Der Faktor Mensch

Wissenschaft mit Variationen

Im Rahmen dieses wissenschaftlichen Arbeitens spielt der Mensch – trotz aller Vernunft – eine vielschichtige Rolle. Einige Möglichkeiten zeigen, wie sich das beschriebene rationale Denken und Handeln durch verschiedene Einflüsse bis hin zum Schwindel wandeln kann:

- *Der distanzierte Beobachter:* Dieser Wissenschaftler ist ernsthaft und selbstkritisch auf der Suche nach neuen Erkenntnissen. Rationales Denken und die Anerkennung der Naturgesetze gehören zu seinen Arbeitsgrundlagen.

- *Der zu ehrgeizige Forscher:* Er kennt die Arbeitsregeln, lässt aber für irgendwelche Vorteile eine subjektive Veränderung von Arbeitsergebnissen zu. Dies kann bis zum bewussten Betrug gehen. [2]

- *Der Pseudowissenschaftler:* Er verwendet die Sprache und Ausdrücke der Naturwissenschaft, hält sich aber nicht an deren Arbeitskriterien. Er ist oft nur schwer vom ernsthaften Wissenschaftler zu unterscheiden.

- *Der Esoteriker:* Logik, Naturgesetze und kritische Fragen spielen für diese Person keine ausschlaggebende Rolle. Behauptungen werden aufgestellt oder von anderen übernommen, der Nachweis für die Richtigkeit ist unerheblich.

- *Der Scharlatan:* Er wird als »Schwätzer, Aufschneider, Kurpfuscher« beschrieben. Darüber hinaus steht er meistens in dem Ruf, dass er eine Tätigkeit unsachgemäß ausübt, aber damit Geld verdient.

In einem Buch beschreibt der Physiker Robert Park aufgrund seiner Erfahrung die Varianten der Naturwissenschaften, die nicht zu den etablierten Arten gezählt werden. [3] Er fasst sie unter dem Begriff »Voodoo-Wissenschaften« zusammen:

- *Die pathologische Wissenschaft:* Sie wird von Wissenschaftlern betrieben, die geneigt sind, nur das zu erkennen, was sie sehen wollen. Auf diese Weise machen sie sich selbst zum Narren.

- *Die Humbug-Wissenschaft:* Sie besteht üblicherweise aus verdrehten Theorien über das, was sein könnte, ohne Beweise dafür, dass es so ist. Sie lebt und überlebt dadurch, dass sie Prüfungen durch die wissenschaftliche Welt vermeidet.

- *Die Pseudowissenschaft:* Ihre Theorien werden in die Sprache und Symbole der Naturwissenschaften gekleidet, ohne allerdings deren Regeln zu folgen.

- *Die betrügerische Wissenschaft:* Sie dient dazu, insbesondere Laien unter dem Vorwand wissenschaftlicher Entdeckungen gezielt zu betrügen. Dies ist deshalb immer wieder möglich, weil die Regeln des wissenschaftlichen Denkens und Handelns oft nicht bekannt oder zu kompliziert sind.

Diese Varianten der Wissenschaft sind – wie etwa auch der Aberglaube – in unserer heutigen Welt noch stark verbreitet.

Sinnestäuschung

Psychische Faktoren: »... ein Anderer muss ablesen ...«

Es war in meinem ersten Studiensemester, als wir zum ersten Mal die Praktikumsräume der Physik betraten. Der Professor erläuterte u. a. ein extrem empfindliches Messgerät mit einer ca. 3 m langen Skala entlang einer Wand. Dazu bemerkte er zu unserem Erstaunen: »Wenn es um entscheidende Messungen geht, lasse ich jemand anderen ablesen«.

Neben der bewussten Manipulation von Ergebnissen gibt es noch ein weiteres Problem: Der Mensch als »Messinstrument«. Zahlreiche Untersuchungen zeigen, wie sehr der Mensch durch seine fünf Sinne getäuscht werden kann, keiner der Sinne ist wirklich zuverlässig. [4] Leider kann diese Erscheinung leicht missbraucht werden, Unkundige hereinzulegen. In Kapitel »Daten, Tests, Beweise?« wird z. B. beschrieben, wie ein »besseres« (= teures) Wasser vorgegaukelt wird, wenn es kühler ist als warmes Wasser. Bei solchen Angeboten wird häufig sehr suggestiv gefragt: »Dieses Wasser schmeckt Ihnen doch besser, nicht wahr?« Warum es tatsächlich besser schmeckt, nämlich weil es kühler ist, wird dem möglichen Kunden natürlich nicht verraten.

Naturwissenschaftliches Handeln hat mit solchen Manipulationen nichts zu tun und umgekehrt: Wer solche Tricks anwendet, arbeitet nicht wissenschaftlich, sondern hat andere Absichten.

Die Rolle der Intuition

Es gibt die verbreitete Meinung, dass sich rationales, wissenschaftliches Denken und Intuition als Gegensätze gegenseitig ausschließen. Das Gegenteil trifft zu, sie gehören zusammen wie die beiden Seiten einer Münze. Die Intuition kann als der Raum der Fantasie, der Ahnung und der Kreativität betrachtet werden. Man kann sich bewusst, z. B. durch Konzentration, in diesen Raum begeben und sich ungezwungen den Gedankenspielen und freien Assoziationen hingeben. Wer aus diesem kreativen Raum zurückkehrt und die Gedankenfetzen in die reale Welt umsetzt, handelt durchaus wissenschaftlich, wenn er danach auch die wissenschaftlichen Arbeitskriterien wieder berücksichtigt.

Wer nur in diesem intuitiven Raum lebt, ohne den Bezug zur rationalen Welt, wird kaum den Weg zur Naturwissenschaft finden. Andererseits gilt sicherlich, was der Physiker Albert Einstein sagte: »Durch logisches Denken allein erlangen wir keinerlei Wissen über die Welt.« Ohne die Intuition von Pablo Picasso, Louis Armstrong oder Thomas Mann wäre die Welt ärmer.

Eine andere Sichtweise

Verlassen wir hier für kurze Zeit das Gebiet der Naturwissenschaften und wenden uns dem alltäglichen Leben zu. Hier werden häufig andere Kriterien an das Wissen und die Erkenntnisse über die Natur zugrunde gelegt, die der Pseudowissenschaft. Darunter versteht man Glaubensgebäude und Denkweisen, die sich deutlich von denen der Naturwissenschaftler unterscheiden. Sie sind vor allem durch folgende Kriterien geprägt und dadurch zu erkennen:

• Es werden Behauptungen aufgestellt ohne Beweise zu liefern, es gilt glauben statt wissen.

• Wirkungen werden behauptet oder vermutet, ohne den Nachweis dafür zu liefern.

• Wissenschaftliche Begriffe werden ohne Verständnis ihrer Bedeutung verwendet, Definitionen der verwendeten Begriffe fehlen oder sind nebulös, es wird zum Teil wissenschaftlicher Unsinn und verbaler Kauderwelsch geboten.

• Die Anwendung der bekannten Naturgesetze fehlt oder ist fehlerhaft.

• Das Ziel ist Geschäftemacherei, jedoch ohne eine plausible Leistung zu erbringen.

Pseudowissenschaftliche Behauptungen lassen sich häufig daran erkennen, dass sie zwar eine Idee vorstellen, eine Verifizierung (Bestätigung) oder Falsifizierung (Widerlegung) aber nicht möglich ist. Wenn dies dennoch in einzelnen Fällen auf naturwissenschaftlicher Basis versucht worden ist, führte dies praktisch immer zu der Feststellung: »Zumindest in dieser Form ist die Behauptung nicht zu beweisen.«

Das 1 Million Dollar-Angebot

Als Einzelner ist man kaum in der Lage, die beschriebene pseudowissenschaftliche Vorgehensweise zu erkennen und etwas dagegen zu unternehmen. Es haben sich jedoch weltweit Skeptikergruppen etabliert, u. a. mit dem Ziel, solche Behauptungen zu hinterfragen und in der Praxis zu testen. [5] In Deutschland gehören dazu die »Gesellschaft zur wissenschaftlichen Untersuchung von Parawissenschaften« (GWUP), in Österreich die »Gesellschaft für kritisches Denken« (GWUP Österreich).

Die Gesellschaft zur wissenschaftlichen Untersuchung von Parawissenschaften (GWUP)

Ihre Mitglieder widmen sich dem Themenbereich Parawissenschaften, die am Rand oder sogar außerhalb der anerkannten Wissenschaften liegen. Die Gesellschaft hat die Zielsetzung, »die Wissenschaften und insbesondere ihre Methoden zu verbreiten und verständlich zu machen und sie von Pseudowissenschaft und deren Methoden abzugrenzen ... Untersuchungen zu parawissenschaftlichen Thesen zu fördern oder selbst durchzuführen und über deren Ergebnisse zu berichten«. [6]

Die Mitglieder nennen sich Skeptiker. Das heißt, sie betrachten ungewöhnliche Behauptungen zwar mit Skepsis, lehnen sie aber nicht vorschnell ab, sondern prüfen sie mit wissenschaftlichen Methoden und den Instrumenten des kritischen Denkens.

Bewerber für einen Test werden hierbei eingeladen, ihre Behauptung vorzubringen und ihre »Fähigkeiten« unter wissenschaftlich kontrollierten Bedingungen vorzuführen. Für den Fall eines gelungenen Beweises hat die GWUP eine Prämie von 10 000 € ausgeschrieben. Der US-amerikanische Wissenschaftler James Randi geht darüber hinaus und macht ein noch lukrativeres Angebot. [7] Er bietet weltweit jeder Person einen Preis von 1 000 000 US-Dollar an, die ein paranormales Verfahren beweisen kann. Voraussetzung dafür ist, dass dieses Verfahren nach wissenschaftlichen Regeln durchgeführt wird und erfolgreich besteht. Trotz zahlreicher Bewerbungen und durchgeführter Tests steht die erstmalige Zuteilung eines der Preise noch aus. Dieses Ergebnis spricht für sich.

Anmerkungen

1 Bahnsen, U. (2007) DIE ZEIT, Nr. 28, S. 37
2 Zankl, H. (2006) Fälscher, Schwindler, Scharlatane. Betrug in Forschung und Wissenschaft, Verlag Wiley-VCH, Weinheim
3 Park, R. L. Fauler Zauber. Betrug und Irrtum in den Wissenschaften, Europa Verlag
4 Wolf, R. (1997) Vom Sinn und Unsinn der Sinnestäuschung, Studium Generale-Skript, Universität Würzburg
5 http://de.wikipedia.org/wiki/Committee–for–Skeptical–Inquiry (CSI) (22 September 2010)
6 GWUP www.gwup.org (20 September 2010)
7 http://www.randi.org/site/index.php/1m-challenge.html (15 Januar 2009)

2
Die »Schwingungen« des Wassers

Rechts- und linksdrehendes Wasser?

In der Diskussion und Beschreibung von »gutem« Wasser kommt sehr häufig der Begriff rechtsdrehendes Wasser vor. Diesem Wasser wird die Eigenschaft zugeschrieben, besser oder gesünder als linksdrehendes Wasser zu sein. Inzwischen ist der Begriff in der nichtwissenschaftlichen Literatur über Wasser und auf dem Markt für Wasserbehandlungsgeräte fest etabliert. Wird er aber auch von allen verstanden und hat er einen realen Hintergrund? Diese Fragen sind mehr als berechtigt, denn schon bei der einfachen Nachfrage »Was ist denn dieses rechtsdrehende Wasser?« gibt es immer nur ein Schulterzucken oder vage Meinungen. Die Naturwissenschaft hat also allen Grund, diesem Begriff zu misstrauen.

Rechts- und Linksdrehungen in der Naturwissenschaft

Dabei ist die Natur voll von Beispielen für Rechts- und Linksdrehungen. Denken wir nur an unsere Erde: Erst durch ihre Drehung um die eigene Achse geht die Sonne regelmäßig auf und unter, entstehen Tag und Nacht, und durch die Drehung um die Sonne entsteht das Erdjahr. Im Tier- und Pflanzenreich sind viele Wachstumsprozesse mit einer Drehung verbunden, wie man an Schneckenhäusern und rankenden Pflanzen sehen kann.

Beispiel 1: Der Kinderkreisel

Nehmen wir einen einfachen Kinderkreisel, wie er früher zum Spielen verwendet wurde. Er ist im Grund ein Kegel, der mit einer Peitsche geschlagen und dadurch zum Drehen gebracht wird. Tut dies ein rechtshändiges Kind, dreht sich der Kreisel rechts herum, während ein linkshändiges Kind den Kreisel links herum zum Drehen bringt (Abb. 28). Was aber ist rechts und links herum?

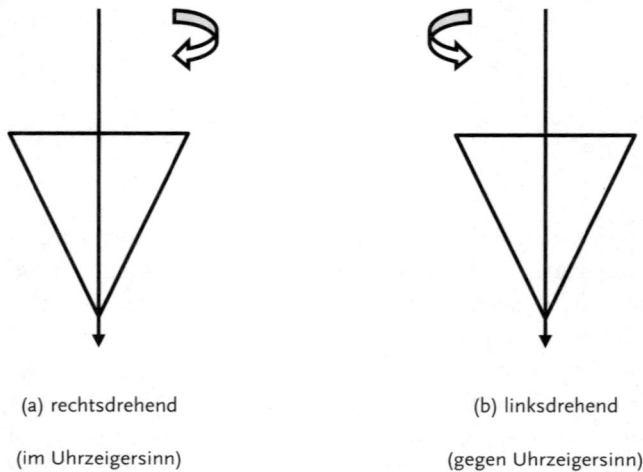

(a) rechtsdrehend

(im Uhrzeigersinn)

(b) linksdrehend

(gegen Uhrzeigersinn)

Abb. 28 Schema sich drehender Kreisel. Der Uhrzeigersinn bezieht sich hier auf die Ansicht von oben (Pfeilrichtung).

Damit haben wir die *Grundelemente*, die für eine Beschreibung von Drehungen notwendig sind:

- der sich drehende Körper oder auch eine Fläche,
- die Achse, um die sich dieser Körper oder die Fläche dreht, und
- die Richtung, in der die Drehung beobachtet wird.

Diese Elemente sind wichtig, um die Drehung zu verstehen und damit auch eventuell dem rechtsdrehenden Wasser auf die Spur zu kommen. Der Körper selbst kann offensichtlich jeder Körper sein, der zu einer Drehung gebracht werden kann. Schwieriger ist es schon, die Drehachse zu finden. Sie stellt meist eine nur gedachte Linie dar, um die sich der drehende Körper bewegt. Im Allgemeinen ist sie nicht sichtbar und nur für einfache Objekte leicht vorstellbar, z. B. bei der Erdkugel die Drehachse durch den geografischen Nord- und Südpol. Schließlich ist es notwendig die Richtung festzulegen, in der die Drehung erfolgt. Nehmen wir als Achse einen Bleistift, so kann man an ihm sowohl vom angespitzten wie auch vom stumpfen Ende entlang sehen. Es kommt also darauf an, aus welcher Richtung diese Achse gesehen wird, d.h. wo »ihr« oben und unten und damit eine Drehung »rechts herum« oder »links herum« definiert wird. Die Situation ist dort einfach, wo die Drehachse ein markantes Ende hat. Beim Bleistift wird man automatisch durch dessen Gebrauch vom stumpfen Ende hinunter zur Spitze schauen. Aus dieser Sicht ist eine Rechts- oder Linksdrehung des Bleistifts um seine Längsachse leicht zu erkennen.

Nehmen wir weiterhin das schon erwähnte Beispiel des Kinderkreisels: Er dreht sich auf dem Boden und wird dabei von oben gesehen. Die Blickrichtung ist damit von oben auf den Kreisel. Dreht er sich im Uhrzeigersinn, wird dies aus Gewohnheit als rechtsdrehend beschrieben. Ein linkshändiges Kind hätte den Kreisel jedoch so angetrieben, dass er sich entgegen dem Uhrzeigersinn dreht, also links herum. Würde sich jedoch der Kreisel auf einer Glasplatte bewegen und ein Beobachter würde ihn von unten beobachten, würden sich die Bezeichnungen »rechts« und »links« umkehren. Dies zeigt, dass die Beschreibung der Drehachse von großer Bedeutung ist und daher festgelegt werden muss.

Beispiel 2: Der Wasserstrudel in der Tasse

Jeder kennt diesen Vorgang: Rührt man in einem Glas mit Wasser, so bildet sich in der Mitte eine kleine, sich drehende Vertiefung (Abb. 29). Dieser Strudel (wissenschaftlich auch Vortex genannt) entsteht durch das Zusammenspiel von Drehbewegung und Fliehkraft. Je nach der Richtung des Umrührens wird sich der Strudel links oder rechts herum drehen. Wichtig ist bei dieser Aktion, dass sich nur der Wasserkörper als Ganzes nach rechts oder links um seine Achse dreht. Die einzelnen Wassermoleküle, aus denen sich das Wasser zusammensetzt, oder gar die Elementarteilchen der Wassermoleküle (Atomkerne und Elektronen) bewegen sich zwar ebenfalls mit dem Wasser im Kreis, aber ihre Eigenbewegung im atomaren Bereich ist nicht mit der des Wasserkörpers zu verwechseln.

Abb. 29   In einem Wasserwirbel dreht sich nur der Wasserkörper um eine Achse. Die Eigenbewegung der Moleküle und deren Elementarteilchen ist unabhängig von dieser Drehbewegung.

Beispiel 3: Rechts- und linksdrehende Milchsäure

Von vielen Milchprodukten ist bekannt, dass sie Milchsäure enthalten. Diese entsteht u. a., wenn Milchzucker durch bestimmte Bakterien abgebaut wird. Das Molekül der Milchsäure weist in seiner Struktur eine Besonderheit auf: Es besitzt im Zentrum ein Kohlenstoff(C-)atom, das asymmetrisch ist. Diese Asymmetrie kommt dadurch zustande, dass die vier Substituenten am zentralen C-Atom alle unterschiedlich sind. Dies führt dazu, dass es zwei Molekülarten von Milchsäure gibt, die die gleiche Gesamtstruktur haben, sich aber – wie zwei Hände – spiegelbildlich unterscheiden.

Wenn durch eine Lösung von Milchsäure in Wasser ein Strahl aus polarisiertem Licht geschickt wird, dreht die Milchsäure die sogenannte Polarisations(Schwingungs-)ebene des Lichts (Abb. 30): Die eine Molekülart nach links, die andere Molekülart nach rechts, jeweils aus der Sicht eines Beobachters, der dem Lichtstrahl entgegen blickt. Auf dieser Grundlage bezeichnet man die eine Milchsäureart als linksdrehend (–), die andere Milchsäureart als rechtsdrehend (+). In biochemischen Prozessen kommen beide Arten von Milchsäure vor. Die rechtsdrehende Milchsäure wird in Lebensmitteln besonders geschätzt. Auf Verpackungen mit Milchprodukten findet man daher häufig die Angabe des Gehaltes an dieser Substanz.

Beispiel 4: Rechts- und Linksdrehung bei Pflanzen und Tieren

Rechts- bzw. Linksdrehungen gibt es nicht nur bei Körpern oder Lichtstrahlen, sondern auch beim Wachsen von Pflanzen und Tieren.

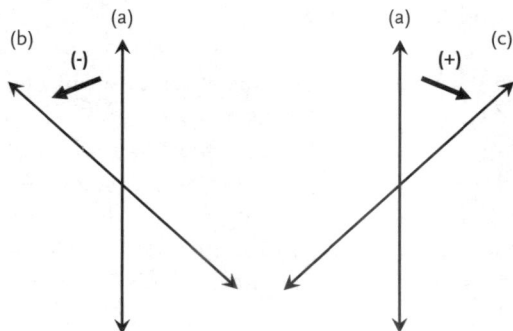

Abb. 30 Schwingungsebene eines polarisierten Licht-
strahls: (a) ohne Milchsäure, (b) mit D-(–)-Milchsäure
(linksdrehend), (c) mit L-(+)-Milchsäure (rechtsdrehend).

Rankende Pflanzen (Abb. 31) wachsen rechts oder links um Stangen
in die Höhe. Ähnliches ist bei Schnecken zu beobachten, deren
Gehäuse rechts oder links um eine Achse wachsen können (Abb. 32).

Abb. 31 rechtsdrehende Pflanzenranke

Abb. 32 rechtsdrehendes
Schneckenhaus

Kann Wasser rechts und links drehen?

Nach diesen Beispielen von Rechts- und Linksdrehungen in der Natur kommen wir zurück auf die Frage: »Was ist denn nun rechtsdrehendes Wasser?« Wenn so viele Leute darüber sprechen und seine Wirkungen preisen, und auch manche Hersteller von Geräten für Wasserbehandlung sich dafür bezahlen lassen, müsste dies doch einen realen Hintergrund haben. Schauen wir uns also zunächst einige Definitionen an, die in der Wasserliteratur zu finden sind.

Elektronenspin im Wassercluster

»Dem biologisch toten Wasser, dem der rechtsdrehende Spin abhanden gekommen ist ... [Fußnote: Das Wort Spin entstammt dem Englischen und bedeutet schnelle Drehung. In der Physik versteht man darunter Drehimpulse aus Drehungen um die eigene Achse, besonders bei Elementarteilchen und Atomkernen].« [1]

»rechtsdrehend bzw. linksdrehend bezieht sich immer auf den Elektronenspin im Wassercluster« [2]

Das EPR-Experiment (benannt nach Einstein, Podolsky und Rosen)

»... und als eifriger Schüler lernte ich einst, dass es linksdrehendes und rechtsdrehendes Wasser gibt, nur konnte mir niemand sagen, was da links oder rechts dreht. Irgendwann bin ich dann dahinter gekommen, dass es sich um den Elektronenspin handelt und da fingen meine Fragen erst richtig an, gibt es doch das EPR-Experiment ... Es befasst sich mit der Beeinflussbarkeit von Elementarteilchen durch den menschlichen Willen«. [3]

Abfließen aus einem Waschbecken

»Ein weiteres Phänomen des im Hochsauerland sprudelnden Wassers ist, dass es in einem Waschbecken rechtsdrehend abfließt. In unserer nördlichen Hemisphäre allerdings fließt Wasser immer linksdrehend ab.« [4]

Definitionen der Wünschelrutengänger

»Rechtsdrehendes Wasser ist ein Begriff der wissenschaftlichen Radiästhesie für die rechtszirkulare Radialkraft des Wassers, die energieaufladend und gesundheitsfördernd wirkt.

Linksdrehendes Wasser ist ein Begriff der wissenschaftlichen Radiästhesie für die linkszirkulare Radialkraft des Wassers, die energieabladend und krankheitsfördernd wirkt. Bei Lebensmitteln ist der ähnliche Begriff bei Molkereiprodukten für rechtsdrehende Milchsäure auch L+ bekannt«. [5]

»In der Radiästhesie sprechen wir von linksdrehend bei den meist negativ = pathogen wirkenden Strahlungen und von rechtsdrehend bei den positiv = heilend wirkenden Strahlungen.« [6]

»Bei der Einteilung in die Drehrichtung gibt es eine große Fehlinterpretation bzw. häufige Fehlinformation. Hält man ein Pendel über ein Wasser, so beginnt es sich entweder rechts oder links herum zu drehen. Viele Menschen sagen dann, dies sei ein rechts- oder linksdrehendes Wasser. Für die Experten ist das falsch, da sich in jedem Wasser gleichzeitig immer rechts- und linksdrehende Anteile befinden. Die rechtsdrehenden Anteile sind die energieaufladenden und die linksdrehenden die energieentladenden Anteile. Als günstig gilt, wenn der Anteil der rechtsdrehenden überwiegt, z.B. 70% rechts- und 30% linksdrehend«. [7]

Eine Blüte im Wasserglas

Frage aus dem Publikum: »Wie definieren sie rechtsdrehend?« – Antwort des Referenten (Pater Dr. Johannes Pausch): »Von unseren alten Mönchen habe ich gelernt, eine Blüte in das Wasser zu legen und so lange auf den Tisch zu schlagen, bis sich das Wasser zu drehen anfängt – dann ist es ganz eindeutig.« – Publikum: »Welche Blüte verwendet man für den Test?« – Referent: »Ich nehme meistens ein Gänseblümchen. Weil ich denk, dem Wasser tut's nicht weh und das Gänseblümchen freut sich.« [8]

Naturwissenschaftliche Betrachtung dieser Definitionen

Definition über den Elektronenspin

Bereits in Kapitel »Naturwissenschaftliche Betrachtung des Wassers« wurde der atomare Aufbau des Wassermoleküls beschrieben. Es wurde dort auch gezeigt, dass die acht äußeren Elektronen des Moleküls paarweise mit je einem rechten (↑) und einem linken (↓) Spin gekoppelt sind (↑ ↓). Zur Erklärung einer Rechts- oder Linksdrehung des Wassers taugen sie also nichts, denn ihre gekoppelten Spins neutralisieren sich.

Definition über Wassercluster

Die Bildung von Clustern aus Wassermolekülen wurde ebenfalls bereits im Kapitel »Naturwissenschaftliche Betrachtung des Wassers« beschrieben. Es handelt sich dabei um lose Gruppen von Molekülen, die sich in ständiger Bewegung extrem rasch zusammenballen, wieder trennen und in neuer Form zusammenfügen. Eine gerichtete Bewegung oder gar eine Rechts- oder Linksdrehung ist bei diesem Vorgang bisher nicht beobachtet worden und nicht zu erwarten. Für unsere Betrachtung des rechtsdrehenden Wassers genügt es zu wissen, dass ein Wassercluster einfach aus mehreren – lose verbundenen – Wassermolekülen besteht. Die Moleküle selbst bleiben aber in ihrer Grundstruktur erhalten. Folglich gibt es – wie bei den einzelnen Molekülen – auch im Cluster keinen freien Spin, folglich auch keinen, der verloren gehen (linksdrehend) und wieder hergestellt werden kann (rechtsdrehend). Wer rechtsdrehendes Wasser mit dem Elektronenspin im Wassermolekül oder den Wasserclustern erklären will, kann sich nicht auf die Grundlagen der Atomphysik berufen.

Definition über das EPR-Experiment

Bei diesem Begriff handelt sich um ein Experiment, das immer wieder in der pseudowissenschaftlichen Literatur zitiert, aber fast ebenso häufig nicht verstanden oder falsch verwendet wird. Fragen Sie einmal Personen, die diesen Begriff verwenden: Kann man in einfachen Worten erklären, a) worum es sich handelt und b) was es mit Wasser zu tun hat?

Zunächst zur Frage a). Die Antwort ist schlichtweg »nein«, man kann dieses Experiment nicht in einfachen Worten erläutern oder gar verständlich machen. Dennoch hier einige Zeilen zum Verständnis der Sachlage. Im Jahr 1927 hatte der Atomphysiker Werner Heisenberg seine Theorie über die von ihm benannte Unschärferelation veröffentlicht. Diese besagt, dass es nicht möglich sei, den Ort und den Impuls eines Elementarteilchens gleichzeitig exakt zu bestimmen. Sein berühmter Zeitgenosse Albert Einstein widersprach dieser Theorie, da sie seinem eigenen Konzept zur Relativitätstheorie widersprechen würde. Deshalb erdachte er zusammen mit zwei Mitarbeitern, den Physikern Podolsky und Rosen, das nach diesen drei Namen benannte EPR-Experiment, das sie 1935 veröffentlichten. Es handelte sich also um ein Gedankenexperiment, nicht um die »Beeinflussbarkeit von Elementarteilchen durch den menschlichen Willen«, wie dies in einem der Zitate missverstanden wurde.

Ein bisschen Theorie zum EPR-Experiment

Einstein und seine Kollegen wollten, entsprechend der gängigen wissenschaftlichen Arbeitsweise, die von Heisenberg vorgeschlagene Unschärferelation als falsch beweisen (falsifizieren). Sie schlugen dazu folgendes Gedankenexperiment vor:

Aus einem Atom sollten zwei Elektronen abgespalten werden, die sich dann mit hoher Geschwindigkeit in entgegengesetzte Richtung auseinander bewegen würden. Da beide Elektronen aus derselben Quelle stammen (»verschränkte Teilchen«), sollten nach den Vorstellungen der klassischen Physik auch Impuls und Position beider Teilchen in Relation stehen. Somit sollte auch eine zeitgleiche Messung möglich sein, indem an dem einem Teilchen die Ortskoordinaten und an dem anderen der Impuls gemessen würde. Somit wäre die Quantenphysik Heisenbergs mit ihrer Unschärferelation gedanklich widerlegt worden.

Erst 1957 wurde diese Debatte wieder aufgegriffen und mit den dann verfügbaren experimentellen Möglichkeiten überprüft. Um es kurz zu machen: Die von Heisenberg vorausgesagte Unschärferelation wurde letztlich wissenschaftlich bewiesen und gilt heute als getestet und gültig. Ein Paradebeispiel für die Streitkultur in der Naturwissenschaft!

Es bringt nichts, weiter auf den wissenschaftlichen Streit einzugehen, wenn selbst der Physiker Philippe Leick schreibt: »Mit einem aus dem Alltagsleben stammenden gesunden Menschenverstand lässt sich der EPR-Effekt nicht verstehen, selbst dann nicht, wenn man die zugrunde liegende Mathematik beherrscht.« [9]

Zur zweiten, oben gestellten Frage b): Was hat das EPR-Experiment mit Wasser zu tun? Es ist davon auszugehen, dass kaum jemand, der sich beim rechtsdrehenden Wasser darauf beruft (»gibt es doch das EPR-Experiment«), eine Ahnung hat, worum es sich hierbei handelt. Wenn dies doch der Fall wäre, müsste diese Person klar aufzeigen, auf welche Weise das EPR-Experiment die Existenz von rechtsdrehendem Wasser rechtfertigt. Solange dies nicht geschehen ist, gilt die Aussage des schon zitierten Physikers: »Für zahlreiche Verfechter verschiedenster esoterischer Richtungen ist es [das EPR-Experiment] daher ein gefundenes Fressen. Mit EPR und anderen paradoxen Effekten der Quantenmechanik lassen sich die abstrusesten Theorien ›begründen‹ und mit einem wissenschaftlichen Anstrich versehen«.

Und um die Antwort auf die Frage b) kurz und klar zu formulieren: Sogenanntes rechtsdrehendes Wasser konnte bisher nicht und wird wohl auch nie durch das EPR-Experiment definiert werden.

Definition über das Abfließen aus einem Waschbecken

Vor zwei Jahrhunderten beschrieb der französische Gelehrte G.G. Coriolis ein eigenartiges physikalisches Phänomen: Auf einer ebenen, aber geneigten Scheibe (vergleichbar einem schräg gestellten Plattenspieler) rollt eine Kugel vom Mittelpunkt M wie gewohnt geradlinig nach unten zu einem Punkt X (Abb. 33, links, Linie M-X). Wird nun die Scheibe gleichzeitig um ihre Achse gedreht, während die Kugel herabrollt, zeigen sich zwei Sichtweisen:

- Für den außenstehenden Betrachter: Für ihn, der von oben auf die rotierende Scheibe und die Kugel schaute, ändert sich nichts, die Bewegungslinie M-X bleibt erhalten.

- Von der Kugel selbst aus gesehen: Wenn sie sich auf der rotierenden Scheibe bewegt, ergibt sich nun eine Ablenkung auf der gekrümmten Linie M–Y (Abb. 33, rechts).

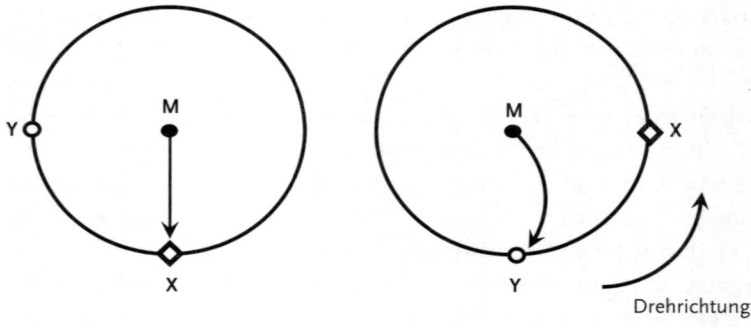

ruhende Scheibe   rotierende Scheibe

Abb. 33   Der Coriolis-Effekt

Dieser Effekt wurde nach seinem Entdecker Coriolis-Effekt, die ablenkende Kraft Coriolis-Kraft genannt. Physikalisch gesehen handelt es sich um eine Scheinkraft, da die Bewegungsänderung des Körpers tatsächlich nicht durch eine Kraft erfolgt, sondern durch die zusätzliche Bewegung des Bezugssystems (in unserem Beispiel die rotierende Platte) bewirkt wird.

Große Unterschiede – kleine Wirkungen

Die Coriolis-Kraft ist nicht die einzige physikalische Erscheinung, die zwar theoretisch vorhanden ist, aber nicht immer eine erkennbare Wirkung zeigt. Im täglichen Leben findet man zahlreiche Situationen dieser Art.

- Denken wir zum Beispiel an Ebbe und Flut, an den Küsten der Weltmeere ein ausgeprägtes Ereignis mit einem Tidehub (Höhendifferenz) von bis zu 20 m. An der Ostsee als Binnenmeer findet man bereits eine geringere Differenz von unter 1 m. Für den noch kleineren Bodensee schließlich kann ein Tidehub von unter 1 mm nur noch theoretisch geschätzt werden. Er wird von größeren Einflüssen wie Wind und Wellen so überlagert, dass er praktisch nicht mehr beobachtet werden kann.

- Ein anderes Beispiel: Acht Leichtathleten starten zum 100-m-Lauf. Bei ihrem Start geben sie an die Erde einen Impuls entgegen der Laufrichtung ab. Der stört die Erde allerdings wenig in ihrer eigenen Bewegung. Die Masse der Athleten (angenommen $8 * 80\ kg = 640\ kg = 6,4 * 10^2\ kg$) ist gegenüber der Erdmasse ($6 * 10^{24}\ kg$) viel zu gering, um eine messbare Änderung zu verursachen.

Die Erklärung für diese und andere Beispiele liegt in der sehr unterschiedlichen Größenordnung der beteiligten Faktoren – Masse, Geschwindigkeit oder andere – bei der Ausbildung einer tatsächlich resultierenden Kraft. Von der Masse einiger Leichtathleten kann im Vergleich zur Masse der Erde keine *erkennbare* Wirkung entfaltet werden, ebenso wenig wie von einem bisschen Wasser in einem Waschbecken.

- Ein letztes Beispiel aus der nichtwissenschaftlichen Welt: Ein Milliardär, der ein 10-Cent-Stück verliert, wird diesen Verlust kaum in seiner Bilanz bemerken. Das Auf und Ab der Aktienkurse bestimmt sein Vermögen sehr viel stärker.

Ähnlich wie auf einer Platte wirkt der Coriolis-Effekt auch auf der Oberfläche einer rotierenden Kugel, wie z. B. der Erde. Dort zeigt er große Wirkungen vor allem bei atmosphärischen Vorgängen (Drehrichtung von Hoch-, Tiefdruckgebieten), ist aber auch noch feststellbar bei der Bewegung größerer Flüsse oder von Flugzeugen und Eisenbahnen.

Theoretisch wirkt diese Coriolis-Kraft an jedem Punkt der Erde. Die Größe der tatsächlich resultierenden Kraft ist aber von verschiedenen Faktoren abhängig, unter anderem von der sich bewegenden Masse, hier also der des Wassers im Ablaufbecken. Diese Masse (z. B. bei 5 Litern sind dies 5 kg) ist so verschwindend gering, dass ein Effekt gar nicht mehr beobachtet werden kann. Eine Definition des rechtsdrehenden Wassers durch sein Ablaufverhalten in einem Wasserbecken ist aus diesem Grund wissenschaftlich nicht haltbar.

Definition durch Wünschelrute und Pendel

Die Definitionen der Wünschelrutengänger und Pendler zeigen zwei Aspekte. Zunächst einen Hinweis darauf, dass sich durch Wasser eine Wünschelrute oder ein Pendel nach rechts oder links bewegen soll. Nun werden weder die Ausmutung noch das Auspendeln von Stoffeigenschaften in der Naturwissenschaft anerkannt, da deren Untersuchungskriterien nicht erfüllt sind (siehe Kapitel »Mit Wünschelruten auf Wassersuche«). Daher fallen beide Verfahren für eine wissenschaftliche Definition des rechtsdrehenden Wassers aus. Zudem wird das Pendeln selbst von einem Radiästheten als falsch angesehen, was zeigt, dass auch innerhalb dieser Gruppe keine Einigkeit über eine Definition besteht.

Und sonstige Hinweise? Alle weiteren radiästhetischen Definitionen sprechen von Energie, pathogen bzw. heilend usw., aber nicht von etwas, was aktiv dreht oder passiv gedreht wird. Von den am Anfang dieses Kapitels genannten Elementen einer Drehung (drehendes Objekt, Drehachse, Drehrichtung) gibt es keinerlei Erwähnung. Es scheint, dass es sich bei den radiästhetischen Definitionen um eine sprachliche Verirrung handelt, dass nämlich der Begriff »Drehung« als Worthülse nichts mehr mit seinem Inhalt zu tun hat. Die Begriffe »rechts-/linksdrehend« werden von den Radiästheten schlichtweg missbräuchlich verwendet, einen Beitrag zur wissenschaftlichen Definition liefern sie aber nicht.

Definition über eine Blüte im Wasserglas

Diese Definition hat zumindest den Charme, dass sie keinen Anspruch auf Wissenschaftlichkeit erhebt. Die Darstellung ist einfach gehalten, was sich angenehm von dem vielen pseudowissenschaftlichen Unsinn abhebt, der sonst dazu geschrieben wird. Für eine wissenschaftliche, beweisbare Definition von rechtsdrehendem Wasser scheidet sie dennoch aus, denn die Frage »Was ist rechtsdrehendes Wasser?« wird dadurch auch nicht beantwortet.

Eigenschaften und Wirkungen von rechtsdrehendem Wasser

Hier sind wiederum einige Meinungen aus der Pseudowissenschaft:

- »Rechtsdrehend ist ein Merkmal sogenannte Heilwässer; … das Wasser bleibt konstant rechtsdrehend, egal, was man damit anstellt, es kippt niemals um.« [10]

- »Gutes Wasser ist rechtsdrehend, kann aber eben auch umkippen. Nicht so gutes Wasser ist linkszirkular – kann aber durch geeignete Maßnahmen rechtsdrehend gemacht werden.« [11]

- »Rechtsdrehendes Wasser (nach der Drehbewegung der Elementarteilchen im Wassermolekül), so Forschungsergebnisse, hat eine energetisierende Wirkung. Es soll sowohl Energiedefizite ausgleichen wie Energieblockaden auflösen.« [12]

- »Rechtsdrehende Mineral- oder Heilwässer geben Ihnen Kraft, wenn sie nicht zu stark säurehaltig sind.« [13]

- »… da sich in jedem Wasser gleichzeitig immer rechts- und linksdrehende Anteile befinden. Die rechtsdrehenden Anteile sind die energieaufladenden und die linksdrehenden die energieentladenden Anteile. Als günstig gilt, wenn der Anteil der rechtsdrehenden überwiegt, z. B. 70 % rechts- und 30 % linksdrehend.« [14]

- »… rechtsdrehendes Wasser, bei dem sämtliche Schadstoffinformationen gelöscht sind – also wirklich reines, gesundheitsförderliches Wasser.« [15]

- »Folglich müssen wir dringendst dafür sorgen, möglichst nur rechtsdrehendes Wasser mit positiver Schwingungsinformation aufzunehmen!« [16]

- »Sie bevorzugten rechtsdrehendes Wasser, gefriert übrigens auch bei 10 Grad Minus nicht!« [17]

- »Eine Wärmflasche an die Füße kann Wunder bewirken, insbesondere dann, wenn Sie rechtsdrehendes Wasser eingefüllt haben.« [18]

Diese Liste von »Wirkungen« ließe sich beliebig verlängern. Sie leiden alle an einem Grundübel: Es handelt sich um Behauptungen, um nicht zu sagen Heilsversprechen, die durch keinerlei ernsthafte Untersuchungen belegt sind. Wie sollte es auch anders sein, ist doch das »rechtsdrehende« Wasser selbst kein realer Stoff. Es existiert nur in Behauptungen und verkaufsfördernder Reklame.

Von Pseudowissenschaftlern wird an dieser Stelle immer wieder auf eine sogenannte. Feinstofflichkeit hingewiesen. Aber auch diese Eigenschaft, wenn sie vorhanden ist, muss sich an irgendwelchen Wirkungen oder Messergebnissen zu erkennen geben. Solche sind aber beim Wasser bisher noch nicht festgestellt worden. Bis zu ihrem Nachweis ist daher diese Feinstofflichkeit des Wassers ebenfalls als Behauptung einzustufen und als wissenschaftlich unbegründet abzulehnen.

Wasser lässt sich nicht verdrehen

Das Ergebnis ist eindeutig: Für »rechts«- oder »linksdrehendes« Wasser gibt es zum gegenwärtigen Zeitpunkt weder eine klare Definition noch irgendwelche naturwissenschaftlich gesicherten Nachweise oder Wirkungen. Der Ausdruck ist eine unbewiesene Behauptung aus der Pseudowissenschaft. Auch die falsche Verwendung wissenschaftlicher Begriffe macht die »Definition« nicht richtiger.

Falls Ihnen irgendjemand etwas unter dem Etikett rechtsdrehendes Wasser verkaufen will, sollten Sie ihn fragen: »Was, bitte, ist rechtsdrehendes Wasser?« Nach der Lektüre dieses Kapitels wird man schnell feststellen, dass der Anbieter zu seinem besonderen Wasser keine beweiskräftige Erklärung anbieten kann. Wer das Geld dennoch dafür ausgeben will, sollte dies im Bewusstsein tun, dass er im Glauben an irgendeine Wirkung handelt. Wissenschaftliche Argumente spielen in einem solchen Fall keine Rolle.

Nachtrag 1: Rechts- und linksdrehendes Blut

»Gesundes Blut ist immer rechtsdrehend, während erkranktes Blut linksdrehend ist.« [19] Diese Feststellung ist im Internet zu finden.

Unter derselben Rubrik ist weiterhin zu lesen:

- »Die roten Blutkörperchen ... besitzen eine minuspolige elektrische Ladung (Gleichstrom)«.

- »Sie sind magnetisch und stellen eine polarisierte Masse dar, die sich mit gleichartigen Magneten verbindet«.

- »Bei einer Krankheit verlieren aber die roten Blutkörperchen zunehmend ihre magnetischen Eigenschaften und nehmen elektrische Eigenschaften an!«

- »Ein von außen wirkendes elektromagnetisches Feld kann das Blut entmagnetisieren«.

Es ist nicht angegeben, wo und wie solche pseudomedizinischen Erkenntnisse gewonnen worden sind. Aber es scheint angebracht, sie mit größter Vorsicht zu betrachten und anzuwenden, besser noch sie zu ignorieren. Denn es ist zu befürchten, dass dort, wo eine solche Diagnose erstellt wird, auch eine entsprechende Heilmethode (natürlich gegen Bezahlung) angeboten wird. Zwei Beispiele:

- »Außerdem weisen alle Lichtwässer eine außergewöhnlich starke Fähigkeit auf, Molekülgruppen in deren elektrischem und magnetischem Feld auszubalancieren. Entsteht in einer Zelle ein sogenannter Linksspin, entstehen über kurz oder lang Krankheiten. ... Bsp: Das Blut von krebskranken Menschen hat immer einen sehr ausgeprägten linksdrehenden Spin. Lichtwässer können es offenbar schaffen, die Elementarteilchen so zu informieren und anzuregen, dass ihr einseitiger Linksspin ausgeglichen wird und sich wieder eine gesunde Schwingungsbalance entwickelt ... Alle Komplex- und Lichtwässer sind im Shop erhältlich«. [20]

- »Man kann das gewöhnlich linksdrehende Leitungswasser auch über Telefon untersuchen und mit meiner ... Spirale in 20 m rechtsdrehendes Wasser an allen Zapfstellen umwandeln, wodurch beim Trinken das Blut rechtsdrehend energetisiert wird und die Organe wieder störungsfrei funktionieren, sowie Arthrose und Arteriosklerose vermieden werden«. [21]

Das ist Scharlatanerie in Reinkultur. Da der Begriff rechtsdrehend schon beim Wasser nicht akzeptabel war, ist er es beim rechtsdrehenden Blut ebenso wenig. Eine medizinische Behandlung auf der Grundlage dieser Diagnose linksdrehendes Blut sollte man sich aus gesundheitlichen wie monetären Gründen sehr genau überlegen.

Nachtrag 2: Ein Vorschlag

Wenn schon rechtsdrehendes Wasser oder sogar Blut – warum nicht das Angebot erweitern? Warum nicht rechtsdrehende Milch von glücklichen Kühen, rechtsdrehender Apfelsaft vom Biobauern, rechtsdrehendes Benzin aus ökologischen Raffinerien? Schließlich besteht jede Flüssigkeit aus Atomen, in denen (aus pseudowissenschaftlicher Sicht) der Elektronenspin rechtsdrehen könnte. Ebenso könnte alles, was fließt, in einem Abflussbecken auch rechtsdrehend abfließen, ob Milch, Blut oder Benzin. Wissenschaftliche Beweise sind – wie man in diesem Kapitel gesehen hat – für solche Behauptungen offensichtlich gar nicht erforderlich. Es genügt ein unkritisches, gutgläubiges Publikum, das bereit ist, für solche Produkte Geld auszugeben. Wer sich gegen solche unseriösen Angebote wappnen möchte, findet einige Hinweise in Kapitel »Daten, Tests, Beweise?«.

Anmerkungen

1 www.oecovita.de, Das Geheimnis der Spiralen (18 Februar 2007)
2 www.onomantie.de, Forum, Antwort auf: rechtsdrehendes Wasser, von: Uwe Graf (18 Februar 2005)
3 www.onomantie.de/forum/messages/106.html (05 Januar 2007)
4 www.nutriinfo.de/ (28 März 2005)
5 Grell. S. http://www.grells.com/ (03 Juni 2007)
6 www.conzeth.de/rad-gutachten/index.htm (08 April 2007)
7 www.agenki.de/gesundheits-ratgeber/trinken-energetisiertes-wasser.php (22 September 2010)
8 Pausch, J., Schauberger, J., Davis, J., Bischof, M., Ehrenberger, M. (2004) Mythos Wasser, KI Verlag Esoterik, Villach, S. 34
9 Leick, P. (2006) Die »schwache Quantentheorie« und die Homöopathie. Skeptiker 19, 92 – 102
10 Graf, U. www.onomantie.de, Forum, Antwort auf: rechtsdrehendes Wasser (18 Juli 2005)

11 Graf, U. www.onomantie.de, Forum, Re: diamantwasser (18 November 2003)
12 Schrot & Korn (2004) H. 8
13 Grell, S. (2007) aaO.
14 www.agenki (2010) aaO.
15 www.die-kunst-zu-leben.de/archiv/wasser.htm (05 Januar 2007)
16 www.salzhaeusl.com/links/produkte/produkte13.html (05 Januar 2007)
17 www.panap.de/cgi-bin/ikonboard/topic.cgi?forum=1&topic=117 (05 Januar 2007)
18 www.schlaf-probleme.de/home.jsp?node–id=2005064225528506148 (22 September 2010)
19 www.wasseradern-abschirmung.de, (17 Februar 2007)
20 http://www.lichtwasser.ws/ (23 April 2010)
21 www.schlafplatzentstoerung.de/site, (15 Juni 2007)

Beschwingtes Wasser?

Eine Frage der Definition

Auf kaum einem anderen Gebiet der Esoterik gibt es mehr Missverständnisse und scheinwissenschaftliche Behauptungen als bei den Schwingungen in der Natur. Schwingungen der Materie sind zweifellos überall vorhanden, doch wird der Begriff in ganz unterschiedlichen Bedeutungen verwendet, zum Teil aber auch unbeabsichtigt oder absichtlich missverstanden. Das Wasser macht hier keine Ausnahme. »Auf derselben Wellenlänge« zu sein, bedeutet für zwei Menschen gegenseitiges Einverständnis, Vertrautheit, und ist für die Betreffenden eine Realität. Der Begriff Wellenlänge ist in dieser Form eine poetische Metapher der Neuzeit und keine naturwissenschaftliche Beschreibung. In ähnlicher Weise kann die persönliche Ausstrahlung eines Menschen nicht mit der physikalischen Ausstrahlung einer Glühlampe verglichen werden. Die unterschiedliche Verwendung der Begriffe ist jedoch gängiger Sprachgebrauch und daher problemlos. Auch das Wasser wird in ganz ähnlicher Weise symbolisch wie auch physikalisch immer wieder mit Schwingungen und Frequenzen in Verbindung gebracht wird. Allerdings ist hier nicht immer klar, was naturwissenschaftlich begründet, was bildliche Sprache und was esoterisches Denken ist (Abb. 34).

Wir wollen einige dieser Beschreibungen im Folgenden näher betrachten. Zunächst aber ein paar Kostproben:

> »Der GIE-Wasseraktivator spendet ein Wasser, welches sich jedem Lebewesen individuell messbar anpasst, ein Wasser, welches weiß, welche Frequenzen es dem einzelnen Menschen geben und welche es ihm vorenthalten muss. In einem Schwimmbad mit GIE-Wasser und 50 Leuten darin bekommt jede Person exakt die Energien und Frequenzen, die sie im Moment braucht, während sie Frequenzen, die sie nicht braucht oder die für sie sogar schädlich sind, messbar nicht bekommt.« [1]

© 2011 WILEY-VCH Verlag GmbH & Co. KGaA, Weinheim

83

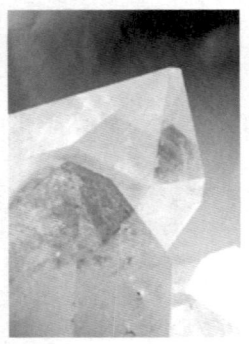
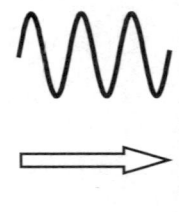

Abb. 34 In einigen Beschreibungen werden Schwingungen von Kristallen oder »informiertem« Wasser auf gewöhnliches Wasser übertragen. Aber was genau soll dabei übertragen werden?

»Lichtwässer, auch oft Marienwässer genannt sind extrem seltene Quellwässer ... Sie stehen in Resonanz mit allen sieben Regenbogenfrequenzen des Lichts. Diese Eigenschaft macht sie auch therapeutisch wirksam, indem sie auf die Eigenschwingungen der Organe und Gewebe des Körpers Einfluss nehmen.« [2]

Über die Wunder bei der Wallfahrtsquelle in Lourdes (Frankreich):

»Doch handelt es sich eigentlich nicht um Wunder, denn sie sind wissenschaftlich erklärbar. Untersucht man das Wasser von Lourdes, so finden sich ganz bestimmte Frequenzmuster, also ganz bestimmte elektromagnetische Schwingungen. ... Im Lourdes-Wasser zeigen sich bestimmte Frequenzmuster, über welche die anderen Wässer nicht verfügen.« [3]

»Grundsätzlich muss gesundes, heilkräftiges Wasser folgende Parameter aufweisen: ... es muss Bioschwingungen und definierte Inhaltsstoffe enthalten, in denen die richtigen Frequenzen und Signale gespeichert sind, die eindeutig der Therapie bestimmter Indikationen dienen.« [4]

Bevor man auf solche Feststellungen eingeht, scheint es nützlich zu sein, zunächst einige Begriffe zu klären.

Schwingungen in der Physik

In vielen Fällen wird bei Behauptungen über das Wasser Bezug auf die Physik genommen. Dabei werden vertraute Begriffe wie Schwingung, Frequenz oder Resonanz verwendet, meistens jedoch ohne nachvollziehbare Erläuterung der Zusammenhänge. Die Betrachtung einiger naturwissenschaftlicher Definitionen kann helfen, hier etwas Klarheit zu bringen.

Da sich das ganze Universum ständig in Bewegung befindet, ist eine Beschreibung und Berechnung dieses Chaos nicht möglich. Die Physiker machen daher sich und anderen das Leben leichter und katalogisieren diese Bewegungen nach überschaubaren Kriterien. Wir betrachten hier vorerst nur die mechanischen Bewegungen.

Periodische Bewegungen

Dies ist die allgemeine Bewegungsform eines Körpers, wenn er sich nach gleichlangen Zeitabschnitten (Perioden) immer wieder mit der gleichen Geschwindigkeit am gleichen Ort befindet. Zu diesen periodischen Bewegungen gehören alle regelmäßigen Bewegungen, die wir aus dem Alltag kennen: Schwingungen, z B. ein Uhrenpendel, Rotationen wie die Drehung der Erde um ihre Achse oder die Umdrehung einer Motorwelle, sowie Kreisbewegungen wie die der Erde um die Sonne.

Schwingungen

Schwingungen sind in der Physik nur eine Art der regelmäßigen Bewegung von Körpern. Sie müssen besondere Bedingungen erfüllen:

- Der sich bewegende Körper muss eine stabile Gleichgewichtslage (Ruhelage) besitzen und

- er muss eine periodische Bewegung durch zwei Umkehrpunkte durchführen.

Man kann dies gut am Beispiel eines altmodischen Uhrenpendels zeigen (Abb. 35). Wie soeben definiert, bewegt sich hier das Pendel regelmäßig von einem Umkehrpunkt zum anderen (U_1, U_2) und geht dazwischen jeweils durch seine Ruhelage (U_0). Würde man das Pendel mit einem Farbstift versehen und unter der Uhr einen Papierstreifen nach unten führen, ergäbe sich eine Kurve wie in der Abbildung. Man kann dadurch die Schwingung in ihrem zeitlichen Ablauf

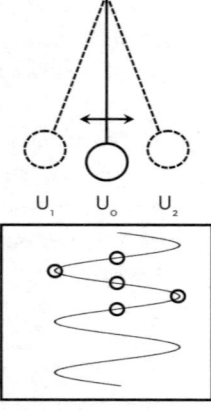

Abb. 35 Schema des Uhrenpendels – U$_0$ bezeichnet die Ruhelage, U$_1$ und U$_2$ die beiden Umkehrpunkte; der untere Teil ist die zeitliche Auflösung der Pendelschwingung

darstellen. Anzumerken ist, dass man trotz der Ähnlichkeit der Kurve hier noch keine Welle vorliegen hat.

Hier werden nun einige Bestimmungsgrößen für eine solche Schwingung definiert:

Die Schwingungsdauer T ist die Zeit für eine vollständige Schwingung, meist gemessen in Sekunden [s]. Führt der Körper die Bewegung n-mal pro Sekunde aus, errechnet sich die Schwingungsdauer T:

$T = 1/n$ (in s)

Die Häufigkeit der Schwingung wird als Frequenz f bezeichnet und als Umkehrwert der Dauer einer Periode berechnet:

$f = 1/T$ (in 1/s oder Hertz [Hz])

Eine besondere Form der Schwingung ist die sogenannte harmonische Schwingung. Sie kommt dann zustande, wenn sich ein Körper oder ein Punkt auf einem Körper so bewegt, dass sich sein Bewegungsablauf mathematisch durch eine Sinuskurve darstellen lässt. Diese Bewegung wird daher auch als Sinusschwingung bezeichnet. Das oben gezeigte Uhrenpendel führt eine solche harmonische Schwingung aus. Der Begriff harmonisch ist hier ausschließlich mathematisch-physikalisch definiert, nicht im menschlich-poetischen Sinn zu verstehen. Details zu solchen Sinusschwingungen sind in entsprechenden Physikbüchern zu finden.

Man kann nun mehrere schwingungsfähige Körper so miteinander koppeln, dass sie sich gegenseitig beeinflussen und dadurch ihre Schwingungsenergie weiterleiten können. Wenn ein solches gekoppeltes System nacheinander gleichartige Schwingungen ausführt, entsteht eine Welle. Eine solche (mechanische) Welle stellt also immer einen zeitlich periodischen Ablauf und zugleich eine räumlich periodische Bewegung eines Teilchens in einem Medium dar. Jedes Teilchen schwingt am Ort hin und her, während sich die Welle und die Energie im Raum ausbreiten. Anders als beim stationären Uhrenpendel erhält man nun eine Kurve mit der Richtung der Wellenausbreitung als Abszisse × (Abb. 36).

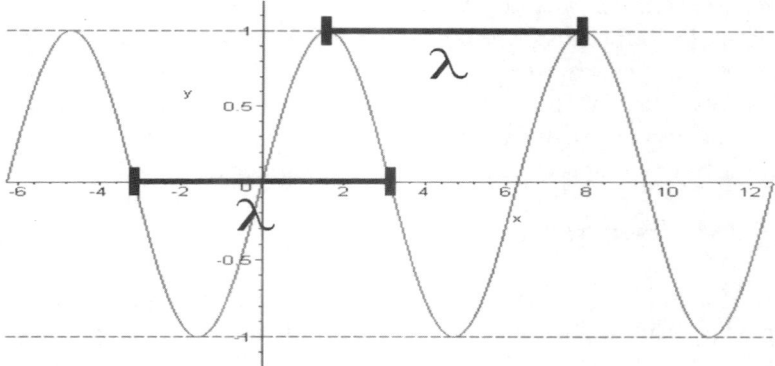

Abb. 36 Schema einer sich ausbreitenden Welle

Ähnlich wie bei den Schwingungen werden wieder einige Definitionen aufgeführt:

Die Schwingungsdauer T ist wiederum die Zeit, die ein Teilchen benötigt, um einmal vollständig hin- und herzuschwingen, meist dargestellt in Sekunden [s].

Die Frequenz f (Häufigkeit der Schwingung) wird wieder als Umkehrwert der Schwingungsdauer einer Periode berechnet:

$f = 1 / T$ (in 1 / s oder Hertz [Hz])

Zusätzlich kommt hier die Wellenlänge λ ins Spiel. Mit ihr wird der Weg beschrieben, den die Welle nach einer Bewegungsperiode zwischen zwei gleichen Zuständen zurückgelegt hat. Dabei ist es egal, ob man als Bezugspunkte die Ruhelage oder andere Punkte verwendet.

Da sich – im Gegensatz zur Schwingung – eine Welle fortbewegt, ist ihre Fortpflanzungsgeschwindigkeit v von großer Bedeutung. Sie berechnet sich aus der Wellenlänge λ und der Frequenz f nach folgender Gleichung:

$$v = \lambda \times f$$

Diese Formel gilt für alle Wellen und ist daher eine wichtige Grundlage der Physik. Die wohl bekanntesten Fortpflanzungsgeschwindigkeiten von Wellen sind die des Schalls in der Luft mit rund 300 m/s und die des Lichts im Vakuum mit rund 300 000 km/s.

In der Natur und in der Technik kommen unendlich viele Arten von Wellen vor, was zu einem riesigen Frequenzspektrum führt. Grob können dabei mechanische und elektromagnetische Wellen unterschieden werden. Zu den mechanischen Wellen zählen u. a. die für den Menschen hörbaren Töne (im Bereich von ca. 20 – 20 000 Hz) oder das Echolot, mit dem von Schiffen aus Entfernungen unter Wasser gemessen werden können.

Chladni-Klangfiguren

Es gibt in der Physik zahlreiche Versuchsanordnungen, Schwingungen und Wellen anschaulich darzustellen. Ein besonders hübsches Beispiel sind zweidimensionale Wellen, die nach ihrem Entdecker, dem deutschen Physiker Ernst Chladni auch als Chladnische Klangfiguren bezeichnet werden. Sie können durch Klang als Wasserwellen in einer Schale oder auf einem dünnen Blech mit Sand erzeugt werden. Sie zeigen Muster und Knoten, die von den Bedingungen der Vorrichtung, wie z B. deren Größe oder der Art der Schwingungsanregung, abhängen. Beispiele sind in Abb. 37 gezeigt.

Diese Chladni-Figuren werden von Nicht-Wissenschaftlern immer wieder als Beispiel für angeblich geheimnisvolle Eigenschaften des Wassers herangezogen. Einmal sollen sie eine innere, molekulare Ordnung des Wassers zeigen, dann wieder dazu dienen, harmonische Schwingungen des Wassers und andere Besonderheiten darzustellen. Zweifellos sind die zweidimensionalen Darstellungen von ästhetischem Reiz, insbesondere, wenn sie in kunstvoller Weise gestaltet werden. [5] Sie verdanken aber ihre Entstehung bekannten

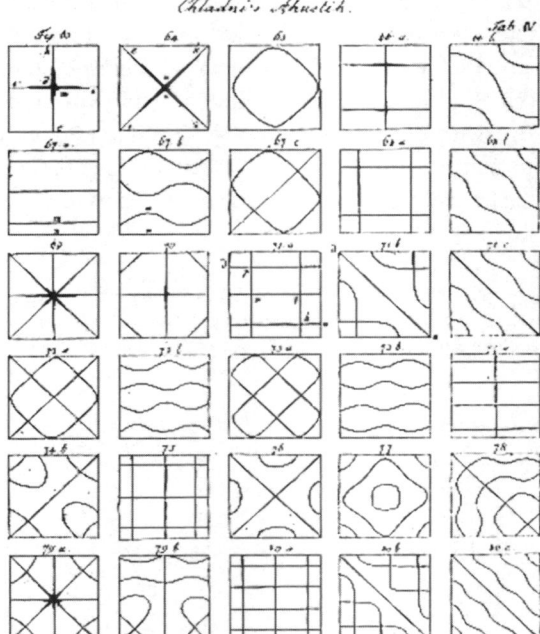

Abb. 37 Historische Darstellung von Chladni-Klang-
figuren

physikalischen Gesetzen und haben mit irgendwelchen pseudowissenschaftlichen Eigenschaften des Wassers nichts zu tun. Diese
Klangfiguren können mit jedem Wasser erzeugt werden und zeigen
keinerlei »besondere« Qualität des Wassers an.

Elektromagnetische Wellen

Neben den mechanischen Wellen gibt es auch noch eine andere
Art, die elektromagnetischen Wellen. Sie haben einige Grundzüge
mit den mechanischen Wellen gemeinsam, z B. die Schwingungen
(der normale Haushaltsstrom z B. schwingt mit 50 Hz). Hier werden
die Wellen aber durch schwingende elektrische und magnetische
Kraftfelder erzeugt. Dies ist relativ kompliziert und außerdem zum
Verständnis des Folgenden nicht erforderlich. Auf eine nähere Darstellung wird daher verzichtet und stattdessen auf gängige Physikbü-
cher verwiesen.

Es wird lediglich darauf hingewiesen, dass der Frequenzumfang der elektromagnetischen Wellen riesig groß ist. Dadurch kommen Wellen mit extrem unterschiedlichen Energien und Eigenschaften vor. Eine kurze Übersicht ist in Tabelle 4 zu finden. Auf zwei Bereiche wird hingewiesen: Die in diesem Buch interessierenden Schwingungen des Wassers finden im Infrarotbereich statt, und das für uns Menschen sichtbare Licht umfasst die Frequenzen zwischen den Farben rot und violett.

Tab. 4 Elektromagnetischen Schwingungen (Wellenlängen und Frequenzen) und deren allgemeine Beschreibung. Die Molekülschwingungen des Wassers liegen im infraroten Bereich. (Die Bereiche der Wellenlängen und Frequenzen sind nur grob eingeteilt.)

Wellenlänge [m]	Frequenz [Hertz]	Beschreibung	
10^7	10^1	Wechselströme	
10^6	10^2		
10^5	10^3		
10^4	10^4		
10^3	10^5	Rundfunkwellen	
10^2	10^6		
10^1	10^7		
10^0	10^8		
10^{-1}	10^9		
10^{-2}	10^{10}	Mikrowellen, Radar	
10^{-3}	10^{11}		
10^{-4}	10^{12}	Terahertzstrahlung	
10^{-5}	10^{13}	Infrarotes Licht	➜ Schwingungen des Wassers
10^{-6}	10^{14}		
10^{-7}	10^{15}	Sichtbares Licht	➜ Farben rot bis violett
10^{-8}	10^{16}	Ultraviolettes Licht	
10^{-9}	10^{17}		
10^{-10}	10^{18}	Röntgenstrahlen	
10^{-11}	10^{19}		
10^{-12}	10^{20}	Gammastrahlen	
10^{-13}	10^{21}		
10^{-14}	10^{22}		

Pseudowissenschaftliche Schwingungen und Frequenzen

Kommen wir nun auf Texte zurück, die Schwingungen und Frequenzen des Wassers im nicht-physikalischen Bereich beschreiben. Immer wieder wird dabei die Bezeichnung Naturfrequenz verwendet. Fast überall werden diese Begriffe so allgemein verwendet, als wären sie definiert und bewiesen. Nur in wenigen Fällen werden jedoch Details genannt. Wir wollen einige näher betrachten.

Planetenjahre als Schall und Licht

Als einer der wenigen Fälle sind konkretere Angaben zur Berechnung von sogenannten Planetenschwingungen zu finden. Als Grundlage dafür dienen die Umlaufzeiten der Planeten um unsere Sonne. Am Beispiel der Erde soll dies gezeigt werden. [6] Die Umlaufzeit der Erde um die Sonne wird als ein Jahr definiert. Weiterhin wird festgelegt, dass diese Umlaufbewegung als eine Schwingung gilt.

Schwingungsdauer (1 Erdjahr) $= 60 \times 60 \times 24 \times 365{,}24 =$
$$31\,556\,926 \text{ Sekunden}$$

Frequenz (allg.) $= 1 \,/\, \text{Schwingungsdauer (in Hz)}$

Frequenz des Erdjahres $= 1\,/31\,556\,926 \text{ Hz} = 0{,}000\,000\,032 \text{ Hz}$

Diese Frequenz ist so niedrig, dass sie für den Menschen nicht wahrnehmbar ist. Um diesen kleinen Mangel zu beheben, wird nun die Frequenz in die Oktave gesetzt, d. h. mit dem Faktor 2 multipliziert. Dadurch wird die jeweils nächsthöhere Oktave berechnet. Dies wird so lange fortgesetzt (dargestellt durch 2^n), bis ein Bereich erreicht wird, in dem der Mensch diese Frequenz angeblich wahrnehmen kann. Beim Erdjahr wurden dafür von den Vertretern dieser Idee folgende Möglichkeiten ausgewählt:

Neue Frequenz A $= 1/31\,556\,926 \text{ Hz}$
$\times 2 \times 2$
$\times 2 \times 2 \times 2 \times 2 \times 2 \times 2 \times 2 \times 2 \times 2 \times 2 \times 2 =$
$$= 1/31\,556\,926 \text{ Hz} \times 2^{32}$$
$$= 136 \text{ Hz } (\text{»Erdenton«})$$

Neue Frequenz B $= 1/31\,556\,926 \text{ Hz} \times 2^{74}$
$$= 6 \times 10^{14} \text{ Hz}$$

Die neue berechnete Frequenz A liegt nun im hörbaren Bereich der Schallwellen, die neue Frequenz B im sichtbaren Bereich als blaugrünes Licht.

In ähnlicher Weise wurden dann für die Erdrotation (Erdentag = Schwingungsdauer = 24 h) und für die Umlaufzeiten des Mondes und der anderen Planeten unserer Sonne solange Oktaven durch Multiplikation mit 2 berechnet, bis sie zahlenmäßig Frequenzen im hörbaren und sichtbaren Bereich entsprachen. Diese Oktavierung (Multiplikation mit 2) führt naturgemäß bei jedem Himmelskörper zu unterschiedlichen Potenzierungen 2^n, abhängig von der jeweiligen Umlaufzeit.

Soviel zur Herleitung von Planetenschwingungen und deren Frequenzen, die in der entsprechenden Literatur berichtet werden. Sie sind ein Beispiel für die sogenannten Naturfrequenzen. Mathematisch formal gesehen ist dieses Verfahren durchaus korrekt. Auch die Ausgangszahl der Berechnung, die jeweilige Umlaufzeit eines Himmelskörpers, ist korrekt. Alles andere hingegen ist eine von Menschen ausgedachte, für das menschliche Ohr und Auge getrimmte Rechenaktion. Die fragwürdige Aktion geht aber noch weiter: Aus der Kreisbewegung eines Himmelskörpers um die Sonne wird plötzlich eine Schwingung mit einer entsprechenden Frequenz. Schließlich entstehen daraus auch noch physikalisch unterschiedliche Schwingungen, nämlich eine *mechanische Schallwelle* und eine *elektromagnetische Schwingung*:

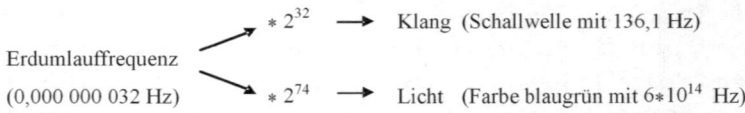

Erdumlauffrequenz
(0,000 000 032 Hz)

$* 2^{32}$ ⟶ Klang (Schallwelle mit 136,1 Hz)

$* 2^{74}$ ⟶ Licht (Farbe blaugrün mit $6 * 10^{14}$ Hz)

Musikalisch kann man daraus sicherlich kosmische Klänge zu einer Himmelsmusik komponieren, basierend auf den Tonleitern der Planeten. Eine nachvollziehbare Begründung für die Harmonisierung von irdischem Wasser mit Klang und Farbe liefert das Verfahren jedoch nicht. Zudem müsste auch noch geklärt werden, was die Harmonisierung des Wassers überhaupt bedeutet.

Die schwingende Leber

In dem Buch »Wasser und Salz – Urquell des Lebens« schreiben Hendel und Ferreira einiges über Frequenzen von Salzlösungen in Wasser und listen u. a. folgende auf:

Molekül	10^9 Hertz
Zelle	10^3 Hertz
Organ	10^2 Hertz
Mensch	8 bis 10 Hertz

Bei Molekülen gibt es tatsächlich Schwingungen, wenn auch nicht in dem angegebenen Bereich. Wir werden dazu auf den nächsten Seiten kommen. Dass aber eine Körperzelle, ein komplexes Organ, z. B. die Leber, oder gar der Mensch als Ganzes mit einer einzelnen Frequenz schwingen soll, ist erstaunlich. Wie kommen solch fragwürdige Frequenzen zustande, wer hat sie je in einem Labor beobachtet oder gar gemessen? Dafür gibt es keine plausiblen Antworten. Bei solchen Angaben wird die physikalische Realität der Molekülschwingungen einfach benutzt, um sie mit esoterischen (nichtexistierenden) Schwingungen auf dieselbe Stufe zu stellen. Schließlich werden aus diesen Schwingungen sogar noch Schlussfolgerungen über das Zusammenwirken zwischen Mensch und Wasser abgeleitet. Ganz am Ende dieser Gedankenreihe wird dann schließlich beschwingtes Wasser zum Kauf angeboten. Hier scheint die Grenze zur Scharlatanerie überschritten zu sein.

Der Wasseraktivator

Dieses Gerät zur Verbesserung von Wasser wird von einer Firma im Internet angepriesen. [7] Gemäß Angaben bis vor einigen Jahren sollte er mit 15 Wirkprinzipien das durchlaufende Leitungswasser aktivieren und harmonisieren. Darunter waren auch diese beiden aufgelistet [8]:

»... 10. Informationsübertragung von 9995 materiellen Naturfrequenzen. 11. Informationsübertragung von zahlreichen immateriellen Naturfrequenzen wie Morgen- und Abendröte, volles Mittags- sowie Vollmondlicht, Frequenz der Erdpulsation (Schuman-Wellen 8,23 Hz mit einer Oberwelle von 9,05 Hz), Planetenfrequenzen, weißes Rauschen und anderen Naturfrequenzen ...«

Wiederum ist die Rede von Frequenzen und Informationsübertragung, als würde es sich um reale Wellen wie beim Rundfunk oder Fernsehen handeln. Es wurde bereits darauf hingewiesen, dass solche Naturfrequenzen (in diesem Fall rund 10 000!) in einzelnen Fällen mathematisch konstruiert worden sind. Wie wir bei der Berechnung des »Erdentons« gesehen haben, sind wohl die meisten durch mathematische Kunstkniffe errechnet worden. Das Etikett »Natur« ist in solchen Fällen nur noch eingeschränkt gültig.

Interessanterweise haben sich die Angaben zu den Naturfrequenzen in dem oben genannten Gerät verändert. Während früher die Zahl von rund 10 000 genannt wurde, erscheint ab 2010 auf einer Webseite zu GIE-Geräten nur noch die Angabe »mehr als 3000 materiell abgenommene Naturfrequenzen«. Auf einer anderen Webseite zu diesen Geräten schließlich erscheinen nur noch die zehn wichtigsten Wirkungsprinzipien, unter denen aber die Frequenzen gar nicht mehr erscheinen. Warum? Sollten wirklich naturwissenschaftliche Argumente überzeugt haben? Klar ist, dass die Firma diese Behauptungen zum Teil zurückgezogen hat, aus welchen Gründen auch immer. Klar ist auch, dass diese Frequenzen wohl nicht mehr als besonders wirkungsvoll eingestuft werden. Das Streichen war jedenfalls ein richtiger Schritt in die richtige Richtung.

Harmonisierung ...

Nach all dem Jonglieren mit Schwingungen und Frequenzen stellt sich die Frage: Was hat das mit Wasser zu tun? Wir kommen hier zum Kernpunkt und zu einer weiteren Behauptung: Wasser soll damit harmonisiert werden. Zum Vorgang der Harmonisierung mit dem schon bekannten »Erdenton« findet man u. a. folgende Beschreibung:

> »Man kann nun ein Glas Wasser mit einer Tonschwingung von 136,10 Hz bespielen, und es gleichzeitig mit einer Farbschwingung mit blaugrünem/türkisem Licht beleuchten, oder das Glas auf einen blaugrünen Untersetzer stellen. Mit dieser Maßnahme hätte man das Wasser mit verschiedenen Hochpotenzen (32. und 74. Oktave) der gleichen Grundschwingung, unserer Erdenjahr-Schwingung, beschwungen. ›Homöopathie‹ einmal anders!« [9]

Dieses Vorgehen ist einfach und verständlich, liefert aber immer noch keinen plausiblen Nachweis für die sogenannte Harmonisierung des Wassers oder dessen Wirkung auf den Menschen. Und es tauchen wieder die schon mehrfach gestellten Fragen auf: Wie soll die Übertragung der Schwingungen auf das Wasser stattfinden? Wie sollen sie auf das Wasser einwirken? Wie werden die Frequenzen gespeichert, wie wieder abgerufen? Oder: Was bewirkt diese Harmonisierung beim Wasser und was bei Menschen, die es verwendet? Nach stichhaltigen Antworten, die über Behauptungen hinausgehen, sucht man vergeblich.

... und Energetisierung

Mit der Übertragung von Schwingungen ist immer auch die Übertragung von Energie verbunden. Es ist daher durchaus plausibel, wenn neben der Harmonisierung des Wassers durch Schwingungen meist auch dessen Energetisierung genannt wird. Die Beschreibung von Energie in spirituellen Texten kann vielfältig sein, z B. kosmische Energie, Chi, Chakra oder auch Lebensenergie. Es gibt hier keine einheitliche Definition, sondern eine Vielzahl von Ausdrucksweisen.

Demgegenüber ist die physikalische Energie dadurch gekennzeichnet, dass man sie beobachten, messen und berechnen kann. Als wesentliches Gesetz in der Physik gilt auch: Energie kann in einem abgeschlossenen System nicht erzeugt oder vernichtet, sondern nur von einer Form in eine andere umgewandelt werden. Die Verwendung des Begriffs der *spirituellen Energie* ist vollkommen in Ordnung, sofern sie nicht aus Unwissenheit oder sogar bewusst mit der *physikalischen Energie* vertauscht wird.

Auf dieser unwissentlichen Verwechslung oder bewussten Täuschung beruhen viele Missverständnisse, denen wir im pseudowissenschaftlichen Bereich begegnen.

Die physikalischen Schwingungen des Wassermoleküls

Kommen wir schließlich zum Wassermolekül, das wie jedes andere Moleküle auf der Erde ständig in Schwingung ist. Dafür betrachten wir wieder die schon bekannte Strukturformel des Wassers. Hier sind nun allgemein zwei Grundschwingungsarten möglich (Abb. 38):

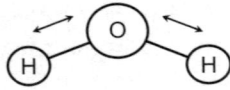 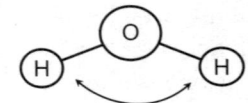

Abb. 38 Schwingungen eines Wassermoleküls: Valenzschwingung und Deformationsschwingung

1. Die *Valenzschwingung*, bei der sich der Bindungsabstand zwischen dem Sauerstoff(O-)atom und dem Wasserstoff(H-)atom verändert. Bei ihr bewegen sich die Atome auf der Verbindungslinie H–O jeweils aufeinander zu und entfernen sich wieder voneinander. Man kann sie sich wie die Schwingung einer Sprungfedern vorstellen (Abb. 38, links).

2. Die *Deformationsschwingung*, bei der sich der Winkel zwischen dem O- und den beiden H-Atomen ändert. Diese Schwingung erinnert an die Bewegung einer Schere beim Schneiden von Papier (Abb. 38, rechts).

Wie die Schwingungen in einem wissenschaftlichen Labor gemessen werden, zeigt Abb. 39 Die Frequenzen liegen im Infrarotbereich und sind daher mit dem menschlichen Auge nicht wahrnehmbar. Die verschiedenen Schwingungsarten können im Labor bei der Analyse von Wasser angewandt werden.

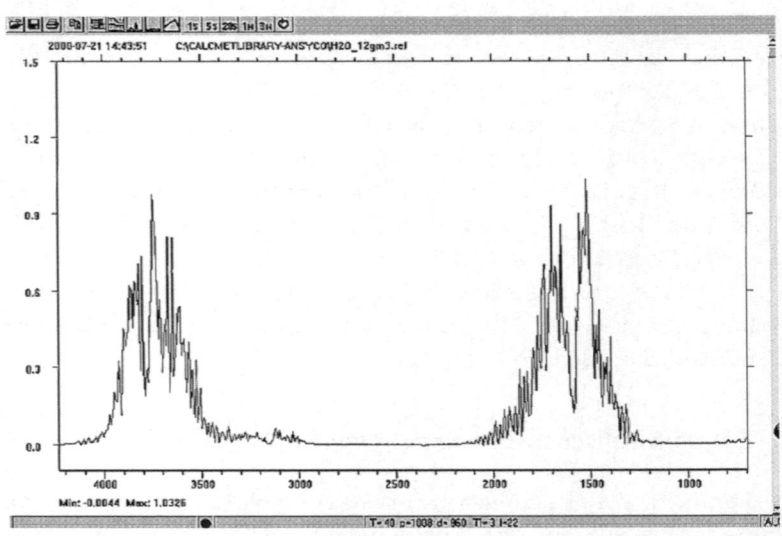

Abb. 39 Das Infrarotspektrum von gasförmigem Wasser. Die Wellenlängen sind an der unteren Linie (Abszisse, in Ångström) angegeben.

Welche Schwingung ist gemeint?

Jedermann ist selbstverständlich frei, die Begriffe Schwingung, Frequenz und Ähnliches im physikalischen oder in jedem übertragenen Sinn zu verwenden. Um Unklarheiten zu vermeiden, sind allerdings zwei Dinge erforderlich: Es muss zum einen klar sein, in welchem Zusammenhang und mit welcher Bedeutung diese Begriffe verwendet werden. Zum anderen muss bei einer wissenschaftlichen Verwendung beschrieben werden, welche Nachweise existieren und welche Wirkung solche Schwingungen und Frequenzen in einem bestimmten Zusammenhang haben. In der Physik sind diese beiden Vorgaben in aller Regel erfüllt, in der Pseudowissenschaft dagegen kaum zu finden.

Wenn von »knallharten Naturwissenschaftlern« geschrieben wird, die skeptisch nachfragen, sollte man Folgendes bedenken: Was in der Physik über Schwingungen und Frequenzen bekannt ist, wurde genau durch dieses hartnäckige Suchen und Nachfragen in Jahrhunderten an Forschungsarbeit entdeckt. Die umfassenden Erkenntnisse können über das gesamte Spektrum, von den längsten bis zu den kürzesten Wellen, für jeden erkennbar, in Experiment und Theorie dargelegt werden. Das gilt für die mechanischen Schallwellen in der Musik ebenso wie für die elektromagnetischen Wellen im sichtbaren Wellenbereich der Fotografie bis hin zu Funk, Fernsehen und den Röntgengeräten, mit denen man gebrochene Knochen untersuchen kann.

Hinter der Hand

Beim Besuch einer Paracelsus-Messe (»Die Welt der Gesundheit«) kam ich mit dem Betreuer eines Messestands ins Gespräch. In dem von seiner Firma angebotenen Reinigungsgerät für Leitungswasser sollten angeblich Hochfrequenzschwingungen zur Information des Wassers wirken. Als ich hartnäckig meine Zweifel daran äußerte, meinte er schließlich: »Sie haben sicherlich recht. Diese Schwingungen sind nicht nachzuweisen, man muss an sie glauben.«
Dem ist nichts hinzuzufügen.

Was weiß man demgegenüber von den pseudowissenschaftlichen Schwingungen? Wie kann man sie und ihre Frequenzen beim Wasser messen? Es gibt gegenwärtig keine stichhaltigen Nachweise. Wie kann man sie konkret anwenden? Solche Anwendungen werden vielfach behauptet, zeigen aber keine wissenschaftlich nachgewiesene Wirkung. Es werden also die naturwissenschaftlich definierten Begriffe hergenommen und als Worthülsen verwendet. Dass es für diese weder Definitionen noch Inhalte gibt, scheint die Anbieter solcher Wunderwässer nicht zu stören. Man könnte damit den Spieß umdrehen: Es sind »knallharte Pseudowissenschafter«, die stets nur Behauptungen aufstellen, ohne je einen Nachweis über die Wirkung ihres Angebotes zu liefern (und damit noch Geld verdienen). Allerdings ist es für Wissenschaftler nicht üblich, bei unterschiedlichen Meinungen Vorwürfe zu erheben. Sie stellen Fragen, untersuchen und diskutieren das Problem. Als Ergebnis erwarten sie Antworten, von sich selbst wie von anderen.

Anmerkungen

1 www.wasserinformationen.de/info/download/pdf/anderes.pdf (09 Mai 2010)
2 www.lichtwasser.ws (23 April 2010)
3 Hendel, B., Ferreira, P. (2004) Wasser & Salz. Urquell des Lebens. INA Verlags AG, Baar
4 Seifert, H. Biotransmitter für Energie. http://www.forum-bioenergetik.com/doks/arv–biotransmitter.pdf (05 Mai 2010)
5 Lauterwasser, A. (2002) Wasser Klang Bilder. Die schöpferische Musik des Weltalls, AT Verlag, Aarau
6 Sigmund, M. (2009) Harmonisierung mit Klang und Farbe oder wie energetisiert man Wasser. Books on Demand, Norderstedt
7 www.gie-wasseraktivierung.de (07 Mai 2010)
8 file:///F–7c–/Homepages/AQUA%20LIGRO/intelligent.htm (26 März 2002)
9 Sigmund, M. (2009) aaO.

Mit Wünschelruten auf Wassersuche

Ein uralter Mythos

Der Gebrauch der Wünschelrute hat eine lange, ununterbrochene Tradition. Funde in den alten Kulturen Ägyptens, Babylons und Chinas deuten auf einen ersten Einsatz von Wünschelruten hin.

Nach der Bibel soll auch Moses, als er mit dem Volk Israel auf seiner Wanderung in das Gelobte Land war, einmal mit einem Stab Wasser aus einem Felsen geschlagen haben: »Siehe, ich will dort vor dir stehen auf dem Fels am Horeb. Da sollst du an den Fels schlagen, so wird Wasser herauslaufen, dass das Volk trinke. Und Mose tat so vor den Augen der Ältesten von Israel«. [1]

Im Koran heißt es ähnlich: »Und als Moses für sein Volk um Wasser bat, da sagten wir: ›Schlag mit deinem Stock auf den Felsen‹. Da sprudelten aus ihm zwölf Quellen heraus.« [2] Diesen Stab interpretieren heute manche als Wünschelrute.

In Europa wurde mit ihr schon mindestens seit dem Mittelalter nach Wasser und Erzen gesucht. Aus dem 15. und 16. Jahrhundert stammen die ersten genaueren Darstellungen der Wünschelrute und ihrer Anwendung (Abb. 40). So beschreibt Georgius Agricola in seinem 1556 veröffentlichten Buch »De re metallica« die Art der zu verwendenden Gabeln:

»Andere benutzen je nach dem Erz verschiedene Ruten, ... Hasel für die Silbererzgänge ... Esche für Kupfererz ... Kiefer für Blei- und Zinnerz ... Eisen oder Stahl für Gold«. [3]

Daneben gibt er genaue Anweisungen zum richtigen Gebrauch. Sein Hauptanliegen war es jedoch, dem Erzsucher die Hinweise zu vermitteln, die ihn in der Natur zu Erzvorkommen führen. Deshalb ist es nicht erstaunlich, dass er bereits zu jener Zeit die Stimmen für und wider die Anwendung der Wünschelrute wiedergab: »Über die Wünschelrute bestehen unter den Bergleuten viele und große Mei-

Wasser, das Wunderelement? 1. Auflage. Helge Bergmann
© 2011 WILEY-VCH Verlag GmbH & Co. KGaA, Weinheim

Abb. 40 Traditionelle Suche nach Wasser und Erzen mit der Wünschelrute, Holzschnitt (G. Agricola, 1556)

nungsverschiedenheiten, denn die einen sagen, sie sei ihnen beim Aufsuchen der Gänge von größtem Nutzen gewesen, andere verneinen es.«

Die traditionelle Anwendung der Wünschelrute wurde im 20. Jahrhundert mit der Behandlung gesundheitlicher Probleme erweitert und erhielt damals auch die Bezeichnung Radiästhesie (Strahlen fühlen). Ein Ausgangspunkt dafür war die Untersuchung des Wünschelrutengängers Gustav Freiherr von Pohl. Er untersuchte 1929 in der Kleinstadt Vilsbiburg (Bayern) das Vorkommen von Wasseradern und verknüpfte seine Ergebnisse mit Todesfällen durch Krebs in diesem Gebiet. Nach seinem Befund bestand ein klarer Zusammenhang zwischen dem Vorliegen von Wasseradern und Krebstodesfällen von Personen, die über solchen Stellen ihren Schlafplatz gehabt hatten. Die Todesfälle wurden also direkt auf die Wirkung von Erdstrahlen zurückgeführt, damals eine aufsehenerregende Geschichte. Trotz erheblicher Widerstände entwickelte sich daraus die heutige radiästhetische Medizin, also die Anwendung der Wünschelrute bei gesundheitlichen Fragestellungen. Die ursprüngliche Anwendung der Wünschelrute bei der Suche nach Wasser und Erzen wurde in den Hintergrund gedrängt. Diese Erweiterung bedeutete aber zugleich, dass nicht nur ausgebildete Rutengänger, sondern sehr viele andere Menschen in der Lage sein sollten, die Wirkung der Erdstrahlen zu spüren, also strahlenfühlig zu sein.

In vielen Regionen der Erde gibt es eine natürliche Strahlung aus der Erde, verursacht durch radioaktive Gesteine im Boden. Beispiele in Deutschland sind hierfür Bereiche im Schwarzwald, in der Eifel und im Vogtland. Diese radioaktive Strahlung lässt sich mit physikalischen Mitteln messen und ist bedingt durch den natürlichen radioaktiven Zerfall von Uran und anderen chemischen Elementen. Diese natürliche Strahlung, auch wenn sie aus der Erde kommt, zählt für die Rutengänger jedoch nicht zu den Erdstrahlen.

Ein weiteres Untersuchungsinstrument für Radiästheten ist das Pendel, gelegentlich auch als die »kleine Schwester« der Wünschelrute bezeichnet. Da das Pendel in der praktischen Anwendung wie in seiner naturwissenschaftlichen Bewertung der Wünschelrute oft gleicht, wird es hier nicht weiter behandelt. Schließlich ist zu bemerken, dass dieses Buch dem zentralen Thema Wasser gewidmet ist. Andere Ziele der Radiästheten, wie z. B. das Aufspüren von Bodenschätzen aller Art und von vergrabenen Schätzen und Munition oder – in neuerer Zeit – auch der Test auf Elektrosmog und die individuelle Eignung von Medikamenten, werden deshalb nicht behandelt.

Die Welt der Wünschelrutengänger

Radiästheten haben im Lauf von Jahrhunderten ein Gedankengebäude und Arbeitsmethoden entwickelt, die im normalen Leben wenig bekannt sind. Bezeichnenderweise betitelte der Soziologe H. Knoblauch seine umfassende Untersuchung darüber mit »Die Welt der Wünschelrutengänger und Pendler. Erkundung einer verborgenen Wirklichkeit«. [4] Um das Thema kritisch zu betrachten, ist es deshalb hilfreich, diese Welt kurz zu beschreiben. Wegen der sehr umfangreichen Informationsquellen und vielen unterschiedlichen Auffassungen kann das Bild jedoch nur skizzenhaft ausfallen.

Die Radiästheten gehen von mehreren Grundvorstellungen aus:

- Es gibt Strahlen, die aus der Erde kommen (Erdstrahlen), die mit herkömmlichen naturwissenschaftlichen Mitteln nicht gemessen werden können.

- Diese Erdstrahlen können mit der Wünschelrute erfasst und einer Strahlenquelle (Wasserader, Erz ...) zugeordnet werden.

- Es gibt unterirdische Wasseradern und geologische Bedingungen, die in Verbindung mit Erdstrahlen die Gesundheit der Menschen gefährden. Zusätzlich wurden netzartige, weltweite Gitter entdeckt, die ebenfalls Erdstrahlen aussenden sollen. Diese Strahlung wird daher insgesamt als geopathogen (aus der Erde eine

Krankheit verursachend) bezeichnet. Die Bereiche ihres Vorkommens werden Reizzonen genannt. Sie sind der hauptsächliche Untersuchungsgegenstand der Wünschelrutengänger.

Die Herkunft von Erdstrahlen

Über ihre Herkunft gibt es einige Vorstellungen, die jedoch von den Rutengängern nicht einheitlich vertreten werden. In den allgemein zugänglichen Informationsquellen über Wünschelruten gibt es dazu mehrere Ideen. Danach gehen Erdstrahlen von Wasseradern und geologischen Störzonen, z. B. Gesteinsbrüchen und Gesteinsverwerfungen, aus. Eine andere Vorstellung besagt, dass die Erdstrahlen von dem glutflüssigen Magma im Erdinneren ausgesandt werden. Als weitere Strahlenquelle werden schließlich die bereits genannten Strahlengitter angegeben. In vielen Fällen wird jedoch über die Herkunft der Erdstrahlen gar keine Aussage gemacht, sie sind einfach da.

Die erwähnten Strahlengitter als Quellen für Erdstrahlen sind eine Entwicklung der Neuzeit. In der Praxis werden vor allem drei Strahlennetze verwendet, benannt nach ihrem jeweiligen Entdecker:

Das Hartmann-Gitter (Globalgitternetz)

Es soll sich bei diesem Gitter um ein globales Netz von strahlenden Linien handeln (Abb. 41). Es ist im rechten Winkel nach Norden-Süden und Osten-Westen ausgerichtet. Es ähnelt dadurch oberflächlich dem globalen Koordinatennetz aus Längen- und Breitengraden, mit dem die Weltkugel in gedachten Linien überzogen ist. Die Abstände der Gitterlinien werden mit etwa 2–2,5 m angegeben. Während die Linien selbst weniger gefährlich sein sollen, werden die Kreuzungspunkte für gefährlich, d. h. stark strahlend gehalten. Dies soll verstärkt der Fall sein, wenn sich das Hartmann-Gitter mit Wasseradern oder geologischen Störzonen überschneidet.

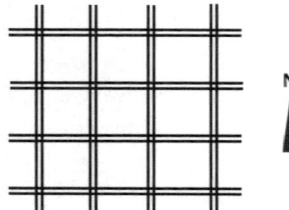

N

Abb. 41   Hartmann-Gitter

Das Curry-Gitter (Diagonalgitternetz)

Dieses strahlende Netz wurde von dem Arzt Curry entdeckt. Es soll diagonal zu den Himmelsrichtungen verlaufen und Maschenbreiten von 3,6 m aufweisen, nach anderen Angaben auch 2,6–3,2 m (Abb. 42). Es soll sich mit der Jahreszeit und mit der Mondphase verändern, außerdem kann die Maschenform auch rautenförmig oder rechteckig werden. Unter Rutengängern findet man jedoch auch die Meinung, dass das Curry-Gitter nicht tauglich sei.

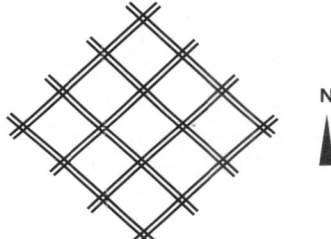

N

Abb. 42   Curry-Gitter

Das Benker-Gitter (Kubensystem)

Dieses ist das neueste Gitter und wurde von dem Wünschelrutengänger Anton Benker 1953 entdeckt. Es ist nicht zweidimensional wie die beiden anderen, sondern dreidimensional (Abb. 43). Das Gitternetz besteht aus Kuben der Größe 10 × 10 × 10 m, die neben- und übereinander angeordnet sind. Die Würfel sollen abwechselnd positiv und negativ geladen sein (wobei die Definition dieser positiven bzw. negativen Ladung unklar ist). Das dreidimensionale Gitter soll Strahlenmessungen nicht nur flächig, sondern auch räumlich möglich machen (in einem Zimmer oder einem Haus). Zum Benker-Gitter wird an einer Stelle geschrieben: »Das atomare Gitter nach Benker strahlt im Vergleich zu den anderen Gittersystemen sehr stark.« [5]

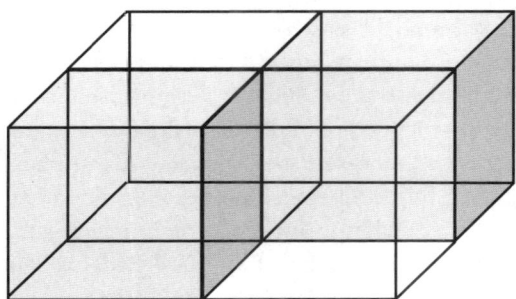

Abb. 43   Benker-Gitter
(Kantenlänge eines Kubus
beträgt 10 m)

Die Wünschelrutengänger scheinen sich jedoch über das Vorkommen solcher Strahlengitter nicht ganz einig zu sein, denn von einem ist auch folgende Bemerkung zu finden:»Neuerdings sollen von findigen Geopathologen auch noch Gitternetze mit 170 Meter, 250 Meter und 400 Meter entdeckt worden sein – über die Gitternetze wird von manchen Rutengängern und Geopathologen ein immer größerer Unsinn verbreitet!« [6]

Wegen der Ähnlichkeit der beschriebenen Strahlengitter mit dem internationalen Koordinatensystem auf der Weltkugel soll auf einen Unterschied hingewiesen werden: Während die kartografischen Längen- und Breitengrade nur ein imaginäres Hilfsmittel sind, existieren die Strahlengitter für die Wünschelrutengänger real.

Es gibt noch weitere wissenschaftlich klingende Definition für Erdstrahlen, z. B. »›negativ geladene Ionen‹ oder ›Erdstrahlen‹ sind nach unserer Auffassung Resonanzzonen oder Stehwellen aus magnetischen Turbulenzen bzw. Energiewirbel zirkularer Longitudinalwellen im örtlichen Magnetfeld der Erde. Wenn Rutengänger von Reiz- oder Störzonen sprechen, handelt es sich wohl um eine ›gebremste Neutronenstrahlung‹«. [7] Nähere physikalische Erläuterungen dazu werden nicht gegeben.

Eigenschaften der Erdstrahlen

Obwohl die Erdstrahlen vorwiegend nur mit einer Methode, der Wünschelrute, gemessen werden, wurden von den Rutengängern einige Eigenschaften zusammengetragen. Dazu zählt in erster Linie, dass sie nicht mit den klassischen physikalischen Methoden gemessen werden können, sondern nur mit der Wünschelrute (oder dem Pendel).

Weiterhin wird von ihnen gesagt, dass sie immer senkrecht aus der Erdoberfläche austreten (während klassische physikalische Strahlen sich im gesamten verfügbaren Raum ausbreiten). Es handelt sich also jeweils um begrenzte Strahlungsstreifen mit nur geringer seitlicher Streuung. Dieses Verhalten ermöglicht es erst, dass Erdstrahlen auf der Erdoberfläche streifenweise gemessen werden, was zu den oben beschriebenen Strahlengittern führt. Vereinzelt gibt es Angaben über Wellenlängen, nach denen die Strahlung im cm-Bereich liegen soll. Dies würde dem physikalischen Bereich der Mikro- und Radarwellen bis hin zum infraroten Licht entsprechen. Auch die wenig aussagekräftige Formulierung »Strahlungen verschiedener Wellenlängen« wird angeboten. Genaue Angaben sind nicht zu finden.

Für die Erdstrahlen wird weiterhin ein polares Verhalten postuliert, d. h. eine Eigenschaft, die mit +/-, Nord/Süd oder links/rechts beschrieben werden kann. Danach soll es z. B. linksdrehende und rechtsdrehende Strahlung und ebensolches Wasser geben. Erstere sollen negativ (krankheitsfördernd), letztere positiv (heilend) wirken.

Im Hinblick auf die Möglichkeit, die Strahlen zu vermeiden oder abzuschirmen, ist ihre Absorption durch verschiedenes Material von Bedeutung. Die Strahlen sollen selbst aus 1000 m Tiefe noch messbar sein, was bedeutet, dass sie durch Gestein nicht wesentlich geschwächt werden. Auch Beton, Metalle und Kunststoffe sind dazu nicht in der Lage. Früher verwendetes Baumaterial wie Holz, Ziegel und Stroh sollen dagegen Häuser und Menschen gegen die Strahlung ebenso abschirmen können wie Kupfermatten. [8]

Die Messung und Intensität der Erdstrahlen

Damit kommen wir zu einem zentralen Punkt in der Radiästhesie, der Messung der Erdstrahlen. Diese erfolgt in der Regel durch einen Menschen mit einer Wünschelrute. Bei dem Messinstrument Mensch-Wünschelrute wird der Mensch als der eigentliche Sensor für die Erdstrahlen gesehen, die Rute entweder als Antenne oder auch als Anzeigegerät bezeichnet. Der Ausschlag der Wünschelrute hängt also im Wesentlichen von der »Fühligkeit« des Rutengängers für Erdstrahlen ab. Er muss weiterhin unterscheiden können, ob die Strahlen von einer Erz- oder Wasserader, einer geologischen Störzone, einem bestimmten Strahlengitter oder einer – als besonders gefährlich angesehen – Kombination dieser Quellen stammen. Auch zwischen rechts- und linksdrehendem Wasser und zwischen positiv und negativ geladenen Gitterzellen ist zu unterscheiden.

Daneben werden auch einige verschiedene Typen und Längen von Ruten verwendet, so dass der Rutengänger auch dem Zeiger eine bestimmte Bedeutung zuschreibt. Andere Messmethoden für Erdstrahlen zur unabhängigen Absicherung von Messergebnissen gibt es nicht.

Da es unterschiedlich starke Strahlenquellen gibt, muss es auch unterschiedlich starke Rutenausschläge geben. Diesem wird Rechnung getragen durch die Einführung von Strahlenstärken. Eine davon ist die sogenannte Bovis-Einheit. Sie ist nach dem französischen Physiker und Rutengänger André Bovis benannt, der ein Biometer entwickelte. Damit wollte er nicht-materielle Energieformen messen. Die Zahlen gehen dabei von 1600 (keine Lebenskraft/Energie mehr) über 6000 (störungsfreie Zonen) bis zu 170 000 (Königskammer in der Cheops-Pyramide, höchste Strahlenenergie). [9]

Als weitere Einheit zur Beschreibung der Strahlenstärke wird die sogenannte Reizeinheit angegeben. Eine plausible Grundlage hierfür oder eine bei null beginnende Skala sind nicht zu finden, aber Hinweise zu kritischen Werten: »Die normalen Werte unserer überall vorhandenen natürlichen Erdstrahlung liegen etwa zwischen 700 und 1500 Reizeinheiten. In Störbereichen können aber Werte bis zu 15 000 Reizeinheiten vorkommen. Zonen mit mehr als 2300 Reizeinheiten sollte man auf jeden Fall meiden oder abschirmen. Ab diesem Wert geht man davon aus, dass bei Langzeiteinwirkung, auf jeden Fall gesundheitsschädigende Störungen auftreten werden.« [10] Nach einer anderen Information gelten »zehn Reizeinheiten und mehr … schon ›aggressiv krank machend‹«. [11]

Eine weitere Richtwertskala für die Strahlungsintensität geht von 1 = extrem stark bis 9 = sehr schwach, wiederum ohne plausible Angabe ihrer Grundlage. Eine gemeinsame oder gar international abgestimmte Bewertungsskala für die Stärke von Erdstrahlen existiert demnach nicht.

Gefahren durch Erdstrahlen

Seit dem 20. Jahrhundert spielt die medizinische Radiästhesie eine zunehmende Rolle. Mit ihr werden potenzielle Erkrankungen durch Erdstrahlen untersucht. Pionierarbeit leistete hier Gustav Freiherr von Pohl mit der schon erwähnten Untersuchung über Krebs und Wasseradern. Sein Buch »Erdstrahlen als Krankheitserreger« war 1932 ein Auslöser für zahlreiche weitere Studien solcher Zusammenhänge. Inzwischen wird von Rutengängern eine große Zahl gesundheitlicher Störungen auf die Einwirkung von Erdstrahlen auf Menschen, Tiere und Pflanzen zurückgeführt, u. a.:

- Aggressivität
- Allergien
- Arthrosen
- Bettnässen
- Depressionen
- Fehlgeburten
- Gelenkprobleme
- Hypersensibilitäten

- Kopfschmerzen
- Krebs
- Magen-Darm-Probleme
- Migräne
- Nervosität
- Neurodermitis
- Potenzstörungen
- Rheuma

- Rückenschmerzen
- Schilddrüsenstörungen
- Schlafstörungen
- Stoffwechselstörungen
- Unfruchtbarkeit
- Unruhe und Nervosität
- Verspannungen
- Zellfunktionsstörungen

Zu einigen Krankheiten gibt es vonseiten der Radiästheten Berichte, für die meisten, eher diffusen gesundheitlichen Störungen (Nervosität, Verspannung usw.) wurden keine detaillierten oder gar statistisch abgesicherten Untersuchungen gefunden.

Das Auffinden gefährlicher Erdstrahlen ist ein Ziel der Radiästheten, der Schutz davor ein konsequenter nächster Schritt. Da sich Wasseradern und andere Reizzonen in der Erde nicht verändern lassen, bleibt als Abhilfe nur die Veränderung von Wohngegenständen (meist die Schlafstätte oder ein Bürotisch) oder die Abschirmung betroffener Menschen gegen diese Gefahr. Für einen solchen »Schutzschild« wurden seit fast einem Jahrhundert unzählige Vorrichtungen entwickelt und zum Einsatz gebracht, u. a. Metallnetze und Entstörgeräte. Sie sollen gegen jede Art von Erdstrahlen erfolgreich sein.

Die Sicht der Naturwissenschaft

Wie man sieht, präsentiert sich die Radiästhesie in der Öffentlichkeit als traditionsreiches, umfassendes und erfolgreiches Arbeitsgebiet. Es gibt Messungen, Forschung, zahlreiche wissenschaftlich geprägte Informationen, Veröffentlichungen und Kongresse, dazu einige Theorien zum Verständnis der praktischen Ergebnisse. Es scheint, als könnten Wünschelrutengänger durchaus die naturwissenschaftlichen Kollegen vom Labor nebenan sein. Warum aber haben die Radiästheten so große Probleme, von der Naturwissenschaft anerkannt zu werden? Ein genauerer Blick wird dieses Bild etwas korrigieren.

Die Herkunft von Erdstrahlen

Am Anfang einer kritischen Wertung steht die Frage: Woher kommen die Erdstrahlen, von denen die Rutengänger leben? Sicherlich gibt es eine Reihe von Vorschlägen zu ihrer Herkunft, die weiter oben bereits genannt wurden: aus Wasseradern, geologisch gestörten Zonen, dem Magma im Erdinneren oder regelmäßigen Strahlengittern, die sich über die ganze Weltkugel spannen. Man kann die Frage nach der Herkunft also am einfachsten mit ihren eigenen Antworten klären: Sie wissen es selbst nicht.

Dazu kommt, dass nach heutigem Wissen zu keiner dieser Ideen eine physikalisch realistische Entstehung der Erdstrahlen denkbar ist. Stattdessen gibt es zahlreiche Fragen:

- Was genau sind Wasseradern? Meistens werden sie als unterirdisch fließender Bach dargestellt, andererseits wird geschrieben, dass die Darstellung einer kanal- oder rohrähnlichen Wasserader nur symbolisch gemeint ist.

- Das mag noch unwichtig sein, aber wie sollen unterirdische Wasseradern eine gefährliche Strahlung entwickeln? Eine der vielen Antworten:

  »Durch Reibung, Druck, Menge und Geschwindigkeit des durchfließenden Wassers und durch die hindurchgehende natürliche Erdstrahlung aus dem Erdinneren (Magmastrahlung), entsteht über einer unterirdischen Wasserader ein stark verändertes Strahlungsfeld, das senkrecht nach oben zur Erdoberfläche und weit in die Atmosphäre steigt ...«

  Das würde bedeuten, dass die Erdstrahlung gar nicht aus der Wasserader stammt, sondern von ihr nur gebündelt wird. Das widerspricht anderen Darstellungen, nach denen die Adern selbst die Strahlenquelle sind.

- Wie kommen die »entdeckten« regelmäßigen Strahlengitter zustande? Wie werden sie zu Strahlungsquellen? Es gibt von den Radiästheten keine plausible Erklärungen dafür und es ist physikalisch kein Netz in der Erde vorstellbar, das in regelmäßigen Abständen ständig strahlt, weder orthogonal noch diagonal noch sonst wie. Physikalisch ganz unvorstellbar ist das strahlende

Kubensystem von Benker, das ja noch in der Fläche und Höhe seine angebliche Ladung je Kubus ändert.

- In zahlreichen Darstellungen über geologische Störzonen wird das Zusammentreffen verschiedener Erdschichten angesprochen. Bei diesem Vorgang entstehen in den Gesteinsmassen Wirbel und Drehungen, die zu Ladungs- und Spannungsunterschieden führen. Die dabei entstehenden Mikroströme sollen dann die Erdstrahlen verursachen. Zusätzlich ist folgende Information zu finden:

»Die Abstrahlung der Verwerfung verändert sehr häufig das Empfinden und kann Albträume und Halluzinationen hervorrufen. Diese durch Verwerfungen belasteten Orte wurden oft zu heiligen Stätten ausgewählt. Alte Kirchen, Tempelbauten und Abteien sind fast immer in Verwerfungszonen gebaut worden.« [12]

Der Zusammenhang zwischen Halluzinationen, heiligen Stätten und Erdstrahlen klingt kurios und bedarf sicherlich einer näheren Erläuterung. Nach anderen Meinungen werden heilige Stätten bevorzugt über Wasseradern oder einem der strahlenden Gitternetze gebaut. Da es keinen Nachweis für das eine wie das andere gibt, ist davon auszugehen, dass es sich bei all dem nur um Vermutungen handelt.

- Die geologischen Störzonen als Quellen der Erdstrahlen werfen aber noch eine grundsätzlichere Frage auf: Diese Zonen geologischer Veränderungen umfassen unter anderem Faltungen, Senkungen, Einbrüche oder Spaltenbildungen im Gestein. In der Größenordnung können sich die realen geologischen Änderungen im Bereich von Millimetern bis zu tausend Kilometern eines Gebirges bewegen (Abb. 44). Dazu kommt die zeitliche Perspektive: Was sich allein in der letzten Milliarde Jahre geologisch auf der Erde abgespielt hat, lässt kaum einen Ort übrig, der nicht als verändert, also »gestört« gelten könnte. Ein Beispiel ist die Bildung der Alpen, die vor etwa 200 Millionen Jahren begann und dazu führte, dass in einigen Alpenregionen fossile Meerestiere (von einem früheren Meeresgrund) zu finden sind. Wie also definieren die Wünschelrutengänger ihre »Störzonen«, die sie bis 1000 Meter tief unter der Erdoberfläche finden wollen?

Abb. 44 Der Loreley-Felsen am Mittelrhein, geologisch gestörte Zonen (Verwerfungen, Gesteinsbrüche) wie bei diesen Schieferschichten sollen Erdstrahlen erzeugen

Die Eigenschaften der Erdstrahlen

Vereinzelt gibt es Angaben über Wellenlängen, nach denen die Strahlung im cm-Bereich liegen soll. Dies würde im Spektrum physikalischer Wellen etwa dem Bereich der Mikrowellen bis hin zum infraroten Licht entsprechen.

Im Kapitel »Rechts- und linksdrehendes Wasser?« wurde festgestellt, dass es weder das eine noch das andere gibt. Andererseits behaupten die Radiästheten, dass sie mit der Wünschelrute zwischen beiden Wasservarianten unterscheiden können, das linksdrehende krankmachende, das rechtsdrehende heilende. Zudem: Wie sollten diese unterschiedlichen Wasserarten im Untergrund entstehen und nebeneinander existieren? Einen stichhaltigen Test, in physikalischer oder in medizinischer Hinsicht, kann aber niemand vorweisen.

Die Abschirmfähigkeit verschiedener Materialien ist bereits erwähnt worden. Auch hier geben die Angaben der Radiästheten ein widersprüchliches Bild: Ziegel sollen in der Lage sein die Strahlen zu schlucken, nicht aber Gestein und Beton, obwohl sie alle recht ähnliche Bestandteile aufweisen. Ebenso sollen Metalle nicht abschirmen, aber teure Kupfermatten werden zur Abschirmung in Häusern mit Erfolg verkauft. Wie ist das zu verstehen? Nach Erklärungen sucht man vergebens. Dabei wäre es ganz einfach, präzise Messungen zum Absorptionsverhalten verschiedener Materialien durchzuführen, wie es in der Materialkunde üblich ist. Geeignete Messmethoden sind vorhanden.

Die Messung der Erdstrahlen

In der Radiästhesie ist (neben dem Pendel) das System Mensch-Rute das einzig verfügbare Messinstrument. Das hat einmal zur Folge, dass Messergebnisse nicht durch eine andere, unabhängige Methode zuverlässig überprüft werden können. Die Möglichkeit der Verifizierung oder Falsifizierung ist hingegen in den Naturwissenschaften eine wichtige Methode, umstrittene Ergebnisse auf ihre Plausibilität zu überprüfen.

Zum zweiten ist der Mensch selbst ein sehr unsicheres Messinstrument. Er wird von eigenen Ideen, Wünschen und Emotionen stärker beeinflusst als ihm meist selbst bewusst ist. Auch seine Bewegungen – zumindest die Feinmotorik – werden nicht nur bewusst gesteuert. Untersuchungen haben dies immer wieder gezeigt und zur Beschreibung des Carpenter-Effekts geführt. Er könnte auch einen Teil der Bewegungsabläufe bei der Arbeit des Rutengängers erklären. Als älteres Beispiel sei hier die Episode von dem schon erwähnten Pionier der medizinischen Radiästhesie, Freiherr von Pohl, zitiert, als er öffentlich, aber erfolglos die Wirksamkeit seines Abschirmgerätes für Erdstrahlen demonstrieren wollte. [13, 14]. Offensichtlich war die Demonstration nicht überzeugend, denn das Patent wurde wegen Untauglichkeit zurückgenommen. Die Demonstration des Carpenter-Effekts, der durch das Unterbewusstsein gesteuerten Körperbewegungen, war dagegen unfreiwillig gelungen. Ein weiteres der unzähligen Negativbeispiele wurde 2000 sogar im Magazin DER SPIEGEL veröffentlicht [15].

Dass das Problem der Fühligkeit der Wünschelrutengänger nach wie vor besteht, zeigt ein Test, den die Gesellschaft zur wissenschaftlichen Untersuchung von Parawissenschaften (GWUP) im Jahr 2009 durchführte [16]:

»Am Nachmittag trat Wilton Kullmann ... zum Test an ... Eine Hagebutte strahle so positiv, meinte er, dass sie unzweifelhaft gemutet werden könne. Und auch die effektive Entstrahlung eines elektrischen Geräts wollte uns Kullmann ›schnell noch‹ demonstrieren. Rainer Wolf legte die Hagebutte also vor den Augen Kullmanns in ein Becherglas und deckte dieses mit einem Handtuch ab. Beim Herausziehen der Hand aus dem Becherglas behielt Wolf jedoch die Hagebutte nach Zauberermanier in der Hand, sodass das Becherglas leer blieb. Kullmann erhielt dennoch den angeblich typischen starken ›Hagebutten-Ausschlag‹ mit seiner Rute.

Daneben stand eine Kaffeemaschine, deren Elektrosmog Kullmann nach Einschalten der Stromzufuhr muten wollte. Für dieses Experiment steckte Rainer Wolf vor Kullmanns Augen den Stecker in die Dose. In der Tat demonstrierte uns dieser zunächst den Rutenausschlag durch Elektrosmog und schirmte dann den vermeintlichen Elektrosmog mit einer seiner zahlreichen mitgebrachten Gerätschaften ab. Erst nach Entfernen des Abschirmgeräts schlug die Rute erwartungsgemäß wieder aus. Demonstration geglückt? Keineswegs: Rainer Wolf offenbarte schließlich, dass die Stromzufuhr der Kurstische zentral abgeschaltet war, weshalb die Kaffeemaschine also nie unter Strom gestanden hatte.

Auch das Entfernen der Hagebutte wurde ihm erklärt. Kullmann hatte somit eine nicht vorhandene Hagebutte gemutet und Elektrosmog, den es nicht gab.«

Erhard Wielandt, Professor für Geophysik, drückt diesen Sachverhalt folgendermaßen aus: »Von Rutengängern angegebene Störzonen, Erdstrahlen oder Gitterlinien wurden noch nie mit Messgeräten nachgewiesen. Sie sind Hirngespinste.« Und noch drastischer: »Die Störzonen, in denen Erdstrahlen entstehen, befinden sich nicht in der Erde, sondern im Kopf.« [17]

Die Existenz eines einzigen Messinstruments (Mensch-Rute) für alle Erdstrahlen bringt eine Reihe weiterer unlösbarer Fragen. Es wird für die Erfassung einer Vielzahl verschiedener Strahlenquellen eingesetzt: Wasserquellen, Wasseradern, verschiedene Erze wie Eisen, Kupfer oder Uran, Erdöl, verschiedene Strahlengitter, die sich auch noch überlagern, Munition, Hohlräume, Krankheiten, Arzneimittel, Lebensmittel, positiv oder negativ geladene Gitterzellen, rechts-/linksdrehendes Wasser, um nur die von Radiästheten am häufigsten genannten Strahlenquellen aufzulisten. Einige behaupten, sie könnten sich auf diese verschiedenen Objekte mental einstellen und sie spüren. Jedoch welche Unterscheidungsmerkmale haben sie bei ihren Messungen? Finden sie nur immer das, wonach sie suchen, oder stößt ein Rutengänger, der Wasser sucht, zufällig auch auf eine Kupfermine? Weiterhin behaupten sie, sie könnten die Tiefe und Stärke einer Wasserader spüren. Ab welcher Tiefe und welchem Umfang ist sie zu klein, um noch erfasst zu werden? Für die Messung der Intensität einer Strahlung werden lediglich subjektive Werteskalen verwendet, ohne Definition des Nullpunkts und gefährlicher Grenzwerte für die lange Liste angeblich verursachter Krankheiten.

In einem naturwissenschaftlichen Labor sind Messprinzip, Selektivität und Nachweisgrenze wichtige Kenngrößen zur Beschreibung einer Messmethode. Damit können zuverlässige Ergebnisse erreicht werden, die auch von anderen überprüft werden können. Für das Messinstrument »Mensch-Wünschelrute« gibt es zur Festlegung solcher Kriterien keine Möglichkeit. Man ist auf die Aussage des Rutengängers angewiesen, und die ist, wie geschildert, nicht glaubwürdig.

Gefahren durch Erdstrahlen

Eine weitere offene Frage zu den Erdstrahlen lautet: Warum sollen Menschen, Tiere und Pflanzen durch Erdstrahlen krank werden (Abb. 45)? Und die konsequente Frage dazu: Warum und wie wirken sogenannte Entstörungsgeräte gegen die Erdstrahlen? Die Behauptung der Radiästheten, Erdstrahlen, Wasseradern und dergleichen würden Krankheiten verursachen, ist eine Erfindung des 20. Jahrhunderts. Diese Idee, einmal in der Öffentlichkeit bekannt gegeben, wurde weiter entwickelt, anscheinend ohne selbstkritische oder gar wissenschaftliche Kontrolle. Eine solche Entwicklung ist nicht einmalig, denn wir finden Beispiele dafür vom Mittelalter bis in die heutige Zeit: animalischer Magnetismus, Orgon-Energie, Eiskristalle, die durch das Etikett »Liebe« auf dem Gefäß besonders schön werden sollen.

Warum aber sollen unterirdische Wasseradern gefährlich sein, oberirdische Gewässer dagegen nicht? Das Leben auf dieser Erde hat seinen Ursprung im Wasser. Wir Menschen bestehen zu mehr als Zweidrittel daraus, haben ständig damit zu tun, leben oft zuhause oder beruflich in engem Kontakt dazu. Selbst wenn es irgendwo zahlenmäßige Zusammenhänge zwischen Grundwasservorkommen und irgendwelchen Krankheitsfällen geben sollte, ist dies kein Beweis. Die Statistik sagt nämlich, dass zwei Beobachtungen, die kor-

Abb. 45 Erdstrahlen sollen zahlreiche Krankheiten bei Mensch und Natur verursachen, z. B. Krebs an Bäumen. Der Nachweis dafür fehlt jedoch.

reliert werden können, dadurch noch nicht ursächlich zusammenhängen müssen. Hier sei an das oft genannte Beispiel der zurückgehenden Anzahl der Störche und die der Geburten in Teilen Europas erinnert. Um eine echte Verknüpfung von Ursache und Wirkung, z. B. von Wasseradern und Krebstoten, zu finden, bedarf es wesentlich genauerer Untersuchungen als die von Freiherrn von Pohl und anderen Radiästheten.

Damit kommen wir zu einem weiteren Fragezeichen: Um die Wirkung von Erdstrahlen zu vermindern, werden von Radiästheten sogenannte Entstörungsgeräte und Metallmatten angeboten. Es wird sogar von Fällen berichtet, in denen Radiästheten im offiziellen Auftrag unfallträchtige Autobahnbereiche in Deutschland und Österreich »entstört« haben wollen, angeblich mit Erfolg. [18] Wiederum haben wir die einfache Korrelation: Zwei weiße Steine wurden rechts und links der Autobahn aufgestellt und schon sanken die Unfallzahlen. Diese simple Betrachtungsweise ist statistisch gesehen unzureichend, denn sie berücksichtigt nicht mögliche weitere Faktoren, z. B. die erhöhte Aufmerksamkeit der Fahrer durch die Pressemitteilungen über diese Maßnahme.

Im Mittelpunkt des großen Marktes an Entstörungsgeräten stehen Geräte für den Hausgebrauch. Es sind im Allgemeinen kleine Kästchen, die eine Fläche gegen Erdstrahlen abschirmen oder diese »irgendwie« neutralisieren. Niemand hat bisher erklären können, wie sie wirken. Ein solcher Kasten darf auch nicht geöffnet werden, denn dadurch soll er seine Wirkung verlieren. Fachleute, die dies dennoch aus Neugier getan haben, berichten, dass im Inneren lediglich einige normale Elektronikbauteile zu finden waren. Einen physikalischen oder technischen Zweck im Zusammenhang mit der Kompensation von Strahlen konnten sie nicht herausfinden. Es sieht fast so aus, als würde ein leeres Kästchen ebenso gut wirken. Hier schließt sich dann auch der Kreis: Erdstrahlen, die nicht existieren, werden mit Geräten »entstört«, die keine Wirkung haben. Was zählt: Der zahlende Kunde ist zufrieden.

Die Arbeitsweise in der Naturwissenschaft und in der Radiästhesie: Ein Vergleich

Die Frage wurde bereits im Verlauf des Kapitels gestellt: Warum haben die Radiästheten so große Probleme, von der Naturwissenschaft anerkannt zu werden? Anders ausgedrückt: Was fehlt der Radiästhesie im Vergleich zur Naturwissenschaft? Prüfen wir dies anhand der Leitlinien über das Arbeiten der Naturwissenschaftler, die im Kapitel »Naturwissenschaftliches Denken und Arbeiten« aufgeführt sind. In Tabelle 5 sind diese Regeln der Radiästhesie gegenübergestellt.

Der Vergleich zeigt die großen Lücken der Radiästhesie: Es sind vor allem die unzureichenden Erklärungen der Arbeitsmethoden, die fehlenden Erklärungen für ihre zahlreichen Behauptungen sowie fehlende externe Kontrollen der Ergebnisse. Dazu kommt das Fehlen einer plausiblen Werteskala für ihre Messdaten. Die Messwerte werden subjektiv bewertet; Richtwerte, ab denen die vielen vermuteten Krankheiten verursacht werden, gibt es nicht und kann es nicht geben.

Auch naturwissenschaftliche Ergebnisse hätten auf dem Niveau keine Chance, ernst genommen zu werden. Am Ende führt dies dazu, dass keine physikalisch zuverlässigen Beweise und keine nachprüfbaren Theorien entwickelt sind, die das Verständnis der Radiästhesie vermitteln könnten. Dass ein radiästhetisches »Gutachten« nicht ausreichend und objektiv nachvollziehbare Aussagen enthält, haben auch die Gerichte anerkannt.

Tab. 5 Vergleich der naturwissenschaftlichen Arbeitsregeln mit der Arbeitsweise der Radiästheten

Naturwissenschaftliche Arbeitsregeln	Radiästhesie
Genaue Beobachtung in der Natur oder in Experimenten	nur in der Natur
Erzeugung von Messdaten	qualitativ
Wiederholung der Beobachtungen unter wechselnden Bedingungen	bedingt
Blindversuche, Doppelblindversuche	nein
Reproduzierbarkeit der Ergebnisse	bedingt
Verwendung statistischer Prüfungen	nein
Überprüfbarkeit der Ergebnisse	nein
Klare Definition von Stoffen, Eigenschaften und Ereignissen	nein
Ergründung von Ursache und Wirkung	nein
Ableitung von Theorien aus Experimenten und umgekehrt	nein
Entwicklung von Modellen, die Daten zusammenhängend erklären	nein
Öffentliche Darstellung und Diskussion von Messungen und Theorien	ja
Überprüfung von Theorien und Modellen aufgrund neuerer Erkenntnisse	nein

Dieses Ergebnis ist wiederum nicht so überraschend, wenn man die Ausbildung von Radiästheten und Naturwissenschaftlern vergleicht. Korrektes Messen im Experiment und kritische Wertung der Messdaten sind das A und O einer naturwissenschaftlichen Ausbildung. Es wird über Jahre erlernt und bei jeder neuen Messmethode neu eingeübt. Für jede neue Erkenntnis sind solche gesicherten Daten die wesentliche Grundlage. Dazu kommt die Interpretation der Ergebnisse auf der Grundlage etablierter oder neuer Theorien.

Wie und wo sollte ein Radiästhet diese kritische Haltung seinen eigenen Messungen gegenüber erlernen? Wo könnte er gültige Theorien finden, die ihm und seinen Kunden die Ergebnisse plausibel machen? Sicherlich nicht in den Ausbildungskursen, die zahlreich angeboten werden, und auch nicht in den radiästhetischen Informationsquellen, die es ebenso zahlreich gibt.

Jenseits der Grenze

Aus naturwissenschaftlicher Sicht ist es verführerisch, beim Thema »Wasser und Wünschelrute« in eine gewisse Überheblichkeit zu verfallen. Um dem entgegenzuwirken, wurde deshalb in diesem Kapitel versucht, mit Argumenten und Fragen die Schwachstellen und inneren Widersprüche der Radiästhesie darzulegen.

Zum Teil hat sie ähnliche Probleme wie die Naturwissenschaft, nämlich Unsichtbares sichtbar zu machen und zu erklären. »Wer hat schon einmal ein Atom gesehen«, könnte man dem erwidern, der an der Existenz von Erdstrahlen zweifelt. Weiterhin gibt es in Einzelfällen auch Funde von Wasser oder Bodenschätzen, wenn auch nicht über eine statistische Wahrscheinlichkeit hinaus abgesichert. Auch sind wichtige Komponenten eines gemeinsamen Handelns erkennbar, wie z. B. die Ansätze für erklärende Theorien oder auch die Organisation der Wissensvermittlung (öffentliche Diskussionen, Publikationen, Schulungen). Andere wesentliche Aspekte fehlen dagegen weitgehend. Als Grundprobleme sind zu erkennen:

- der fehlende objektive Nachweis der Erdstrahlen,

- die Ungenauigkeit und Unzuverlässigkeit der Messmethode »Mensch-Wünschelrute« und der Ergebnisse,

- fehlende plausible Theorien zur Entstehung von Erdstrahlen,

- der fehlende objektive Nachweis, dass und warum Wasseradern eine Vielzahl von Krankheiten verursachen sollen,

- die fehlende Wirksamkeit von »Entstörungsgeräten«,

- Geschäftemacherei.

Der letzte Punkt, Geschäftemacherei oder gar Scharlatanerie, ist ein immer wiederkehrender Vorwurf der Kritiker der Radiästhesie, der lautet: Mit nicht vorhandenen Strahlen werden große Geschäfte gemacht. Der Markt der radiästhetischen Medizin geht inzwischen weit über das traditionelle Aufspüren von Wasserquellen und Wasseradern hinaus, wobei das Wasser immer noch eine wichtige Rolle spielt. Das Angebot umfasst nicht nur die Begutachtung und Entstörung angeblich strahlender Zonen, sondern z. B. auch die Prüfung der individuellen Verträglichkeit von Arzneimitteln und Lebensmitteln. Dieser Markt, der weltweit in viele Millionen Euro geht, liegt damit im gleichen Trend wie der Markt für Nahrungsergänzungsmittel, Gesundheit und Wellness insgesamt. Naturwissenschaftliche Argumente hinterlassen bei den Kunden dieses riesigen Marktes offensichtlich keinen Eindruck.

Wie auch in anderen esoterischen Wissenschaften ist bei Radiästheten der Spruch geläufig: »Wer heilt, hat Recht.« Diese Aussage ist problematisch, denn sie heilen von Erdstrahlen, die es nicht gibt, sprechen ihnen die Ursache für Krankheiten ohne Nachweis zu und heilen schließlich diese Krankheiten mit Entstörungsgeräten, die technisch nichts bewirken. Wer eine solche kritische Feststellung wagt, wird mit der Aussage von Radiästheten konfrontiert, die Vertreter der Wissenschaft, die das alles nur als Fantasiegebilde sehen, würden diese Denkweise nicht verstehen. Es mag zutreffen, dass Wissenschaftler die komplexen Vorgänge und Erklärungen der Wünschelrutengänger nicht verstehen. Nach den Regeln der Naturwissenschaft müssen sie sie auch nicht verstehen können, vor allem aber auch nicht einfach glauben.

Wer von Radiästhesie als Grenzwissenschaft spricht, sieht die Tätigkeit der Wünschelrutengänger noch sehr wohlwollend und eher gläubig als skeptisch. Sie wird aber jenseits der Grenze zur Naturwissenschaft bleiben, solange die vielen Fragen unbeantwortet sind und wichtige Angaben zum Verständnis fehlen.

Anmerkungen

1 Bibel, 2. Moses 17, 6

2 Koran, 2:60

3 Agricola, G. (1556) Zwölf Bücher vom Berg- und Hüttenwesen, Basel. Entnommen aus: www.digitalis.uni-koeln.de/Agricola/ (17 Juni 2010)

4 Knoblauch, H. (1991) Die Welt der Wünschelrutengänger und Pendler. Erkundung einer verborgenen Wirklichkeit, Campus Verlag, Frankfurt/M

5 www.vitalation.de (18 Juni 2010)

6 www.wasseradern-abschirmung.de/ Gitternetze/gitternetze (19 Juni 2010)

7 www.quest-baubiologie.de/geobiologie/geobiologie (19 Juni 2010)

8 www.wasseradern-abschirmung.de/ index.html (14 Juni 2010)

9 www.rutengeher.com/plaintext/radiaesthesie/boviseinheit/index.html (20 Juni 2010)

10 www.wasseradern-abschirmung.de/ Wasseradern/wasseradern (19 Juni 2010)

11 Artikel der Badischen Zeitung vom 11.August 2007

12 www.rutengaengerverein.de/verwerfung.htm (22 Juni 2010)

13 Wielandt, E. www.geophys.uni-stuttgart.de/erdstrahlen/ref5.htm (17 Juni 2010), zitiert nach Prokop und Wimmer

14 Prokop, O., Wimmer, W. (1985) Wünschelrute – Erdstrahlen – Radiästhesie, Ferdinand Enke Verlag, Stuttgart

15 Wut auf Wünschelrutengänger. Gemeinden geben Millionen für Fehlbohrungen nach Wasser aus. DER SPIEGEL 16/2000

16 Mahner, M. (2009) Die Psi-Tests der GWUP, Skeptiker 3; www.gwup.org/ component/content/article/63-parapsychologie/922-psi-test-2009

17 www.geophys.uni-stuttgart.de/erdstrahlen/erds2.htm (23 Juni 2010)

18 www.zeit.de/1988/02/Vorsicht-Erdstrahlen?page=2; www.auto.at/contator/auto/news.asp?nnr=12370 (23 Juni 2010)

3
Das »Gedächtnis« des Wassers

Supergehirn Wasser?

Information und Gedächtnis

Die Festplatte im Gehirn

Vom ersten Tag unseres Lebens an nehmen wir Eindrücke, Gefühle und Informationen auf und speichern sie in unserem Gedächtnis. Später kommt die bekannte Situation auf uns zu: In der Schule steht ein Test an, es wird »gebüffelt«, bis die Ohren rauchen: Englischvokabeln, Formeln aus der Mathematik und der Chemie, ein Gedicht. In der Berufsausbildung geht es weiter, viele Bruchteile von dem, was die Menschheit im Lauf von Jahrtausenden an Wissen angehäuft hat, werden in unserem Gedächtnis abgespeichert. Im Berufsleben und selbst danach ist das Lernen unsere tägliche Erfahrung. Permanent nutzen wir unser angehäuftes Wissen und unsere Erfahrung im täglichen Leben. Manches wird im Lauf des Lebens wieder vergessen, bis der Tod schließlich mit einem Schlag all die im Gedächtnis gespeicherte Information löscht.

Der Computer

Prinzipiell ähnlich, aber auf sehr viel einfachere Weise funktioniert auch ein Computer. Es werden verschiedenste Daten, z. B. Texte, Bilder oder Musik, eingegeben und auf einem Speichermedium (etwa einer Festplatte) gespeichert. Solange der Datenträger nicht beschädigt wird, sind diese Daten jederzeit wieder abrufbar.

Die Speicherung von Daten auf einem elektronischen Medium wurde auf der Grundlage der Ergebnisse naturwissenschaftlicher Forschung entwickelt. Demgegenüber sind Speicherung, Nutzung und Löschen von Information im menschlichen Gehirn noch in weiten Bereichen unbekannt. Dies ist Gegenstand intensiver vernetzter Forschung, deren Ergebnisse auch im Hinblick auf bestimmte altersbedingte Krankheiten (Alzheimer, Altersdemenz) von großer Bedeutung sind.

Kann Wasser ein Gedicht lernen?

Diese Überschrift klingt etwas unsinnig, kommt aber manchen Behauptungen im pseudowissenschaftlichen Bereich durchaus nahe. Es sind erstaunliche Dinge, die sich demnach das Wasser merken kann:

»Auf seiner Reise nimmt Wasser Eindrücke auf und trägt sie ähnlich wie eine homöopathische Information in seiner molekularen Struktur.« [1]

»Die positiven Schwingungen und Informationen des lebendigen Wassers übertragen sich ähnlich wie bei homöopathischen Zubereitungen auf die Organe des Menschen ... Durch seine Struktur kann das Wasser Informationen speichern! Diese positiven oder negativen Informationen können sich auf den Körper übertragen und die Organe des Menschen beeinflussen.« [2]

»Wir Menschen bestehen aus ca. 90 % Wasser, dieses ist ein hervorragender Informationsträger. Unser Körperwasser speichert somit die am Schlafplatz vorhandene Strahlung besonders gut. Denn die längste Zeit des Tages verbringen wir im Bett, auf einer Stelle! Durch eine Körpermessung im Genick wird diese Information abgefragt.« [3]

»Mittels Resonanz werden die im Wasser enthaltenen Ur-Informationen aktiviert.« [4]

»Aus der Physik weiß man, dass Wasser Informationen im Clustergefüge speichern kann.« [5]

»Einige Theorien gehen sogar davon aus, dass Wasser alles weiß. In ihm sei wegen seiner langen Geschichte und seiner Allgegenwart nicht nur die Erinnerung an den Urknall verewigt, sondern das gesamte historische Wissen der Welt gespeichert«. [6]

Die Zitate stellen nur einige Beispiele dar für pseudowissenschaftliche Behauptungen, die in großer Zahl zu finden sind. Demnach soll es eine große Palette von Einflüssen und Eigenschaften geben, die das Wasser in seinem »Gedächtnis« aufnehmen kann. Naiv könnte man sich das Aufnehmen von Eindrücken durch ein Wassermolekül vielleicht so vorstellen: ... *Ich bin gerade von einer Tanne in den Bach gefallen und mitgerissen worden ... Habe einen Kalkstein berührt ... Ein Fisch hat mich durch seine Kiemen gespült – eklig ... Bin von einer Schiffschraube aufgewühlt worden, das war toll ... Ein giftiges Quecksilberatom wollte sich an mich ranmachen, aber ich bin schon an ein Eisenatom gebunden ... Das Wasser hier schmeckt so komisch, ich glaube, ich bin im Meer ...*

Sicherlich ist es nicht das, was manche mit dem »Gedächtnis« des Wassers meinen. Nur, was ist dann gemeint? Die Behauptung, » ...Wasser nimmt Eindrücke auf ... speichert Informationen ... in seiner molekularen Struktur ...« ist bestenfalls romantisch-naiv und menschlich verbrämt, im schlechteren Fall eine unbewiesene und unsinnige Behauptung, um den Verkauf eines Geräts oder Produkts zu propagieren. »In der Physik weiß man ...«: Nichts, absolut nichts weiß man in der Physik über ein Gedächtnis des Wassers.

Die Schreiber solcher Sätze wissen wohl kaum, welche physikalische, chemische und biologische Vielfalt in jedem Wasser herrscht, welche raschen Veränderungen stattfinden. Welche dieser unendlich vielen Eindrücke (= Informationen) sollen sich denn die Wassermoleküle merken? Wie viele suchen sie sich davon aus? Wie wird schließlich diese Information abgerufen und dem Menschen verfügbar gemacht? Kann sie wieder gelöscht werden und wenn ja, wodurch?

Die Fragen gehen weiter, wenn eine technische Vorrichtung an der Trinkwasserleitung zur Information des Wassers angebracht wird, z. B.: Woraus genau besteht diese technisch übertragene Information? Geht sie nicht im riesigen Meer bereits vorhandener Informationen unter?

Funktioniert also Wasser wie ein Gehirn oder eine PC-Festplatte, wie Abb. 46 schematisch dargestellt? Es müsste ein Supergehirn unvorstellbaren Ausmaßes sein, wenn dies alles möglich wäre. Niemand hat bisher diese Informationen genauer beschrieben, niemand nachgewiesen.

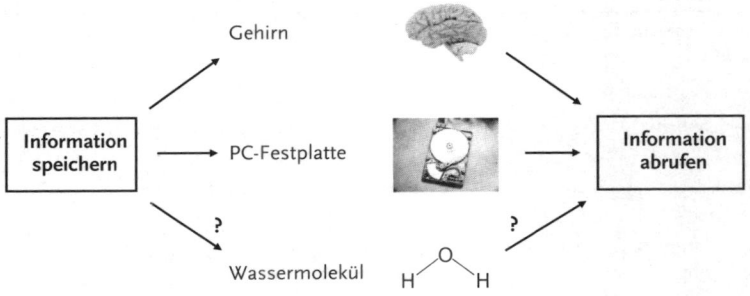

Abb. 46 Schematische Darstellung der Speicherung und des Abrufs von Information

Die naturwissenschaftliche Sicht

Gehen wir der Übertragung und Speicherung von Information einmal systematisch nach. Den beiden Prozessen liegen im menschlichen Gehirn wie im Computer einige gemeinsame Prinzipien zugrunde:

- Es liegt eine Information vor (z. B. ein Gedicht, ein Bild), die gespeichert werden kann.

- Die Information wird auf ein Speichermedium übertragen (über eine Nervenbahn, durch eine Software).

- Die Information wird auf dem Speichermedium abgelegt (unser Gehirn, eine PC-Festplatte usw.).

- Die gespeicherte Information kann abgerufen werden (Nervenbahn, Software).

- Die Information (das Gedicht, das Bild) steht wieder zur Verfügung.

- Die auf dem Speichermedium liegende Information kann wieder gelöscht werden.

Vergleicht man diese informationstechnischen Prinzipien mit den Behauptungen zum Gedächtnis des Wassers, ergibt sich folgendes Bild (Tabelle 6):

Tab. 6 Gegenüberstellung von Prinzipien der Informationstechnik und dem angeblichen Gedächtnis des Wassers

Informationstechnik	»Gedächtnis« des Wassers
eine zu speichernde Information	Eindrücke, Schwingungen, Schadstoffinformationen, Gefühle
Datenübertragung	behauptet, aber keine Angabe dazu
Datenspeicher	Wassermolekül, die molekulare Struktur, Wassercluster
Abruf der gespeicherten Information	Behauptet, aber keine Angabe dazu
Information steht wieder zur Verfügung	gesundheitliche positive oder negative Wirkung nach dem Trinken des Wassers
Löschen der gespeicherten Information	behauptet, aber keine Angabe dazu

Wenn wir also die Informationstechnologie heranziehen, ergibt sich aus den pseudowissenschaftlichen Beschreibungen des Wassergedächtnisses nur ein sehr vages Bild. Zu keinem der genannten Kriterien gibt es irgendwelche, auch nur annähernd nachvollziehbare Vorschläge.

Kapitän Ahabs Beinprothese und die wissenschaftlichen Modelle

Damit die geschätzten Kollegen von der Gehirnforschung wegen des Vergleichs Gehirn – Festplatte nicht grollen, hier einige Anmerkungen. Viele kennen den Roman »Moby Dick« von Herman Melville. Die Hauptfigur, der Walfänger Kapitän Ahab, hatte wegen eines Berufsunfalls eine Beinprothese aus dem Kieferknochen eines Wals. Dieses Ersatzbein kann nun niemals ein gesundes Bein in all seinen Funktionen ersetzen, aber es kann als Hilfsmittel das Leben erträglich gestalten. In ähnlicher Weise sind auch die wissenschaftlichen Modelle zu verstehen: als Krücke, als Hilfsmittel zum Verständnis unserer Welt. Naturwissenschaftler wissen, dass viele ihrer Arbeitsergebnisse für Laien unverständlich sind. Sie suchen daher nach bildhaften Erläuterungen, in der Wissenschaft »Modelle« genannt. In diesem Buch wurden bereits solche Modellbilder verwendet, u. a. für die Struktur des Wassermoleküls und der Wassercluster sowie hier der Vergleich Gehirn – Computerfestplatte. Durch die wissenschaftliche Entwicklung ist inzwischen aus dem Walknochenbein Ahabs ein mechatronisches Wunderwerk geworden. Es gibt bereits Roboter, die selbstständig Treppen laufen können. In ähnlicher Weise ist zu erwarten, dass durch weitere Erkenntnisse über das Wasser auch die Modelle und insgesamt das Verständnis für das Wasser weiter entwickelt werden.

Versuche der Klärung im Laboratorium

Die Naturwissenschaft hat immer wieder versucht, dem Phänomen »Wassergedächtnis« auf den Grund zu gehen. Obwohl die Entdeckung eine Sensation wäre, konnte auch die Wissenschaft bisher keine Beweise erbringen. Die Erforschung dieses Gebietes in den letzten Jahren soll an drei Beispielen beschrieben werden.

Der Schweizer Chemiker Louis Rey beschäftigte sich u. a. mit extrem verdünnten Lösungen von Salzen. Zum Beispiel löste er Kochsalz bis zu einer Verdünnung von 10^{-30} g/cm^3 Wasser auf (genauer gesagt in »schwerem Wasser« D_2O, einer seltenen Variante des normalen Wassers H_2O). Wie wir im Kapitel »Homöopathie – Wirkung mit nichts?« sehen werden, existiert eine Verdünnung von $1:10^{30}$ nicht, da sie größer als die sogenannte Avogadro-Zahl (10^{23}) ist.

Danach ist in einer derart hohen Verdünnung praktisch kein Molekül der früher gelösten Substanz mehr vorhanden. Dennoch fand Rey bei der Bestrahlung der verdünnten Lösungen einen Memoryeffekt.

Rey entwickelte aus seinen Ergebnissen die Arbeitshypothese, dass das beobachtete Phänomen durch eine Veränderung der Wasserstoffbrückenbindungen im Wasser (s. Kapitel »Naturwissenschaftliches Denken und Arbeiten«) erklärt werden kann. Diese Veränderung (»Information«) würde im Lauf der Verdünnung auch ohne weitere Anwesenheit des gelösten Salzes erhalten bleiben. Das würde bedeuten, dass sich Wasser an das Salz »erinnern« kann. [7]

Das Ergebnis wurde stark beachtet, sowohl von den Homöopathen wie von deren Kritikern. So kommentierte der englische Homöopath L. Milgrom das Ergebnis unter der Überschrift »Ist das ein Beweis für ein Gedächtnis des Wassers?« Er war jedoch vorsichtig genug, das Ergebnis abzuwägen und nicht schon als wissenschaftlich gesichert hinzustellen. [8]

Einige Jahre später (2005) erschien eine andere wissenschaftliche Veröffentlichung, die sich ebenfalls mit der Stabilität der Wasserstoffbrückenbindungen beschäftigte. Eine Arbeitsgruppe hatte für diese Untersuchung eine neue, sehr empfindliche Methode entwickelt, um Bildung und Auflösung solcher Brücken in extrem kurzen Zeitspannen zu beobachten (s. Kapitel »Naturwissenschaftliches Denken und Arbeiten«). Sie konnten damit zeigen, dass sich die Wasserstoffbrücken in Wasser innerhalb von Bruchteilen einer Sekunde verändern. Während auch nur eine Zeile dieses Buches gelesen wird, ist somit jegliche »Information«, die die Wasserstoffbrücken enthalten könnten, verloren.

Schließlich nahm sich 2006 ein Wissenschaftler dieser Frage an, der die Ergebnisse von Rey im Grundsatz akzeptierte, aber dennoch kritisch war. Der Molekularbiologe Roeland van Wijk ist ehemaliger Professor für molekulare Zellbiologie an der Universität Utrecht. Seine Untersuchung führte er im Internationalen Institut für Biophysik in Neuss durch. Dort wird naturwissenschaftliche Forschung auch jenseits der klassischen Wissenschaftsgebiete betrieben. Er wiederholte die Untersuchungen von Louis Rey und ergänzte sie noch durch einige weitere.

Die Schlussfolgerung dieses Forschers zum Wassergedächtnis lautet:

»Die Natur des hier beschriebenen Phänomens bleibt ungeklärt. Dennoch lassen die Daten vermuten, dass die Thermolumineszenz zu einem vielversprechenden Werkzeug zum Studium homöopathisch hergestellter, hochverdünnter Lösungen entwickelt werden kann.« [9]

Bleibt ungeklärt ... lassen vermuten ... entwickelt werden kann ... – Diplomatischer kann man einen Misserfolg kaum umschreiben. Hätte van Wijk die Untersuchung Reys bestätigen können, würde sich die Schlussfolgerung anders lesen und sie wäre groß in der Welt verbreitet worden. Die nüchterne Tatsache aber ist nach dieser Darstellung: Das Ergebnis von Louis Rey konnte von einem freundlich gesinnten Fachmann nicht reproduziert und damit nicht bestätigt werden.

Es gibt noch weitere Untersuchungen zum Gedächtnis des Wassers, einige beschrieben von Willem Betz. [10] Darüber hinaus wurde in der Homöopathie und mithilfe von Kristallen nach einem Gedächtnis des Wassers gesucht. Sie werden in den folgenden Kapiteln erläutert. Um das Ergebnis vorwegzunehmen: Alle diese Ergebnisse waren ebenfalls unbefriedigend. Seither hat sich kein Wissenschaftler mehr an dieses Thema gewagt. Da man anscheinend nur Misserfolg und Enttäuschung damit ernten konnte, ist es für eine akademische Karriere zurzeit nicht geeignet.

Wasser ist vergesslich

Ein Gedächtnis, in Lebewesen und Computern eine zentrale Einrichtung ihrer Existenz, wurde auch für das Wasser immer wieder behauptet. Auf dieser Behauptung beruhen viele Angebote, ein normales Wasser durch irgendwelche Geräte oder Behandlungen zu »informieren« und dadurch zu verbessern. Von keiner Seite konnte jedoch bisher ein anerkannter Nachweis für ein Wassergedächtnis erbracht werden. Auch die Prinzipien der Informationstechnologie, also der Übertragung und Speicherung von Daten, liefern keinerlei Ansatz für ein solches Gedächtnis.

Damit steht die Vorstellung, das Wasser besitze ein Gedächtnis, ohne jeglichen Nachweis da. Alle, die sich darauf berufen, haben somit keinerlei Basis für ihre Behauptung. Wer dies dennoch tut, darf getrost als Scharlatan bezeichnet werden, der damit eventuell auch Geld verdienen will. Dies betrifft vor allem die vielen Anbieter von Wasser, das angeblich in seinem Gedächtnis besondere – meist heilsame – Informationen besitzen soll. Hier wird unter Verwendung von Worthülsen und wissenschaftlichen Begriffen etwas vorgetäuscht, was nicht vorhanden ist. Bezahlt ein gutgläubiger Kunde für eine solche »Information«, sollte er sich darüber im Klaren sein.

Der Mangel an Nachweisen betrifft aber auch zwei andere Bereiche, für die ein Wassergedächtnis behauptet wird: die Homöopathie und die »informierten« Wasserkristalle. Diesen beiden Themen widmen wir uns in den folgenden Kapiteln.

Anmerkungen

1 www.die-kunst-zu-leben.de/archiv/ wasser.htm (05 Januar 2007)
2 www.supervita.at/LebendigesWasser/ ein–ganz–besonderes–element.htm (12 Juni 2009)
3 Das Radiästhetische Gutachten. www.conzeth.de/rad-gutachten/ index.htm (15 Juni 2009)
4 Infoblatt AQUA-VITAL-FOLIE, www.ulrich-holst.de (21 Juni 2009)
5 www.aquafontana.de (08 Juni 2007)
6 www.wasserinformationen.de/info/ download/pdf/wasser.pdf (23 September 2010)
7 Rey, L. (2003) Thermoluminescence of ultra-high dilutions of lithium chloride and sodium chloride. Physica A: Statistical Mechanics and its Applications 323, 67-74
8 Milgrom, L. (2003) Is this evidence for memory of water? New Scientist 178, 22
9 Van Wijk, R., Bosman, S. (2006) Thermoluminescence in ultra-high dilution research. J. Alternative and Complementary Medicine 12(5), 437-443
10 Betz, W. (2002) The memory of water revisited. Sci. Rev. Alternative Medicine 6(2), 68-72

Homöopathie – Wirkung mit nichts?

Einführung

Die Homöopathie ist eine von dem Arzt Samuel Hahnemann entwickelte Lehre zur Heilung von Krankheiten. Seine Methode legte er erstmals 1810 in seinem umfassenden Werk »Organon der rationellen Heilkunde« dar. [1] Sie steht auf vier Pfeilern:

- dem Ähnlichkeitsprinzip (Gleiches mit Gleichem zu heilen),

- der Arzneimittelprüfung,

- der Verdünnung (Potenzierung und Dynamisierung) von Arzneistoffen und

- der Auswahl eines geeigneten Arzneimittels für den Patienten (Abb. 47).

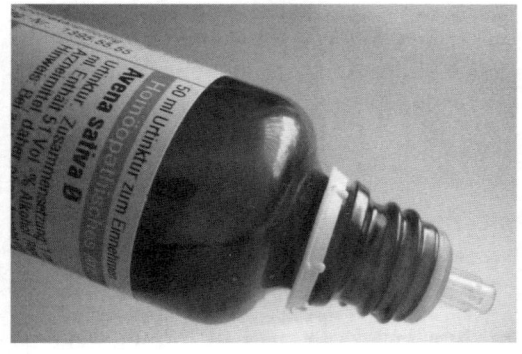

Abb. 47 In der Homöopathie werden sowohl Tropfen als auch Tabletten und Kügelchen verabreicht. Nur, wie wirken sie?

Lediglich die zum Teil extreme Verdünnung von Arzneistoffen hat mit Wasser zu tun und wird hier aufgegriffen. Die anderen, medizinischen Aspekte bleiben hier weitgehend außer Betracht. Häufig wird die Wirkung solch verdünnter Lösungen einem Gedächtnis des Wassers zugeschrieben. Dieses Kapitel steht daher in einem engen Zusammenhang mit dem vorhergehenden Kapitel »Supergehirn Wasser?«.

Das Prinzip der Verdünnung (Potenzierung)

In der Homöopathie nach Dr. Hahnemann werden bestimmte Naturstoffe in hohen bis extrem hohen Verdünnungen verwendet, um in einem Kranken einen Heilungsprozess zu fördern. Die Liste der verwendeten Stoffe umfasst heute über 2000 Substanzen. Um die richtige Dosierung für eine Behandlung zu erhalten, werden in verschiedenen Verdünnungsschritten sogenannte Potenzen hergestellt. Z. B. wird bei der D-Serie (Dezimalverdünnung) jeweils ein Teil Tinktur mit neun Teilen Lösemittel vermischt, woraus sich eine Verdünnung von 1:10 ergibt. Dieser Verdünnungsschritt wird je nach Arzneimittel und Krankheitsbild entsprechend fortgesetzt (Abb. 48).

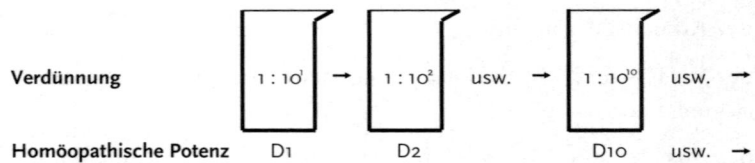

Verdünnung $\quad 1:10^1 \rightarrow \quad 1:10^2 \quad$ usw. $\rightarrow \quad 1:10^{10} \quad$ usw. $\rightarrow$

Homöopathische Potenz $\quad$ D1 $\qquad$ D2 $\qquad\qquad$ D10 $\quad$ usw. $\rightarrow$

Abb. 48 Prinzip der Dezimalverdünnung in der Homöopathie

Um ein Gefühl für die verwendeten Verdünnungen zu bekommen, sind hier zum Vergleich einige Konzentrationen aus dem täglichen Leben aufgeführt (ungefähre Werte):

1 Teelöffel Zucker im Tee	30 g/l	entspricht ca. D2
Koffein in Kaffee	500 mg/l	entspricht ca. D3
Vitamin C in Äpfeln	100 mg/kg	entspricht ca. D4
Magnesium im Trinkwasser	10 mg/l	entspricht ca. D5
Quecksilber im Trinkwasser (max.) [2]	1 µg/l	entspricht ca. D9

Die Verdünnung einer Substanz kann man in immer weiteren Schritten fast beliebig hochtreiben. In der Homöopathie werden häufig Verdünnungen D30 angewandt und noch höhere sind üblich, wie D200 und darüber hinaus. D200 bedeutet, dass 1 Teil der ursprünglichen Tinktur in 10^{200} Teilen Lösemittel enthalten ist, eine Zahl mit

200 Nullen! Dazu im Vergleich eine andere Zahl: Astronomen schätzen, dass das gesamte Weltall aus »nur« 10^{80} Teilchen besteht. Auf diese unvorstellbaren Zahlen kommen wir in Kürze zurück.

Da man sich eine medizinische Wirkung in solch enormen Verdünnungen nicht vorstellen kann, gibt es grob zwei Denkrichtungen:

- Die einen, wissenschaftlich-positivistisch (an Beweisen) orientiert, bestreiten die Wirksamkeit homöopathischer Präparate, soweit sie über einen Placeboeffekt hinausgeht.

- Die anderen, empirische Anwender der Homöopathie, glauben daran – nach dem Motto »Wer heilt, hat Recht«.

Der Placeboeffekt

Wie zu Beginn des Kapitels angemerkt, sollen rein medizinische Aspekte hier nicht behandelt werden. Nur der Vollständigkeit wegen wird daher der sogenannte Placeboeffekt erwähnt, ein vielfach beschriebenes Phänomen.

Unter einem Placebo versteht man allgemein ein Medikament, das keinen medizinischen Wirkstoff enthält, aber dennoch eine Heilung bewirkt. Allein die Erwartung einer Linderung steigert bereits die Selbstheilungskräfte und die körpereigene Abwehr des Patienten. Der Effekt ist in vielfacher Weise nachweisbar und wird auch von der wissenschaftlichen Medizin als Wirkfaktor anerkannt. Er wird zunehmend im Rahmen neurobiologischer Vorgänge untersucht mit dem Ziel, ihn besser zu verstehen und in der Medizin einzusetzen.

Der Placeboeffekt wird als möglicher Wirkungsmechanismus homöopathischer Arzneien gesehen. Da die Homöopathen aber behaupten, eine stärkere Wirkung ihrer Behandlung als nur den Placeboeffekt zu sehen, findet auch zu diesem Punkt seit vielen Jahren eine heftige Debatte statt.

Potenzierung und Dynamisierung nach Hahnemann

Lassen wir zunächst den Begründer der Homöopathie selbst zu Worte kommen. Er hat sich sehr wohl Gedanken über die Wirkung seiner extrem verdünnten Mittel gemacht und schreibt dazu in seinem Organon (§ 270):

»Durch diese mechanische Bearbeitung, ... wird bewirkt, dass die, im rohen Zustande sich uns nur als Materie, zuweilen selbst als unarzneiliche Materie darstellende Arznei-Substanz, mittels solcher höheren und höheren Dynamisationen, sich endlich ganz zu geistartiger Arznei-Kraft subtilisiert und umwandelt ... Man wird diese Behauptung nicht unwahrscheinlich finden, wenn man erwägt, dass bei dieser Dynamisations-Weise, ... das Materielle der Arznei sich bei jedem Dynamisations-Grade um 50,000-mal verringert und dennoch unglaublich an Kräftigkeit zunimmt, sodass die fernere Dynamisation der in 125,000,000,000,000,000,000 erst zur dritten Potenz, zum Kubik-Inhalt erhobnen Cardinale, (50,000), … einen Bruchteil gibt, der sich kaum mehr in Zahlen aussprechen lassen würde.

Ungemein wahrscheinlich wird es hierdurch, dass die Materie mittels solcher Dynamisationen (Entwickelungen ihres wahren, inneren, arznei-lichen Wesens) sich zuletzt gänzlich in ihr individuelles geistartiges Wesen auflöse.«

Hahnemann kommt also nach seiner maximalen Potenzierung auf eine Verdünnung der Ausgangsarznei von $1,25:10^{20}$. Diese Zahl entspricht fast schon der Avogadro-Zahl 10^{23}, der Zahl von Molekülen in einer Grundeinheit Mol. Der von ihm vermutete Wirkmechanismus hat folgerichtig nichts mehr mit einer materiellen Dosis zu tun. Vielmehr führt er bereits selbst die Wirkung des Mittels auf sein »individuelles geistartiges Wesen« zurück.

Das bedeutet aber, dass sich Hahnemann nicht mehr auf dem Gebiet der derzeitigen Naturwissenschaft befindet. Auf dieser esoterischen Basis sind wissenschaftliche Beweise für die Wirkung der Homöopathie nicht mehr möglich.

Weitere Fragen beschäftigen den kritischen Naturwissenschaftler mit dem Vorgang der Verdünnung, z. B. wie wirkt das verwendete Lösemittel selbst? Die häufig verwendeten Stoffe zur Verdünnung, Wasser, Alkohol oder feste Milchsäure, sind ja nicht zu 100 % rein. Sie enthalten auch im höchsten Reinheitsgrad noch immer Spuren von Verunreinigungen, z. B. Schwermetalle. Diese bleiben bei jedem Verdünnungsschritt in derselben Konzentration erhalten, während die homöopathischen Anteile immer geringer werden und schließlich gegen Null gehen. In Stadium der hohen Verdünnung stehen dann dem homöopathisch erwünschten Stoff eine Vielzahl anderer unbekannter Stoffe gegenüber. Sind sie nicht auch wirksam? Über die Rolle dieser zahlreichen Spurenstoffe ist bei der Diskussion von homöopathischer Seite kaum etwas zu hören.

Klinische Studien

In den vergangenen Jahrzehnten ist eine große Zahl klinischer Studien zur Wirkung homöopathischer Mittel durchgeführt worden. Die Ergebnisse wurden je nach Überzeugung als Beweis für oder

Avogadro, Loschmidt und Hahnemann

Immer wieder stößt man bei den extrem hohen Verdünnungen der Homöopathen auf die beiden Begriffe Avogadro-Zahl und Loschmidt-Konstante. Deshalb hier ein kurzer Ausflug in das 19. Jahrhundert.

Der italienische Physiker und Chemiker Amadeo Avogadro befasste sich damals mit der neuartigen Atomtheorie. Unter anderem stellte er 1811 die These auf, dass gleiche Volumina von Gasen unter Standardbedingungen auch die gleiche Zahl von Atomen oder Molekülen enthalten. Die Zahl selbst hatte er nicht bestimmt. Dies gelang erst 1865 – nach dem Tod Avogadros – dem österreichischen Forscher Joseph Loschmidt. Aus diesem sachlichen Zusammenhang – wissenschaftliche Idee und Verwirklichung durch verschiedene Personen – werden beide Namen oft im gleichen Zusammenhang verwendet.

Nach heutiger Terminologie spricht man von der Avogadro-Zahl und meint damit eine unvorstellbar große Zahl: 6×10^{23}, eine Zahl mit 23 Nullen. So viele Moleküle sind in einem Mol (dem Molekulargewicht in Gramm) eines Stoffes enthalten. Wasser hat das Molekulargewicht 18, infolge dessen enthält 1 Mol (= 18 g) Wasser 6×10^{23} Moleküle. Das gleiche gilt für jede andere Reinsubstanz, nur näherungsweise aber für komplexe Stoffzusammensetzungen, wie sie in der Homöopathie verwendet werden (z. B. Pflanzenteile, Hundekot, Eiter und ähnliches).

Wird eine Substanz nun nach den Regeln Hahnemanns 23 mal 1:10 gleichmäßig verdünnt, ist in der letzten Verdünnung theoretisch nur noch ein einziges (!) Molekül der Ausgangssubstanz vorhanden. Bei jeder weiteren Verdünnung kann dieses letzte Molekül nur noch mit abnehmender Wahrscheinlichkeit in einer der Verdünnungslösungen vorhanden sein. Bei einer homöopathischen Potenz D30 oder gar D200 ist diese Chance praktisch gleich Null.

gegen die Homöopathie angeführt. Auf dem 60. Weltkongress der homöopathischen Ärzte in Berlin 2005 wurde bereits die Frage diskutiert, ob weitere klinische Studien zur Legitimation der Homöopathie in der Wissenschaft noch sinnvoll sind oder ob nicht verstärkt spezielle homöopathische Forschung durchgeführt werden sollte.

Aus Sicht der Kritiker haben aber offensichtlich die bisherigen Ergebnisse in der Summe keinen oder nur einen schwachen Nachweis erbringen können, dass die Homöopathie über Placeboeffekte hinaus eine zusätzliche Wirkung hat.

Laboruntersuchungen

Neben den klinischen Falluntersuchungen zur Homöopathie gibt es auch immer wieder Laboruntersuchungen. Hier wird in der Regel die Wirkung homöopathischer Stoffe nicht am Menschen (in vivo =

im Lebenden) untersucht, sondern im Labor (in vitro = im Glas). Der Vorteil liegt auf der Hand: Im Labor können Bedingungen wie Temperatur oder Stoffkonzentration gezielt eingesetzt und verändert werden, sodass Wirkungen (auch statistisch) genauer erfasst werden können. Zusätzlich entfallen die Risiken für Versuchspersonen. Ob eventuelle Ergebnisse auf den Menschen übertragen werden können, ist erst später und sehr aufwendig zu prüfen. Immerhin können solche Versuche Hinweise auf weitere Forschungspfade geben.

Der Streit zwischen den Befürwortern und den Gegnern ist seit vielen Jahren in Gang. Dazwischen gibt es aber auch eine kleine Zahl von Grenzgängern, die ernsthaft versuchen, für die Homöopathie eine wissenschaftliche Basis zu finden. In zahlreichen Informationen ist daher die Behauptung zu finden, dass die Homöopathie inzwischen wissenschaftlich bewiesen ist. Wir wollen uns diese Beweise etwas näher betrachten.

Versuche zum Gedächtnis des Wassers stehen natürlich in direktem Zusammenhang mit solchen Experimenten. Sie wurden bereits in Kapitel »Supergehirn Wasser?« behandelt. Hier werden nun zwei Untersuchungen beschrieben, die im Labor mit dem Ziel durchgeführt wurden, eine homöopathische Wirkung nachzuweisen.

Eine Sensation wird unglaubwürdig

Im Jahr 1988 erschien in der renommierten Zeitschrift Nature ein revolutionärer Artikel. Die Arbeitsgruppe des französischen Immunologen Jacques Benveniste berichtete dort, dass sie bei biochemischen Experimenten einen Nachweis für die Wirkung hochverdünnter Lösungen gefunden hatte. [3]

Diese Aussage rief eine lebhafte Diskussion hervor. Wie gehabt, sahen sich die Homöopathen bestätigt, während ihre Kritiker das Ergebnis nicht so recht glauben konnten. Schließlich kam es zu einer Wiederholung der Experimente in demselben Labor, diesmal unter Aufsicht eines dreiköpfigen Prüfungsgremiums. Dessen Bericht fiel vernichtend aus: In mehreren Punkten kritisierte die Prüfgruppe die Durchführung der Untersuchungen, unter anderem wegen unzureichender statistischer Kontrolle der Versuche, der Vernachlässigung möglicher Verunreinigungen und einer unkritischen Haltung der Wissenschaftler gegenüber ihren eigenen Ergebnissen (im Kapitel »Naturwissenschaftliches Denken und Arbeiten« wurde diese fehlende Selbstkritik bereits beschrieben). Die Prüfgruppe zog daraus den Schluss, dass die Wirkung mit extrem verdünnten Lösungen wissenschaftlich nicht stichhaltig bewiesen worden war. [4, 5]

Die Diskussion war damit aber noch nicht beendet. Die Experimente wurden in den folgenden Jahren mehrfach durch andere Wissenschaftler wiederholt. Die Ergebnisse waren jedoch immer wieder negativ, denn der von Benveniste zunächst gefundene Effekt in hoch verdünnten Lösungen konnte nicht reproduziert werden. Damit ist dieser wissenschaftliche Beweis für eine homöopathische Wirkung durch das »Gedächtnis des Wassers« misslungen.

Ein Preis wird zurückgegeben

Und es gibt ihn anscheinend doch, den Wirkungsnachweis für homöopathische Mittel! Der Beweis: ein Preis. In einer Pressemitteilung gab die Universität Leipzig bekannt, dass Karen Nieber und weitere Personen vom Institut für Pharmazie der Universität Leipzig den Hans-Heinrich-Reckeweg-Preis 2003 verliehen bekommen hatten. [6] Der Preis war mit 10 000 Euro dotiert. Die gewürdigte Arbeit trug den Titel »Entwicklung eines in-vitro Testsystems zum Wirkungsnachweis ausgewählter homöopathischer flüssiger Verdünnungen«. [7]

Die Untersuchung von Niebers Arbeitsgruppe

Nach Angabe der Preisträger war mit Lösungen aus der Tollkirsche (Belladonna) die Wirkung auf Gewebeproben aus dem Magen-Darm-Trakt von Ratten untersucht worden. Die homöopathischen Belladonna-Lösungen waren nach dem Deutschen Homöopathischen Arzneibuch hergestellt worden. Mit ihnen wurde die Wirkung von Reizen auf die Proben deutlich verringert. Damit war nach Ansicht der Autoren der Wirkungsnachweis des Homöopathikums erbracht.

Die homöopathische Welt jubelte und verbreitete diese Nachricht. Viele kennen jedoch diese Geschichte nur bis hierher, aber sie ist noch nicht zu Ende. Zwei Jahre später veröffentlichte nämlich die Universität Leipzig zu diesem Thema eine weitere Pressemitteilung mit der Überschrift: »Pharmakologin räumt Fehler ein«. [8] Demnach hatte sich die ständige Kommission der Universität Leipzig zur Untersuchung von Vorwürfen des wissenschaftlichen Fehlverhaltens wie auch die Fakultät für Biowissenschaften, Pharmazie und Psychologie mit dieser prämierten Arbeit befasst und sie wissenschaftlich beanstandet. Kritisiert wurden vor allem die Kontrollversuche und eine mangelhafte statistische Auswertung von Messreihen. Frau Nieber gab zu, dass sie diese Mängel nicht erkannt hatte.

Danach waren die Ergebnisse wissenschaftlich nicht mehr beweiskräftig. Als Konsequenz gab Frau Nieber ihren Anteil an dem für die Studie verliehenen Hans-Heinrich-Reckeweg-Preis zurück und veröffentlichte einen Widerruf. Dies war das unrühmliche Ende für einen homöopathischen Beweis und auch für einen Preis. Trotzdem findet man diesen »wissenschaftlichen Beweis« immer noch in den Medien. Der Widerruf der Autorin war in homöopathischen Kreisen nicht eben willkommen und wird weitgehend ignoriert.

Eine Clusterbildung lässt hoffen

Die Chemiker Samal und Geckeler untersuchten im Labor Lösungen verschiedener Stoffe. Dabei entdeckten sie ein eigenartiges Verhalten: Wenn die Lösungen verdünnt wurden, verteilte sich die geringere Zahl an Molekülen nicht wie erwartet auf das ganze verfügbare Volumen, sondern klumpte zu Clustern zusammen. Die beiden konnten darauf keine schlüssige Antwort finden und schrieben:

»Offensichtlich ist die Situation komplexer als dass sie mit einer einfachen [physikalischen] Formel veranschaulicht werden kann. ... Weitere Experimente und theoretische Arbeit würden eine brauchbare Erklärung für die zugrunde liegenden Mechanismen bringen.« [9]

Das Wort Homöopathie ist in der Veröffentlichung nicht zu finden und war auch nicht der Grund für die Untersuchung. Dennoch erschienen bald Artikel darüber in homöopathischen Medien, z. B. unter der halb hoffnungsvollen, halb zweifelnden Überschrift »Wirkungsprinzip der homöopathischen Mittel entschlüsselt? Sensationelle Entdeckung in Südkorea. Kommt jetzt die wissenschaftliche Anerkennung der Homöopathie?« [10] Doch auch diese Spur führte ins Nichts, ein naturwissenschaftlicher Beweis für die Wirkungsweise der Homöopathie konnte bisher aus den Laborergebnissen nicht abgeleitet werden.

Erklärungsversuche für die Homöopathie

Das Gedächtnis des Wassers

Über das hypothetische Gedächtnis des Wassers wurde bereits ausführlich in Kapitel »Supergehirn Wasser?« berichtet. Die Schlussfolgerung dort war klar: Es gibt viele Behauptungen und Untersuchungen dazu, aber für das Vorhandensein und für eine mögliche Art eines Gedächtnisses gibt es zurzeit keinerlei wissenschaftliche Beweise. Daraus ist zu folgern, dass man sich auch in der Homöopathie nicht auf ein Gedächtnis für die Wirkung von Arzneistoffen berufen kann.

Auch zu erwähnen ist die Clusterbildung in Wasser, die immer wieder als mögliches Prinzip für ein Gedächtnis angeführt wird (siehe Kapitel »Naturwissenschaftliche Betrachtung des Wassers«). In Bezug auf die Homöopathie sind dazu weitere Anmerkungen erforderlich. Zum einen wird nach Hahnemann für die Potenzierung nicht reines Wasser, sondern ein Gemisch aus Wasser und Alkohol (Ethanol) verwendet. Nun ändern sich aber die Eigenschaften des Wassers, auch die bekannte Clusterbildung, sehr stark mit der Beimengung anderer Stoffe zum Wasser. Ergebnisse aus der Erforschung von Clustern in Wasser können daher nur bedingt auf ein Gedächtnis in einer Wasser-Alkohol-Mischung angewandt werden.

Ähnliches trifft auf die Lösung homöopathischer Mittel in den Sekreten des Magen-Darm-Traktes zu.

Weiterhin werden in der Homöopathie nicht nur Lösungen, sondern auch Feststoffarzneien verwendet (Abb. 49). Bei der Herstellung dieser Tabletten und Kügelchen (Globuli) wird ein homöopathischer Grundstoff mit einem neutralen Pulver, z. B. Milchsäure, vermischt und stufenweise verdünnt. Spätestens hier wird jedermann einsehen, dass eine Clusterbildung oder gar ein Gedächtnis des Wassers mit der Wirkung solch fester Arzneimittel nichts mehr zu tun haben kann.

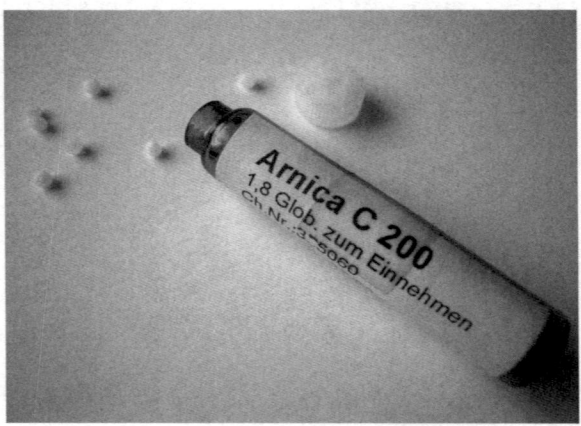

Abb. 49   In festen homöopathischen Arzneien
(hier Arnika-Globuli) kann ein »Gedächtnis des
Wassers« nicht mehr wirksam sein.

Inzwischen sind auch homöopathische Arzneimittel auf dem Markt, die es zu Hahnemanns Zeiten noch nicht gab: Sonnenstrahlen, Elektrizität, Vakuum, Südwestwind und andere, die keine greifbare Materie als Ausgangssubstanz haben. Zunächst könnte man an den Scherz eines Humoristen denken. Aber die oben genannten Arzneimittel sind tatsächlich als Globuli oder Lösungen bei homöopathischen Firmen zu kaufen. Doch wie verdünnt man ein Vakuum oder Elektrizität und wie wirkt diese »Medizin«? Ein Gedächtnis des Wassers dürfte auch hier wohl keine Erklärung bieten. Möglicherweise wird die Suche nach einem Wirkmechanismus sowieso überflüssig, denn mit solchen Heilmitteln macht sich die Homöopathie selbst lächerlich.

Der animalische Magnetismus

Franz Anton Mesmer war ein Zeitgenosse Samuel Hahnemanns, wenn auch etwas älter (1734–1815, Abb. 50). Er entwickelte eine Heilmethode auf der Grundlage des von ihm so genannten animalischen Magnetismus (Mesmerismus) und einige Theorien dazu. [11] Im Gegensatz zu Hahnemanns Homöopathie ist von den Behandlungsmethoden Mesmers kaum mehr etwas zu hören. Umso mehr erstaunt es, dass ein Arzt jetzt diese überholten Vorstellungen heranzieht, um die Wirkung der Homöopathie zu begründen. So schreibt Hanspeter Seiler in einem langen offenen Brief an einen Kollegen:

»Aufgrund seiner heilmagnetischen Erfahrungen baute er [Mesmer] ein ganzheitlich-physikalisches Weltbild auf, welches u. a. die heilmagnetische Interaktion zwischen Heilerin und Patientin und die Wechselwirkung zwischen zwei physikalischen Magneten auf eine gemeinsame lebensenergetische Ursache zurückführt. In seinem großen Spätwerk erklärt er alle Naturkräfte von der Geisteskraft bis zur Gravitation als Wirkungen eines feinstofflichen, der materiellen Sinneswahrnehmung nicht zugänglichen bioenergetischen Fluidums, welches den leeren Raum der heutigen Physik vollständig erfüllt … Mesmers Urflüssigkeit wird durch einen göttlichen Anstoß in steter Bewegung gehalten, welche damit zum direkten Ausdruck ihrer seelischen Belebtheit wird. Sie ist die Basis alles Seienden … Auf diesem lebendigen Raum-Zeit-Fluidum, welches Mesmer konsequent auch als ›psychische Flüssigkeit‹ bezeichnet, beruhen dann auch alle Naturkräfte, und es entstehen daraus durch bestimmte lokale Bewegungsmuster auch das Licht (Photonen) und die Materie (Elementarteilchen). Mesmers dynamischer Flüssigkeitsraum ist also nicht nur die Muttersubstanz der feinstofflichen Welt, sondern auch der ganzen materiellen Schöpfung … Das Modell einer das ganze Universum lückenlos erfüllenden ätherischen Flüssigkeit erhält nun in der modernen Physik eine bisher noch kaum erkannte neue Aktualität: Sie lässt uns nämlich auch das von Ihnen als Begründung ihrer magischen Homöopathie-Interpretation oft zitierte Einstein-Podolsky-Rosen-(EPR-)Paradoxon in einfacher Weise kausal erklären … Mesmers lebendig-dynamisches Äthermodell der Materie ermöglicht eine rationale Deutung der ›Nicht-Lokalität‹ der Quantenphysik.« [12]

Abb. 50 Statue Franz Mesmers in Meersburg, dargestellt in Siegerpose auf einer Weltkugel, in der seine ärztlichen Gegner gefangen sind

Hier werden Mesmers altes Äthermodell, die moderne Quantenmechanik und das komplexe EPR-Experiment verknüpft, um die Wirkung der Homöopathie »in einfacher Weise kausal zu erklären«. Das ist ein extrem hoher Anspruch. Wer sich dabei auf die Erfolge Mesmers beruft, sollte dessen Biographie und die Gutachten wissenschaftlicher Kommissionen in Österreich und Frankreich lesen: Aufgrund dieser Gutachten musste Mesmer nach einigen Jahren Tätigkeit jeweils aus Wien wie aus Paris fliehen. Seine obskuren Theorien für eine Wirkung der Homöopathie heranzuziehen, bedeutet keine Wissenschaft, sondern Esoterik.

Quantenmechanik

Des Weiteren beruft sich Seiler in seiner Erklärung der Homöopathie auf die sehr komplizierte Quantenmechanik. Ein Homöopath wird aber nicht dadurch zum Kenner dieser schwierigen Materie, dass er spekulativ die beiden Sachbereiche verknüpft, ebenso wenig wie ein Quantenphysiker zum Arzt wird, wenn er sich einen weißen Kittel überzieht.

Die Quantenmechanik

Die Quantentheorie wurde ab 1900 entwickelt, um Ergebnisse von Experimenten im molekularen und atomaren Bereich von Wellen und Teilchen zu erklären. Die Quantenmechanik ist ein Teilgebiet dieser physikalischen Theorie. Sie befasst sich mit der Struktur und dem Verhalten von Molekülen, Atomen und Elementarteilchen. Ein grundlegender Unterschied zur klassischen Mechanik besteht in der Annahme, dass die Energie nicht kontinuierlich vorkommt, sondern in kleinsten Teilchen (»Quanten«). Die Quantenmechanik erwies sich als sehr erfolgreich in der wissenschaftlichen Aufklärung vieler Fragen, in der Vorhersage von Ergebnissen und in der industriellen Entwicklung.

Die Quantenmechanik wird seit einigen Jahren noch von weiteren Anhängern der Homöopathie angesprochen. So entwickelten Harald Walach und andere aus diesem physikalischen Gedankengebäude eine sogenannte schwache Quantentheorie. Im Gegensatz zur klassischen Quantenmechanik, die im Bereich der Elementarteilchen gilt, soll die schwache Quantenmechanik in der Größenskala des normalen menschlichen Lebens gelten. Ein zentraler Punkt ist dabei die Idee, die strenge physikalische Verknüpfung von Elementarteilchen allgemein auf andere, sich ergänzende (komplementäre) Begriffe im menschlichen Leben auszudehnen [13, 14]. Als Beispiele gibt er an: »Materie – Geist, Welt – Gott, Freiheit – Verantwortung ... usw.« Er nennt diese Beziehungen »Transpersonale Phänomene« und versteht darunter »jene Erlebnisse oder Erfahrungen, die unsere akzeptierte Vorstellung dessen, was ein individuelles Ich von seinen physiologischen, psychologischen und physikalischen Möglichkeiten erleben kann, übersteigt«. [15] Auch die Homöopathie zählt er zu diesem Phänomen: Nach seiner Theorie unterliegt die Beziehung Patient – homöopathische Arznei einer »Verschränkung«. Sie soll das Wirkprinzip der Homöopathie darstellen.

In ähnlicher Weise schreibt der englische Homöopath Lionel Milgrom:

> »Es wird darauf hingewiesen, dass die Heilung auch eine Wechselwirkung zwischen sich verstehenden Personen einschließt. So betrachtet sollte eine Erklärung jedes therapeutischen Verfahrens den Versuch enthalten, die Art der Wechselwirkung Patient – behandelnde Person zu beschreiben. Aus dieser Perspektive wird eine quantentheoretische Betrachtung des therapeutischen Prozesses vorgeschlagen, der eine Art Makro-Verschränkung zwischen Patient, behandelnder Person und Arznei enthält, als weitere mögliche Erklärung für die Wirksamkeit der Homöopathie.« [16]

Man muss anerkennen, dass diese Theorien ernsthafte Bemühungen darstellen, ein erweitertes Verständnis der Homöopathie zu entwickeln. Man muss sie daher zunächst auch als zulässige Vermutungen und Behauptungen werten. Schließlich sind Hypothesen ein Teilaspekt des wissenschaftlichen Arbeitens, wie es zu Beginn des Buchs (Kapitel »Naturwissenschaftliches Denken und Arbeiten«) beschrieben wurde. Dazu gehören aber als weitere wesentliche Bestandteile auch die experimentelle Bestätigung sowie Vorhersagen, die sich aus Theorie und Experimenten ableiten lassen.

Soll also die schwache Quantentheorie als wissenschaftliche Begründung für die Homöopathie anerkannt werden, muss sie auch Phänomene erklären können und Vorhersagen ermöglichen.

Einige Beispiele:

- Warum gibt es bei der Homöopathie eine Erstverschlimmerung?
- Was bewirken Verschütteln und Verreiben des originalen Arzneistoffes bei der Verdünnung (Potenzierung/Dynamisierung)?
- Nach welchen Kriterien wird eine bestimmte Potenzierung (Verdünnung) ausgewählt, etwa D12 oder D200? Das Nachlesen in einer Vorschriftensammlung (Repertorium) zählt dabei nicht als Begründung.
- Warum wirken nach Ansicht der Homöopathen Hochpotenzen (extrem verdünnte Arzneistoffe) besonderes stark?
- Einer der Kritikpunkte an der Homöopathie ist die Auswahl eines Arzneistoffs in einer bestimmten Potenz für einen Patienten. Statt der gegenwärtig etwas willkürlich erscheinenden Auswahl dieses Mittels müsste die Theorie in der Lage sein, eine optimale, nachvollziehbare Auswahl für die Kombination Patient – Arzneistoff – Potenzierung zu liefern.

Mit der Entwicklung einer physikalischen Theorie mag die Homöopathie also durchaus auf dem richtigen Weg sein. Es liegt aber nun im Interesse der Homöopathie selbst, fachkundige Physiker zu engagieren, die ihre schwache Quantentheorie unter naturwissenschaftlichen Aspekten prüfen. Solange bleibt dieser Versuch, die Wirkung homöopathischer Arzneimittel mit der Quantenphysik zu erklären, nur Spekulation. [17, 18]

Was aber hat in der Homöopathie die Quantenmechanik mit Wasser zu tun, dem eigentlichen Thema dieses Buchs? Es scheint, als ob selbst einige Homöopathen den Wirkmechanismen »Gedächtnis des Wassers« und »Clusterbildung« nicht mehr ganz trauen. Stattdessen versuchen sie nun, die Quantenmechanik als Erklärung zu entwickeln. Ob dies tatsächlich den richtigen Weg weist, kann erst die Zukunft zeigen. Wenn auch die neue Begründung versagen sollte, werden die Fragezeichen um die Homöopathie bleiben.

Fazit aus naturwissenschaftlicher Sicht

Von homöopathischer Seite und in den Medien wird immer wieder als selbstverständlich hingestellt, dass die Wirkung der homöopathischen Behandlung längst wissenschaftlich erwiesen sei. In dem Entwicklungsprozess

Vermutung → Behauptung → Experiment → Ergebnis →
Überprüfung → Beweis

steht die naturwissenschaftliche Erklärung der Homöopathie aber erst in dem Bereich zwischen Experiment und Überprüfung. Bei näherem Hinsehen kann von gesicherten wissenschaftlichen Beweisen gegenwärtig keine Rede sein.

Trotzdem ist die Homöopathie seit Jahren in einem aufregenden Zwischenstadium. Zum einem wird sie von vielen Medizinern und Wissenschaftlern als Humbug abgetan, da ihr Wirkprinzip, die extreme Verdünnung, wissenschaftlich zweifelhaft ist. Auf der anderen Seite hat sie als sogenannte alternative Medizin trotz ihrer ungeklärten Wirkung eine so große Verbreitung und Akzeptanz gefunden, dass sie im Vergleich zu anderen Anwendungen von »besonderem« Wasser (zumindest als wässrige Lösungen) geradezu etabliert erscheint.

Aus diesem Grund wird von beiden Seiten – der Naturwissenschaft wie der Homöopathie – eine heftige Debatte geführt. Mehr noch: Wie auf keinem anderen Gebiet mit »besonderem« Wasser wird so ernsthaft mit Untersuchungen und Theorien um die richtige Interpretation der Ergebnisse gerungen wie in der Homöopathie. Im Sinn der im Kapitel »Naturwissenschaftliches Denken und Arbeiten« beschriebenen Arbeitskriterien der Wissenschaft ist dieser »Streit« jedoch völlig normal und positiv zu sehen. Er allein bietet die

Chance, zu weiteren Ergebnissen und Bewertungen der Homöopathie zu kommen. Es bleibt also spannend, ob und welche Ergebnisse in den nächsten Jahren gefunden werden und ob man einer Klärung des homöopathischen Prinzips näher kommen wird.

Anmerkungen

1 Hahnemann, S. (1810) Organon der rationellen Heilkunst. Danach folgten mehrere überarbeitete Fassungen.
2 Grenzwert nach der EU-Trinkwasserverordnung (2003)
3 Davenas, E., Beauvais, F., Amara, J., Oberbaum, M., Robinzon, B., Miadonnai, A., Tedeschi, A., Pomeranz, B., Fortner, P., Belon, P., Sainte-Laudy, J., Poitevin B., Benveniste J. (1988) Human basophil degranulation triggered by very dilute antiserum against IgE. Nature **333**, 816-818
4 Maddox, J., Randi, J., Stewart, W. W. (1988) »High-dilution« experiments a delusion. Nature **334**, 287
5 Benveniste, J. (1988) Dr Jacques Benveniste replies. Nature **334**, 291
6 Pressemitteilung 2003/378, vom 14.11.2003, www.biochemie.uni-leipzig.de/agbs
7 Schmidt, F., Süß, W. S., Nieber, K. (2004) Biologische Medizin H. 1, 32
8 Pressemitteilung 2005/425, vom 02.12.2005, www.biochemie.uni-leipzig.de/agbs
9 Samal, S., Geckeler, K. E. (2001) Unexpected solute aggregation in water on dilution. Chem. Communication 2224-2225
10 Gebhardt, U. www.homoeopathie.com/aptemplates/tps-infos.asp?cid=87&did=88&cat=0 (17 August 2010)
11 Mesmer, F. A. (1814) Mesmerismus oder System der Wechselwirkungen. Theorie und Anwendung des thierischen Magnetismus als die allgemeine Heilkunde zur Erhaltung des Menschen. Hrsg. von Karl Christian Wolfart
12 Seiler, H. Doppelblindstudien, Rationalität und Homöopathie. Offener Brief an Harald Walach, November 2005, 60 Seiten; www.dzvhae.com/portal/pics/abschnitte/211105103810-seilerwalachoffenerbrief.pdf
13 Atmanspacher, H., Römer, H., Walach, H. (2002) Weak Quantum Theory: Complementarity and entanglement in physics and beyond. Foundations of Physics **32**/3
14 Walach, H. (2003) Entanglement Model of Homeopathy as an Example of Generalized Entanglement Predicted by Weak Quantum Theory. Forsch. Komplementärmedizin und Klassische Naturheilkunde **10**
15 Walach, H. Generalisierte Quantentheorie (Weak Quantum Theory): Eine theoretische Basis zum Verständnis transpersonaler Phänomene. www.anomalistik.de/Walach--WQT.pdf (01 März 2009)
16 Milgrom, L. R. (2006) Is homeopathy possible? Perspectives in Public Health **126**/5, 211-218
17 Lambeck, M. (2005) Können Homöopathie und Parapsychologie auf die Quantenphysik gegründet werden? Skeptiker **18**/3, 111-117
18 Leick, P. (2006) Die »schwache Quantentheorie« und die Homöopathie. Skeptiker **19**/3, 92-102

Kristalle zeigen Gefühle?

Kristalle – ein Schauspiel der Natur

Kristalle, besonders in großer, perfekter Form, gehören zu den faszinierendsten Erscheinungen der Natur (Abb. 51). Unendlich vielfältig in Form, Farbe und Ausbildung werden sie seit Menschengedenken bestaunt und gesammelt. Einige von ihnen werden als Edelsteine oder Halbedelsteine in Schmuck, in der Esoterik auch als Heilsteine und Amulette verwendet. Geeignet hierfür sind vor allem die härteren Minerale, da Steine geringer Härte beim Tragen abgerieben werden.

Abb. 51   Bergkristall, die farblose Variante des Quarzes

In vielen Veröffentlichungen und Webseiten findet man Behauptungen, dass Wasser Informationen oder auch von außen wirkende Gefühle aufnehmen und sich merken kann. Kristalle, die beim Gefrieren oder Eintrocknen aus solchem Wasser entstehen, sollen diese Informationen und Gefühle durch die Art ihrer Ausformung anzeigen. Dieser Vorgang wird als Beweis für ein »Gedächtnis des Wassers« angeführt. Solche Behauptungen werden in den kommenden Abschnitten dargelegt und auf ihre wissenschaftliche Stichhaltigkeit überprüft.

Wasser, das Wunderelement? 1. Auflage. Helge Bergmann
© 2011 WILEY-VCH Verlag GmbH & Co. KGaA, Weinheim

Ein wissenschaftlicher Blick auf Kristalle

Kristalle entstehen in der Natur oder im Labor auf verschiedenen Wegen. Die einfachste Art demonstriert uns die Natur in prachtvoller Weise: frisch gefallener Schnee als myriadenfache Ansammlung von Eiskristallen. Sie entstehen in einem komplizierten Vorgang dadurch, dass Wasser abkühlt, vom flüssigen in den festen Zustand übergeht und dabei auskristallisiert. Im Allgemeinen entstehen dabei Kristalle mit hexagonaler Symmetrie. Aber selbst die so vollkommen aussehenden Eiskristalle in den beiden Abbildungen sind nicht vollkommen, sondern weisen minimale Abweichungen von der idealen hexagonalen Form auf (Abb. 52 und 53). Kleinste Unterschiede bei der Entstehung in der Natur bewirken diese Abweichungen, die bis hin zu deformierten oder klumpenförmigen Formen (Hagel) reichen können.

Abb. 52 und Abb. 53 Schneekristalle: sternförmig (links) und plättchenförmig (rechts)

Der gleiche Vorgang der Kristallbildung lässt sich bei den allermeisten reinen Flüssigkeiten beobachten. Durch ihn wird physikalisch deren Gefrierpunkt (bei der Abkühlung) bzw. ihr Schmelzpunkt (beim Auftauen) definiert.

Eine andere Methode zur Herstellung von Kristallen besteht darin, dass man eine Flüssigkeit, die irgendwelche Stoffe gelöst enthält, bis zur Trocknung eindampft. Auch hier erfolgt in vielen Fällen eine Kristallbildung von gelösten Stoffen, und wiederum hängt die Form der Kristalle von den Inhaltsstoffen der Lösung und den Herstellungsbedingungen ab.

Einfach: Kristalle selbst gemacht

Mit einfachen Mitteln aus der Küche kann man selbst schöne Kristalle herstellen. Dazu werden in einem mit warmem Wasser gefüllten Trinkglas (etwa 150 ml) drei gehäufte Suppenlöffel Kochsalz eingerührt und aufgelöst (ein Rest am Boden kann bleiben). Beim Stehenlassen des offenen Gefäßes scheiden sich im Lauf von Wochen farblose Kristalle von Kochsalz aus. Legt man ein Stäbchen über das Glas und hängt daran einen Wollfaden bis an den Boden des Glases, entstehen daran noch schönere Kristalle (Abb. 54). Besonders hübsche

Kristalle erhält man bei der Verwendung farbiger Metallsalze, wie z. B. Kupfer- oder Nickelsulfat. *Achtung!* Diese Substanzen sind giftig, der Umgang mit ihnen bedarf größter Sorgfalt.

Den Einfluss äußerer Bedingungen auf die entstehende Kristallform kann man durch Variation dieses einfachen Experimentes zeigen. So kann man z. B. das Wasser deutlich schneller verdunsten lassen (an der Heizung) oder die Oberflächenspannung durch Zufügen einiger Tropfen eines flüssigen Spülmittels verändern.

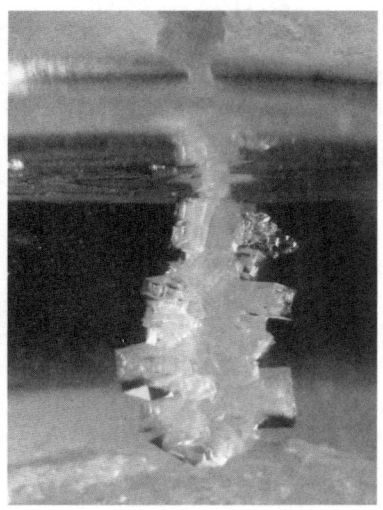

Abb. 54 Kristalle aus Kochsalz (Natriumchlorid), mit einfachen Mitteln selbst hergestellt

---

Bei der Ausbildung von Kristallen wird zwischen der systematischen inneren Ordnung eines Kristalls und der jeweiligen äußeren Ausbildung unterschieden:

Die innere Ordnung (Kristallsystem): Es sind lediglich sieben grundlegend verschiedene Gittersysteme bekannt, die der ungeheuren Vielfalt der Kristalle zugrunde liegen. Beispielsweise kristallisiert

Natriumchlorid (Kochsalz, Steinsalz) gewöhnlich im kubischen System aus, Wasser unter Normalbedingungen als hexagonales Eis (in der Abbildung der Schneekristalle gut zu erkennen).

Die äußere Ausbildung (Habitus): Die Art und Weise, wie sich Kristalle beim Gefrieren oder Eintrocknen einer Lösung bilden, verläuft nicht immer gleich und führt folglich immer zu einem anderen Ergebnis. Die äußere Ausbildung wird von den jeweiligen Bedingungen geprägt, die bei der Entstehung der Kristalle herrschen. Einen entscheidenden Einfluss haben beispielsweise

- andere Stoffe, die im Wassers immer vorhanden sind,
- die Anwesenheit von Kristallisationskeimen,
- Bewegung oder Erschütterung während der Kristallisation,
- die Geschwindigkeit der Abkühlung oder des Eintrocknens,
- die Viskosität (Zähigkeit) des Lösemittels.

Einflüsse dieser Art sind der Grund dafür, dass in der Natur praktisch kein Kristall äußerlich einem anderen gleich ist. In der Regel bilden sich selbst in Teilproben der gleichen Lösung unterschiedliche Kristallformen aus.

Gefühle in Eis

Vor einigen Jahren begann der japanische Arzt Masaru Emoto, Fotografien von Eiskristallen zu machen, die beim Gefrieren von Wasserproben entstanden. Er verwendete dabei zunächst Wasserproben verschiedener Herkunft, wie Quell-, Fluss- oder Trinkwasser. Er wollte dadurch den »energetischen Zustand« des Wassers untersuchen und ein Gedächtnis des Wassers nachweisen.

Masaru Emotos Methode

Die Beurteilung von Wasserkristallen durch Emoto fußt auf drei Schritten. In seinem Buch »Die Antwort des Wassers« beschreibt er den Weg folgendermaßen: [1]

- Die Herstellung der Kristalle: »Von jeder Art von Wasser geben wir jeweils einen Tropfen in fünfzig Schalen. Diese gefrieren wir dann ungefähr drei Stunden lang bei einer Temperatur unter minus 20 Grad Celsius. Auf diese Weise entsteht in jeder Schale ein Eisklümpchen, das aufgrund der Oberflächenspannung ganz rund ist. Es ist eine winzige Kugel von etwa einem Millimeter Durchmesser.«

- Das Fotografieren der Kristalle: »Wenn man nun jedes einzelne Eisklümpchen direkt von oben beleuchtet und durch ein Mikroskop betrachtet, dann sieht man den Kristall.«

- Die Auswahl der Fotos: »Natürlich erscheinen nicht in allen fünfzig Schalen die gleichen Kristalle. Es gibt auch Eisklumpen, die keine Kristalle bilden. Die Formen, die statistisch am häufigsten auftreten, lassen uns die charakteristischen Kristallformen eines Wassers erkennen. Es gibt Wasser mit eindeutig ähnlichen Kristallen, Wasser, das überhaupt keine und Wasser, das nur beschädigte Kristalle ausbildet.«

Auf der Grundlage dieser Arbeitstechnik entwickelte Emoto seine Untersuchungen weiter. So spielte er gleichen Wasserproben einmal klassische europäische Musik, zum anderen Heavy Metal Musik vor und verglich die Kristalle, die sich aus diesen unterschiedlich behandelten Proben ergaben. Weiterhin beschriftete oder besprach er Proben mit freundlichen (z. B. »Danke«, »Liebe«, »Engel«) oder unfreundlichen Wörtern (z. B. »Dummkopf«, »Hass«, Teufel«). In allen vergleichenden Untersuchungen fand er, dass jeweils die Proben, die gefühlvoll oder sanft behandelt worden waren, auch harmonische Eiskristalle ausbildeten. Emotional schlecht behandelte Proben lieferten dagegen keine schönen oder gar keine Kristalle.

In einem Fall wurde ein ganzer See mit einem Gebet behandelt und Wasserproben von vor und nach dem Gebet verglichen. Er beschreibt dies so: »Wir hatten vor und nach dem Gebet Wasserproben entnommen, um uns die Wasserkristalle anzusehen. Von den Wasserproben vor dem Gebet haben wir keine schönen Kristalle erhalten. Teilweise konnten wir Formen sehen, die wie das Gesicht eines von Schmerzen gequälten Menschen aussahen. Im Gegensatz dazu erschien in den Proben, die wir gleich nach dem Gebet entnommen hatten, ein sehr feierliches Muster. In einer sechseckigen Struktur waren weitere Sechsecke und darum herum eine Aura, ähnlich wie bei Heiligen, zu sehen.«

Die Fotos, die Emoto von Eiskristallen aus unterschiedlichsten Wasserproben angefertigt hat, sind inzwischen in zahlreichen Büchern veröffentlicht und können im Internet bestaunt werden.

Der statistische Test

Wer als Wissenschaftler selbst in einem Labor gearbeitet hat, wird beim Lesen von Emotos Werken auf Fragen stoßen, die auch bei jedem wissenschaftlichen Symposium gestellt werden würden, zum Beispiel:

- Wenn je Wasserprobe fünfzig Fotos angefertigt werden, welches davon wird als repräsentativ ausgewählt?

- Nach welchen Kriterien wird die Auswahl dieses einen Fotos vorgenommen?

- Wie sehen die restlichen 49 Fotos aus?

- Warum wurden Zehntausende von Fotos aufgenommen, aber nur wenige werden in der Öffentlichkeit gezeigt?

- Kann Emoto verschiedene Eiskristallbilder bestimmten Wasserproben zuordnen, auch wenn er nicht wüsste, woher die Wasserproben kamen oder wie die Proben emotional vorbehandelt wurden?

Greifen wir als Beispiel den letzten Punkt auf und nehmen zur Erläuterung einen Doppelblindversuch an: Dabei müsste Emoto verschiedene Wasserproben vorbereiten oder emotional behandeln, eine weitere Person ohne Kenntnis der Probenherkunft die Fotos der Eiskristalle anfertigen und codiert verpacken. Eine andere Person (ohne Kenntnis des Bildercodes) müsste diese verpackten Fotos öffnen und Emoto (auch ohne Kenntnis des Bildercodes) vorlegen. Dieser müsste schließlich die Fotos den jeweiligen emotionalen Einwirkungen zuordnen können, die zuvor auf die Wasserproben ausgeübt worden waren. Nur wenn dies mit statistischer Sicherheit gelingt, könnten Emotos Erklärungen als Hinweis auf eine Wirkung von Worten und Gedanken auf Wasser gelten.

Auch Emoto wurde anscheinend der Mangel an Blindversuchen auf dem Weg zur wissenschaftlichen Anerkennung klar. Mit Mitarbeitern veranstaltete er daher 2006 einen solchen Versuch, der zeigen soll: »Seht her, der Blindversuch gelingt, meine Interpretationen sind wissenschaftlich bewiesen«.

Dabei fokussierte eine Gruppe von etwa 2000 Personen in Tokio (Japan) ihre positiven Gedanken auf zwei Wasserproben, die in Kalifornien (USA) standen. Getrennt davon gab es zwei gleiche Wasserproben in der Nähe, die als unbehandelte Blindproben dienten. In mehreren Schritten wurden dann nach Emotos Methode aus den vier Wasserproben Eiskristalle hergestellt und fotografiert. Ein Teil der Fotos wurde dann in eine Webseite gestellt und die Leser wurden aufgerufen, diese Kristallbilder zu bewerten. Eine Skala von 0 (= nicht schön) bis 6 (= sehr schön) war dafür vorgegeben worden. Die ersten hundert Teilnehmer wurden für die Bewertung ausgesucht. Das Ergebnis der Auswertung ergab eine mittlere Bewertung von 2,87 für die gedanklich behandelten Wasserproben, für die nicht-behandelten Proben von nur 1,88. [2]

Auf den ersten Blick sprechen die Zahlen anscheinend eine klare Sprache. Jedenfalls soll dem oberflächlichen Leser dieser Nachricht suggeriert werden: »Die behandelten Wasserproben wurden offenkundig als schöner bewertet als die unbehandelten. Damit ist die Veränderung des Wassers durch die gedankliche Behandlung wissenschaftlich bewiesen.« Ohne auf alle Details dieses statistischen Tests einzugehen, sollen hier nur vier Punkte angesprochen werden:

- Die Zahl der untersuchten Wasserproben (2 behandelte, 2 unbehandelte Flaschen) ist aus statistischer Sicht für eine gesicherte Aussage viel zu gering.

- Aus den insgesamt vier Wasserproben wurden jeweils 50 Teilproben eingefroren. Von diesen 4 × 50 = 200 Teilproben wurden Fotografien von nur 40 Teilproben (= 20 %) zur weiteren Auswertung ausgewählt. Dies lässt einen weiten Spielraum für eine subjektive Auswahl.

- Die Differenz der Bewertung (2,87 gegen 1,88) mag deutlich erscheinen (Abb. 55, Skala Testkristalle). Betrachten wir aber dagegen die ganze Bewertungsskala von 0 bis 6. Eine »mittelmäßige Schönheit« der Kristalle würde dann mit 3,0 bewertet werden. Wie kommt es, dass unvoreingenommene Testteilnehmer die Kristalle der emotional behandelten Wasserproben schlechter als mittelmäßig bewerten?

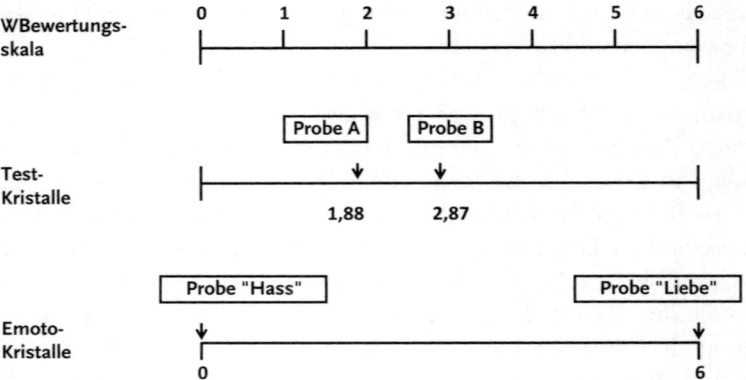

Abb. 55 Bewertung der Fotos von Test-kristallen, die nach der Methode Emotos aus spirituell behandeltem Wasser hergestellt wurden: Bewertungsskala; Bewer-tung der unbehandelten Probe A und der behandelten Probe B im Internet; Vergleich mit einer Bewertung anderer Kristallbilder durch Emoto selbst

- Aus den Veröffentlichungen Emotos selbst sind – je nach Behandlung – vor allem ganz schlechte (Wert o auf der Skala Emoto-Kristalle) oder ganz gute Kristalle (Wert 6) bekannt. Woran liegt diese Diskrepanz? Es ist durchaus möglich, dass Emoto durch die Kenntnis der Wasserproben beeinflusst wird und aus seiner Erwartung die Auswahl des jeweils gewünschten Fotos vornimmt. Dies wäre bei einem Künstler akzeptabel, nicht aber bei einem seriösen Naturwissenschaftler.

- Damit kommen wir zu einem wesentlichen Kritikpunkt. Grundsätzlich sollte der statistische Test eines Experimentes unter denselben Bedingungen vorgenommen werden, unter denen das Experiment auch normalerweise verläuft. Dieser Grundsatz ist bei dem hier geschilderten Kristallbildtest nicht eingehalten worden: Ein entscheidender Schritt, die subjektive Bewertung der Kristallbilder, wurde beim Test nicht von Emoto selbst, sondern von anderen Personen vorgenommen.

Der statistische Test ist also unzureichend und damit nur bedingt aussagefähig. Anscheinend haben dies auch Emoto und seine Mitarbeiter erkannt, denn in der Zusammenfassung der Testergebnisse steht lediglich, dass durch die Ergebnisse »die Hypothese [der Beeinflussung] unterstützt wird (Originaltext: ›lending support to the hypothesis›)«. Von einem statistischen Beweis – wie in vielen Medien gemeldet – kann also keine Rede sein.

Wissenschaft oder Pseudowissenschaft?

Ist das, was Emoto an Bildern und Erklärungen veröffentlicht hat, Wissenschaft, wie er und seine Anhänger behaupten? Um diese Frage näher zu beleuchten, wollen wir seine Arbeitsmethode den Kriterien für naturwissenschaftliches Arbeiten gegenüberstellen (Tabelle 7).

Tab. 7 Gegenüberstellung der Kriterien für wissenschaftliches Arbeiten und der Methode Emotos

Naturwissenschaftliches Arbeiten	Emotos Methode
Beobachtung in der Natur oder in Experimenten	ja, wird an Eiskristallen mit einem Mikroskop durchgeführt
Erzeugung von Messdaten	Es werden nur Fotos hergestellt.
Wiederholung der Experimente unter wechselnden Bedingungen	ja, unterschiedliche Wasserproben unter wechselnder »emotionaler Beeinflussung«
(Doppel-)Blindversuche	ein Versuch veröffentlicht, keine Beweiskraft
Verwendung statistischer Prüfungen	nein, es wird ein Bild unter vielen ausgewählt, Auswahlkriterien unbekannt, subjektiv
Reproduzierbarkeit der Ergebnisse	nicht bekannt
Überprüfbarkeit der Ergebnisse	nicht bekannt
Klare Definition von Stoffen, Eigenschaften und Ereignissen	nur subjektive Interpretation der Bilder (»Gedächtnis des Wassers«, Zuordnung von Gefühlen)
Ergründung von Ursache und Wirkung	nur subjektiv, nicht messbar oder nachvollziehbar
Ableitung von Theorien aus Experimenten und umgekehrt	nicht bekannt
Entwicklung von Modellen, die die Daten zusammenhängend erklären	nicht bekannt
Öffentliche Darstellung und Diskussion von Messungen und Theorien	keine Definition der Auswahlkriterien, nur Darstellung ausgewählter Fotos
Überprüfung von Theorien oder Modellen auf Grund neuer Erkenntnisse	nicht bekannt

Zusammenfassend bedeutet dies: Masaru Emoto

- verwendet Wasserproben unterschiedlicher Herkunft oder setzt sie unterschiedlichen emotionalen Einflüssen aus,

- erzeugt mit seiner Methode Eiskristalle,

- fotografiert diese Kristalle und

- veröffentlicht ausgewählte »passende« Bilder und seine persönliche Interpretation der Bilder.

Ähnliches machen auch viele andere Berufsfotografen auf der ganzen Welt. Sie mögen andere Bildmotive, Aufnahmetechniken oder Lebensauffassungen haben. Aber letztlich möchten sie dem Betrachter ihre Welt zeigen und ihre Erläuterung zu dieser Bilderwelt vorstellen. Künstlerische, ästhetische oder politische Motive sind häufig ihre treibende Kraft. Der Arbeitsmethode von Emoto fehlen aber wesentliche Komponenten des wissenschaftlichen Arbeitens, zum Beispiel anerkannte statistische Prüfungen, korrekt durchgeführte und überzeugende Blindversuche, Reproduzierbarkeit und Überprüfbarkeit von Bildern und Interpretationen (Liebe, Dank usw.).

Wer bei solchen Forderungen von »hartgesottener Wissenschaft« spricht, sollte nicht vergessen: Es ist Emoto selbst, der seine Arbeitsmethode und seine Ergebnisse als wissenschaftlich bezeichnet. Wer einen solchen Anspruch erhebt, muss dafür Beweise auf der Grundlage dieser Wissenschaft liefern. Alles andere ist Pseudowissenschaft oder Esoterik. Auf den im Kapitel »Naturwissenschaftliches Denken und Arbeiten« geschilderten Entwicklungsstufen

Vermutung $\rightarrow$ Behauptung $\rightarrow$ Experiment $\rightarrow$ Ergebnis $\rightarrow$
Überprüfung $\rightarrow$ Beweis

bewegt er sich mit seinen Arbeiten etwa im Bereich Experimente – Ergebnisse – Überprüfung. Die Mängel bei Emotos Arbeitsmethode sind zurzeit noch so groß, dass es nicht gerechtfertigt ist, seine Arbeitsweise als naturwissenschaftlich zu bezeichnen. Damit sind auch seine Bilder und Interpretationen noch keine naturwissenschaftlichen Beweise, sondern zunächst Fotografien, Behauptungen und Poesie.

Wie weit seine Denkweise noch von der eines Naturwissenschaftlers entfernt ist, zeigt u. a. auch folgendes Beispiel: Mehrfach zitiert er Einsteins berühmte Formel vom Zusammenhang zwischen Energie (E) und Masse (m), wobei c die Lichtgeschwindigkeit ist:

$$E = m * c^2.$$

Dabei ist für Emoto E = Weltenergie, m = Weltbevölkerung und c = Bewusstsein.

»Das c in dieser Formel interpretiere ich nicht als Lichtgeschwindigkeit, sondern als Bewusstsein [engl. consciousness]. Die Masse m kann man auch als die Anzahl der bewussten Menschen betrachten ... Man weiß nicht, ob Einstein selbst das c mit Bewusstsein gleichsetzte. Im Universum gibt es das Prinzip, dass sich ähnliches wiederholt. Ich glaube also, dass man diese Formel durchaus auch auf das Bewusstsein anwenden darf.« [3]

Das ist Pseudowissenschaft. Zur Klärung der Frage über Einsteins Formel hätte Emoto der Blick in ein Physiklehrbuch genügt. Dort hätte er sich über die Herleitung der Formel und ihre Bedeutung informieren können. Überflüssigerweise fügt er noch hinzu: »Beachtet, dass dies nur meine eigene Hypothese ist.« [4] Das ist offensichtlich wichtig, denn sonst könnte man glauben, alle Physiker der Welt hätten Einsteins bekannte Formel ein Jahrhundert lang falsch verstanden. Seine weltweite Gemeinde wird ihm diese Pseudowissenschaft nicht übel nehmen, seriöse Naturwissenschaftler aber schütteln den Kopf über diese Art von »Wissenschaft«.

Die Poesie von Eiskristallen

Überall auf der Welt gibt es Fans von Emotos Arbeiten. Einer seiner Schüler, Ernst Braun, lebt in der Schweiz. Er beruft sich bei seinen Arbeiten auf die von Emoto entwickelte Methode der Herstellung von Eiskristallbildern. Auch seine Interpretation der Fotos liegt auf der Linie Emotos. Auf seiner Webseite schreibt er dazu unter der Überschrift »Kunst und Mystik«:

»Die aus den Untersuchungen hervorgehenden Bilder, Formen und Erscheinungen sind nicht reproduzierbar, so wie sich die Natur auch nicht wiederholt ... Unsere Fotos geben keinen Nachweis für irgendwelche gesundheitlichen oder historischen Aspekte ... Unsere Fotos dürfen für sich selbst sprechen. Wir verstehen daher unsere Arbeiten mehr als Kunsthandwerk und weniger als Laboruntersuchungen.« [5]

Im Gegensatz zu einigen Bewunderern Emotos erhebt Braun also keinen Anspruch darauf, dass seine Eiskristallbilder naturwissenschaftlich irgendetwas beweisen, etwa ein Gedächtnis des Wassers. Eine Klarstellung, die sich angenehm von dem wissenschaftlichen Anspruch abgrenzt, den Emoto und einige seiner Anhänger erhoben haben. Brauns Bilder, z. B. seine »Flussbeschützerin der Rotache« (Abb. 56), handeln tatsächlich von Kunst und Mystik, verlieren dadurch aber in keiner Weise ihre künstlerische Qualität und faszinierende Schönheit.

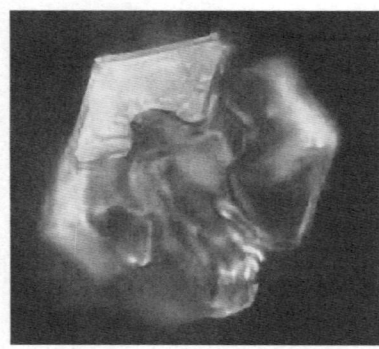

Abb. 56   Eiskristallfoto
»Flussbeschützerin der Rotache«

Getrocknete Wassertropfen

Kröplins Methode

Einen ähnlichen Weg zur Untersuchung von Wassertropfen geht ein Wissenschaftler der Universität Stuttgart. Bernd Kröplin ist Professor und Leiter des Instituts für Statik und Dynamik der Luft- und Raumfahrtkonstruktionen. Allerdings untersucht er nicht Eiskristalle, sondern Rückstände, die sich beim Eintrocknen von Wasser und wasserhaltigen Flüssigkeiten (Speichel, Blut u. a.) bilden. Die Beurteilung der Probenrückstände geschieht, ähnlich wie bei Emotos Methode beschrieben, wiederum in drei Schritten (nach [6]):

- *Die Herstellung der Probenrückstände:* Auf einem gläsernen Objektträger werden mithilfe einer Spritze kleine Tropfen einer Wasserprobe aufgebracht. Nach dem Auftropfen trocknen die

Tropfen an der Luft. Der feste Rückstand jeder Probe bildet dabei mehr oder weniger gut ausgebildete Strukturen.

- *Das Fotografieren der Kristalle:* Die Beobachtung und Fotografie der getrockneten Tropfen erfolgt unter einem Mikroskop. Zusätzlich können mit einem Zoom-Mikroskop Übersichtsbilder von nebeneinanderliegenden Tropfenrückständen gemacht werden.

- *Die Auswahl der Fotos:* Aus den verschiedenen Fotos gleicher Tropfen wird offenbar jeweils eines ausgewählt. Nach welchen Kriterien dies geschieht, wird in den Berichten nicht beschrieben.

Die Struktur der Trockenrückstände fiel unterschiedlich aus, je nachdem, z. B.,

- auf welche Sorte von Objektträger aufgetropft wurde,

- welche Laborperson die Proben auf den Objektträger auftropfte,

- in welchem mentalen Zustand sich diese Laborperson befand,

- welche Wechselwirkung zwischen der Laborperson und der Wasserprobe bestand,

- bei Körperflüssigkeiten: in welchem mentalen Zustand sich die Versuchsperson befand,

- ob eine mentale Behandlung (synergetische Ausbalancierung über die Meridiane) erfolgt war,

- welche Wechselwirkung zwischen Laborperson und Versuchsperson bestand.

Bei der Interpretation der Kristallbilder ergibt sich natürlich die Frage, welche dieser Faktoren jeweils die gefundene Struktur bewirkten. Die wenigen Experimente und Fotos, die in den kurzen Berichten beschrieben werden, geben darauf nur Hinweise. Sie sind aber weit davon entfernt, wissenschaftlich schlüssige und überzeugende Antworten zu geben.

Kröplin mit seiner Mitarbeiterin Minnie Hein gehen aber noch weiter. In einem Bericht »Zur dynamischen Ordnung im Lebendigen« befassen sie sich mit den Ordnungen in der Welt der Materie. Dazu schreiben sie: »Die experimentelle Untermauerung basiert auf der Beobachtung, dass die Ordnungsstrukturen des Lebendigen im ganzen Körper bekannt sind und sich über die Körperflüssigkeiten zum gewissen Teil in Mikroskop-Fotos dieser Flüssigkeiten abbilden lassen.« [7]

Unabhängig davon, ob sich die von ihnen entwickelte Arbeitsmethode als wissenschaftlich tragbar erwiesen hat, wird auf ihrer Basis bereits weiter gearbeitet. Solche weiteren Ergebnisse können aber nur so sicher sein wie die zugrunde liegende Methode. Sie können also zurzeit nur als Hypothese angesehen werden. In Tabelle 8 wird wiederum Kröplins Methode den im Kapitel »Naturwissenschaftliches Denken und Arbeiten« aufgeführten wissenschaftlichen Arbeitskriterien gegenübergestellt.

Wissenschaft oder Kunst?

Nach dieser Darstellung stellt sich die Frage: Sind die Ergebnisse des Teams um Kröplin als wissenschaftlicher Beweis für ein Gedächtnis des Wassers einzustufen? Oder handelt es eher um die Weiterentwicklung einer Idee der Künstlerin Ruth Kübler, die den Anstoß für die Untersuchungen gab? Basierend auf Tabelle 8 muss man eine gewisse Parallelität zu Emotos Arbeiten feststellen: Es werden Wasserproben unterschiedlicher Herkunft verwendet, man setzt sie teilweise unterschiedlichen emotionalen Einflüssen aus, erzeugt Tropfenrückstände, fotografiert diese und veröffentlicht schließlich ausgewählte passende Bilder und persönliche Interpretationen der Bilder. Allerdings geht Kröplin auf dem wissenschaftlichen Weg weiter, indem er nach Ursache-Wirkungs-Beziehungen auf der mentalen (spirituellen?) Ebene sucht und dafür auch Vorschläge macht.

Dieser Arbeitsmethode fehlen aber (wie bei Emoto) wesentliche wissenschaftliche Komponenten wie z. B. erfolgreiche Doppelblindversuche, statistische Prüfungen oder plausible Interpretationen der Bilder. Darüber hinaus werden wissenschaftliche Fragen nach Theorie und Modellerklärung nur sehr allgemein und eher in esoterischen Formulierungen angesprochen. Die veröffentlichten Arbeitsberichte sind kurz und erreichen kaum den Standard einer Diplomarbeit. Es wäre naiv anzunehmen, dass eine solche Darstellung revolutionärer Behauptungen andere Naturwissenschaftler überzeugen kann.

Schließlich wird nicht auf eine wesentliche Frage eingegangen: Handelt es sich bei den gefundenen Effekten um solche, die auf das Lösemittel Wasser zurückzuführen sind, oder vielmehr auf die Inhaltsstoffe in den wasserhaltigen Lösungen? Die unterschiedlichen

Tab. 8 Gegenüberstellung der Kriterien für naturwissenschaftliches Arbeiten und Kröplins Methode

Naturwissenschaftliches Arbeiten	Kröplins Methode
Beobachtung in der Natur oder in Experimenten	ja, wird an Trockenrückständen mit einem Mikroskop durchgeführt
Erzeugung von Messdaten	eingeschränkt, es werden nur Fotos hergestellt
Wiederholung der Experimente unter wechselnden Bedingungen	ja, unterschiedliche Proben; Versuche unter wechselnder »emotionaler Beeinflussung«
(Doppel-)Blindversuche	vereinzelt
Verwendung statistischer Prüfungen	Auswahlkriterien unbekannt, rein subjektiv (»passend«)
Reproduzierbarkeit der Ergebnisse	ja
Überprüfbarkeit der Ergebnisse	ja
Klare Definition von Stoffen, Eigenschaften und Ereignissen	nur subjektive Interpretation der Bilder
Ergründung von Ursache und Wirkung	subjektiv, d.h. nicht messbar oder nachvollziehbar
Ableitung von Theorien aus Experimenten und umgekehrt	nicht bekannt
Entwicklung von Modellen, die die Daten zusammenhängend erklären	nicht bekannt
Öffentliche Darstellung und Diskussion von Messungen und Theorien	kurze Arbeitsberichte
Überprüfung von Theorien oder Modellen auf Grund neuer Erkenntnisse	nicht bekannt

Inhaltsstoffe in Mineralwässern, Speichel, Blut, Urin oder Schweiß haben mit großer Sicherheit selbst einen Einfluss auf die Struktur der Trockenrückstände. Könnten nicht diese sich bei einer Versuchsperson verändern, während das Wasser unverändert bleibt? Kann man also bei diesen Ergebnissen wirklich von einem Beweis für das Gedächtnis des *Wassers* sprechen?

Nach dem gegenwärtigen Stand der Untersuchungen ist dies zumindest in Frage zu stellen. Man kann dies auch rigoroser formulieren: Nach naturwissenschaftlichen Kriterien liefern die Experimente Kröplins keine überzeugenden Beweise für ein Gedächtnis des Wassers. Er selbst scheint sich da auch nicht sicher zu sein, denn er wird in der deutschen Wochenzeitschrift DIE ZEIT so zitiert: »Doch vielleicht, so fragt sich Kröplin selbstkritisch, seien seine großformatigen Bilder aus dem Innenleben der Wassertropfen ja am Ende auch mehr Kunst als Wissenschaft?« [8]

Beweisen Kristalle ein Gedächtnis des Wassers?

Beiden Forschungsarbeiten, denen von Emoto wie auch von Kröplin, sind mindestens zwei Mängel gemeinsam:

Sie ignorieren die Qualitätsanforderungen, die in einem modernen Laboratorium üblich und notwendig sind.

Kein Labor in der Welt, das ernsthafte Untersuchungen durchführt und seriöse Messergebnisse produzieren will, kann heute ohne Qualitätssicherung bestehen. Dies besagt, dass ein Teil der Messkapazität darauf verwendet wird, die Genauigkeit und Richtigkeit von Untersuchungsergebnissen zu dokumentieren. Die weltweit gängigen Konzepte hierfür umfassen u. a. interne Checks wie Mehrfachmessungen gleicher Proben, Vergleich mit bekannten Referenzproben, externe Tests bei sogenannten Ringuntersuchungen und objektive Blindversuche. Die Erfahrung zeigt, dass nur solche qualitätsgeprüften Daten genügend Sicherheit bieten, um darauf eine zuverlässige Interpretation aufzubauen.

Emoto wie Kröplin wollen mit ihren Arbeiten eine besondere These beweisen: Die Existenz eines Gedächtnisses des Wassers, die von der übrigen naturwissenschaftlichen Welt bestritten wird. Wer solch eine Neuerung beweisen will, muss deshalb mit besonders guten Argumenten antreten. Dazu gehören als Grundlage qualitätsgesicherte, plausible Daten. Beide sind davon noch weit entfernt. Der Fall Benveniste (siehe Kapitel »Homöopathie – heilen mit nichts?«) hat die möglichen Konsequenzen gezeigt.

Ihre Fotografien von Kristallen gelten für Pseudowissenschaftlern bereits als wissenschaftliche Beweise.

Nach der in der Naturwissenschaft üblichen Praxis ist dies aber nicht akzeptabel. Zwischen den ersten Ergebnissen und letztendlich gesicherten Beweisen liegen viele Schritte der internen und externen Überprüfung. Erst wenn weitere Überlegungen und Experimente die Ergebnisse bestätigen, werden sie schließlich zu ernsthaften Beweisen. Wie schon im Kapitel »Naturwissenschaftliches Denken und Arbeiten« beschrieben, haben alle neuen naturwissenschaftlichen Ideen diesen Prozess durchlaufen müssen (darunter so berühmte wie die Relativitätstheorie). Dabei wurden viele letztendlich von der wissenschaftlichen Gemeinschaft bestätigt, eine erhebliche Zahl aber auch im Lauf der Jahrhunderte als unzutreffend verworfen. Dieser Prozess der umfassenden Überprüfung fehlt noch, bevor die Bilder gefrorener oder eingetrockneter Wassertropfen eventuell zu wissenschaftlichen Beweisen werden.

Niemand bestreitet Emotos gute Absicht, das Wohlergehen der Welt und der Menschen verbessern zu wollen. Ähnliche Ideen haben in der Weltgeschichte schon viele Personen vor ihm gehabt, von Religionsstiftern über Freiheitshelden, Philosophen bis hin zu Künstlern. Jean-Jacques Rousseau, Mahatma Gandhi oder Nelson Mandela haben sicherlich nicht darauf bestanden, ihre Ideen zur Weltverbesserung erst dann gelten zu lassen, wenn sie wissenschaftlich bewiesen waren. In gleicher Weise sind Emotos Vorstellungen zum Frieden in der Welt sicherlich anerkennenswert, aber warum bedürfen sie des Stempels »wissenschaftlich«? Die Faszination seiner Eiskristallfotos, die Poesie der Bildbeschreibungen und die Ideen der Weltverbesserung finden auch ohne diese Bestätigung die Anerkennung der weltweiten Anhängerschar.

Bei Kröplin und seinen Mitarbeitern liegt die Sache ähnlich. Auch seine Untersuchungen lassen die rigorose wissenschaftliche Prüfung ihrer Ergebnisse vermissen. Anders aber als der Arzt Emoto geht Kröplin mit seinen Ergebnissen vorsichtiger um im Gegensatz zu einigen Medien, die von Beweisen schreiben. Als Leiter eines Instituts der Universität Stuttgart ist er mit den Kriterien des naturwissenschaftlichen Denkens und Handelns vertraut. In dieser Eigenschaft achtet er bei wissenschaftlichen Aktivitäten sehr wohl auf Gründlichkeit und Präzision. Nicht umsonst hatte er 1999 den mit 750 000 Euro dotierten Körber-Preis für die Europäische Wissenschaft verliehen bekommen, und für die oben beschriebene Forschung an Wassertropfen eine staatliche Förderung von rund 300 000 Euro. Möglicherweise wird seine Untersuchung von Wassertropfen auf irgendeine Weise fortgesetzt. Damit könnte dann entschieden werden, inwieweit es sich um die weiterentwickelte Idee einer Künstlerin oder um gesicherte wissenschaftliche Beweise handelt.

Die Idee von einem Gedächtnis des Wassers wird also auch durch Kristalle nicht bewiesen, ob aus gefrorenen oder eingetrockneten Wasserproben. Sicherlich werden weiterhin Kristallbilder auftauchen, die dem Wasser ein Gedächtnis, ja sogar Gefühl und die Fähigkeit zur

Kommunikation mit Menschen zuschreiben. Wer auf wissenschaftlichen Arbeitskriterien besteht, muss konsequenterweise solch neue Ideen zunächst zur Kenntnis nehmen, auch wenn sie unglaubwürdig klingen. Erst die eingehende Prüfung wird zeigen, welche Zukunft die Ergebnisse haben werden: Siegerpodest oder Müllhalde. Aber das ist aus der langen Geschichte der Naturwissenschaften vielfach bekannt. In der Sache »Gedächtnis des Wassers« stehen die Chancen für einen überzeugenden Beweis allerdings nicht gut.

Anmerkungen

1 Emoto, M. (2002) Die Antwort des Wassers, KOHA-Verlag, Burgrain
2 Radin, D.I., Hayssen, G., Emoto, M., Kizu, T. (2006) Double-blind test of the effects of distant intention on water crystal formation. Explore, September/October 2/5
3 Emoto, M. (2002) aaO.
4 Emoto, M. (2006) Barcelona Seminar (part 7), 19 September
5 Braun, E., www.wasserkristall.ch/methode.html (23 Oktober 2007)
6 Kröplin, B. (Ed.) (2000) Projekt Apollo IV, Bericht 05-2000, Universität Stuttgart, ISBN 3-930683-70-9
7 Kröplin, B., Hein, M. (2003) Zur dynamischen Ordnung im Lebendigen. Reihe: Die andere Wissenschaft, Bericht 08-2003, Universität Stuttgart, ISBN 3-930683-67-9
8 Drösser, C., Schnabel, U. (2003) Kann Wasser denken? Forscher und Esoteriker wollen die Geheimnisse des Wassers ergründen. DIE ZEIT, Ausgabe 49

4
Zutaten für »besseres« Wasser

Wasser mit und ohne Salz

Salz aus dem Himalaja

Märchen spielen sich oft in exotischen, schwer zugänglichen Gegenden ab. Beginnen wir also mit einem modernen Märchen:

Es war einmal ein Mann, der hieß Peter Ferreira. Er war Biophysiker und Direktor des »Institute of Biophysical Research« in den USA und des gleichnamigen Instituts für biophysikalische Forschung in Deutschland. Irgendwann hatte er die Idee gehabt, dass Wasser und Salz die wichtigsten Lebensmittel für den Menschen seien. Also ging er auf Suche und fand im märchenhaften Himalaja besonders wertvolles Kristallsalz. Er untersuchte es mit seinen wissenschaftlichen Methoden. Dabei fand er in seinem Salz alle Elemente, aus denen der menschliche Körper besteht und die folglich jeder Mensch für seine Existenz braucht. Das Salz wurde für ihn nicht wie sonst mit großen, lauten Maschinen, sondern in Handarbeit gewonnen und weiterverarbeitet. Deshalb hatte das Salz auch einen besonderen Preis. Er empfahl den Menschen, dieses besondere Salz aus dem fernen Land zu kaufen, in Wasser aufzulösen und die Salzsole regelmäßig zu trinken. Er versprach damit eine Unterstützung bei der Heilung vieler Krankheiten, wie z. B. Hautkrankheiten, Allergien, Rheuma und Krebs. Dazu schrieb er ein Buch und verkaufte Salz und Buch mit großem Erfolg. Sein Autorenhonorar wollte er für ein Kinderhilfsprojekt in Pakistan, dem neuen Herkunftsland seines besonderen Salzes, einsetzen. Und wenn er sich nicht irgendwohin zurückgezogen hätte, wäre er noch heute in der Öffentlichkeit erreichbar.

Was ist Salz?

Wie in den meisten Märchen mischen sich auch hier Wahrheit und Legende. Was tatsächlich wahr und was weniger wahr ist, lässt sich

Wasser, das Wunderelement? 1. Auflage. Helge Bergmann
© 2011 WILEY-VCH Verlag GmbH & Co. KGaA, Weinheim

Abb. 57 Himalaja-Salz, Ur-Salz, naturbelassen: Was ist dran?

allerdings oft nur schwer feststellen. Dazu müssen wir als Erstes den Wirrwarr um den Begriff Salz klären. Darüber wird nämlich viel Verwirrendes geschrieben. Folgende Begriffe sollen hier für die nachfolgende Darstellung definiert werden:

- *Steinsalz* ist ein Salzmineral (mineralogisch Halit), das an vielen Stellen der Welt unterirdisch vorkommt, zum Teil in riesigen Salzlagerstätten. Es ist farblos klar bis weiß, kann aber durch natürliche Verunreinigungen unterschiedlich gefärbt sein. Sogenannte Salzlampen werden aus Steinsalzbrocken hergestellt.

- *Siedesalz* wird durch Eindampfen einer Salzlösung (Sole) gewonnen. Je nach Verwendungszweck wird es weiter verarbeitet.

- *Speisesalz (Kochsalz)* ist Salz, das aus unterirdischen Steinsalzlagern oder durch Verdunsten von Meerwasser oder Sole gewonnen wird und für die menschliche Ernährung geeignet ist. Es enthält häufig Zutaten wie Jod oder Rieselhilfen, die das Verklumpen verhindern.

- *Meersalz* ist Speisesalz, das aus Meerwasser gewonnen wird. Je nach Verarbeitung enthält es noch Begleitsalze des Meerwassers wie z. B. Kalium, Calcium, Magnesium und Sulfat.

- *Kristall-Salz, Himalaja-Salz, Hunza-Salz, Ur-Salz* sind Handelsnamen und Fantasiebezeichnungen für Produkte, die alle aus Steinsalz gewonnen werden (Abb. 57).

- *Kristallsalz* kann jede hier erwähnte Salzart genannt werden, da alle grob- bis feinkristallin sind. Die Handelsbezeichnung Kristall-Salz ist eine Erfindung Ferreiras, die der Vermarktung dient.

- Der geografische Herkunftsbereich »*Himalaja*« und »*Hunza*« dürfte kaum zutreffen, da es in diesen Gebieten keinen nennenswerten Abbau von Steinsalz gibt. Ein Teil dieser Produkte scheint aus einer bergigen Region im Norden Pakistans mit dem unspektakulären Namen Salt Range zu kommen (Abb. 58). Sie liegt einige hundert Kilometer vom Himalaja entfernt. Das Hunza-Tal liegt nördlich davon im Karakorum-Gebirge, das seinerseits vom Himalaja durch den Fluss Indus getrennt ist.

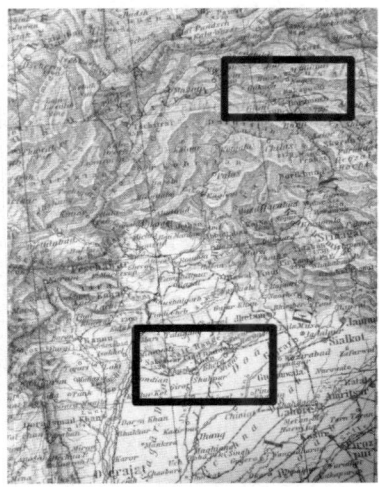

Abb. 58 Die geografische Herkunft des Himalaja-Salzes ist häufig das Salt-Range-Gebirge im Norden Pakistans (unterer Rahmen). Das Hunza-Tal (oberer Rahmen) und der Himalaja (am rechten Rand) sind geografisch davon getrennte Bereiche.

- Mit *Ur-Salz* ist wohl die Herkunft aus einem Urmeer gemeint, aus dem das Steinsalz vor vielen Millionen Jahren durch Verdunsten entstand. Diese Meere gab es aber nicht nur im heutigen Pakistan, sondern auch in vielen anderen Regionen der Erde. Es stellt also kein besonderes Merkmal dar, schon gar nicht eine besondere Qualität.

- *Natriumchlorid* (NaCl) ist die chemische Bezeichnung für den wesentlichen Bestandteil aller oben genannten Salzarten. Es verursacht den salzigen Geschmack.

- Das Wort *Salz* schließlich hat zwei Bedeutungen: Zum einen ist es die umgangssprachliche Kurzform für Speise- und Kochsalz. Zum anderen bezeichnet man damit in der Chemie nach dem Vorbild des Natriumchlorids Substanzen, die kristallin vorliegen und aus positiv und negativ geladenen Teilchen (Ionen) aufgebaut sind. Ein salziger Geschmack ist dafür keine Voraussetzung.

Das besondere Kristall-Salz

Lassen wir nun den Helden des Märchens, Herrn Ferreira, zu Wort kommen. Die wesentlichen Informationen finden sich in Vorträgen, zwei langen »Offenen Briefen« sowie dem Buch »Wasser & Salz«, das die Ärztin Barbara Hendel mit ihm geschrieben hat. [1, 2, 3] Ihre Vorstellungen lassen sich in wenigen Sätzen zusammenfassen:

- Sie empfehlen bei einer langen Reihe verschiedenster Krankheiten, zur Besserung regelmäßig eine verdünnte Lösung aus Salz zu trinken.

- Dazu darf aber nicht Kochsalz oder Meersalz, sondern nur natürliches Steinsalz verwendet werden.

- Aber nicht jedes beliebige Steinsalz hat eine heilende Wirkung, sondern nur das von Ferreira im Himalaja gefundene, besondere Kristall-Salz.

- Dieses, und nur dieses, besondere Kristall-Salz hat besondere heilende Eigenschaften, die Ferreira nach seinen Angaben alle wissenschaftlich untersucht und zertifiziert haben will. Dazu zählen z. B. Frequenzmuster, Neutralkraft oder spagyrische Kristallbildung, alles Begriffe, die naturwissenschaftlich nicht anerkannt oder nicht nachweisbar sind.

- Dabei ist für Ferreira und Händel nicht das Salz an sich das Wichtigste, sondern es fungiert als Träger und Übermittler von Energie, die eine Krankheit heilen soll. Ihr Credo im Buch: »Es gibt nur eine Krankheit, nämlich das Defizit an Energie«.

Die Anwendung von Salz bei der Linderung von Krankheiten ist nicht neu. Schon vor zwei Jahrtausenden nutzten die alten Römer in ihrem Imperium zahlreiche Heilquellen. Diese enthielten aber neben dem Salz (Natriumchlorid) immer auch andere Mineralsalze, vorwiegend aus Kalzium, Magnesium, Carbonaten und Sulfaten. Das Trinken solcher Mineralwässer hat also eine lange Tradition. Sie wird in der Balneologie, der Lehre von den Heilquellen und ihrer Nutzung, systematisch fortgeführt. Warum sich Ferreira auf den Anteil Natriumchlorid festgelegt hat, ist wohl in dessen besonderen Eigenschaften zu begründen, die er mit seinen Mitteln erforscht hat.

Wenn man als Naturwissenschaftler die Veröffentlichungen Ferreiras liest oder einen seiner Vorträge anschaut, ist man am Ende zunächst verunsichert. Als erste Eigentümlichkeit fallen seine Wortspiele auf. Er hat z. B. nachgedacht, wie der Kristall zu seinem Namen gekommen ist: Von Christus. Dieses Wort leitet sich aus dem Altgriechischen ab und bedeutet Gesalbter. Das ist in Ordnung, aber weiter: »Wer gesalbt war, der war in die metaphysischen Gesetzmäßigkeiten des Kosmos eingeweiht. Sinn des Lebens ist es, unser Bewusstsein zu erweitern, wieder All-Bewusstsein zu erlangen, den Krist-All ... Werden Sie zum Krist-All.« Das Lexikon gibt hingegen die Auskunft, dass Kristall (im Altgriechischen) »Eis, Bergkristall« bedeutet. Auch andere Wörter deutet Ferreira in einer Weise, die seine Sicht der ganzheitlichen Welt zeigen soll. Solche unzutreffenden Wortspielereien kann man jedoch ignorieren, da sie keine große Rolle spielen.

Erste Zweifel kommen bei der Herkunft des »Kristall-Salzes« auf. Einmal stammt es aus dem Himalaja, dann wieder (unter dem Namen Hunza-Salz) aus dem Karakorum-Massiv. Wie wir bereits auf der Landkarte gesehen haben, handelt es sich aber um getrennte Regionen und in beiden ist ein Abbau von Salz nicht bekannt. In einer weiteren Version kommt es aus dem Norden Pakistans. Woher stammt es tatsächlich?

Gravierender sind andere Fragen. Er erwähnt häufig seine wissenschaftlichen Untersuchungen. Es darf daher erwartet werden, dass er seine Methoden wie auch seine Ergebnisse irgendwo bekannt gibt. (Wie schon mehrfach erwähnt, ist dies ein notwendiger Bestandteil des wissenschaftlichen Handelns.) In seinem Buch werden zwar einige Untersuchungen aufgeführt, aber keine im naturwissenschaftlichen Sinn überprüfbare Angaben gemacht. Die Mitautorin des

Buches, Barbara Hendel, müsste diese Untersuchungen eigentlich kennen. Eine Anfrage dazu bei ihr blieb jedoch unbeantwortet.

In dem Buch wird konkret eine wissenschaftliche Doppelblindstudie erwähnt, die 2003 an der Inter-Universität Graz durchgeführt wurde, ein hoher Qualitätsanspruch. In ihr wurde angeblich »die positive Wirkungsweise von Himalaja-Kristallsalz biophysikalisch wie medizinisch nachgewiesen«. Auch hier war eine mehrfache Nachfrage nach einem Untersuchungsbericht erfolglos. Von der Universität wurde schließlich nur mitgeteilt, dass »die Studie damals als nicht zur Veröffentlichung geplante Diplomarbeit erstellt wurde« (persönliche Mitteilung). Bis zum Beweis des Gegenteils kann man also davon ausgehen, dass die von Ferreira angegebenen »wissenschaftlichen Untersuchungen« nicht existieren oder aber aus naturwissenschaftlicher Sicht nichts taugen.

Kommen wir nun zu einigen Textbeispielen aus dem Buch »Wasser & Salz«:

1. »Wasser nimmt bei seinem Lauf durch die Erde alle elektromagnetischen Schwingungen unseres Planeten auf.«

2. »Reifes, frisches Quellwasser ist dank seiner kristallinen Struktur frei von Keimen.«

3. »Salz und Wasser sind die Bausteine allen Lebens ... Aus Sole und Sonnenlicht lassen sich alle komplizierten Molekülverbindungen – auch Vitamine und Eiweißbausteine – aufbauen.«

4. »Kristallsalz kristallisierte in den Bereichen, wo durch entsprechenden Druck kristalline Strukturen entstehen konnten.«

5. »Trinken Sie viel lebendiges Quellwasser, und geben Sie Ihrem Körper mit dem Salz das Frequenzmuster, das ihm fehlt, um Energie und Struktur wieder zu erlangen.«

6. »... Da in diesem Falle Energie als Information mit Intelligenz gleichzusetzen ist, kommen wir unweigerlich zu dem Schluss, dass jedes Atom um ein Vielfaches intelligenter ist als die daraus zusammengesetzte Materie. ... Die Skala zeigt, dass Wasser als Molekül über eine viel höhere Intelligenz als der Mensch verfügt.«

Die Liste solcher zweifelhafter Aussagen ließe sich beliebig fortsetzen. In einem naturwissenschaftlichen Examen würden sie jeden Kandidaten durchfallen lassen.

Kurze Anmerkungen zu diesen ausgewählten Behauptungen Ferreiras

Um die Fehler in den Aussagen auch für Nicht-Wissenschaftler deutlich zu machen, sind hier kurze Notizen angefügt (in der Reihenfolge der zitierten Textbeispiele):

1. Falsch. Diese Behauptung wurde nie bewiesen. Außerdem: Wie soll das bei den riesigen Ausmaßen und der Vielfalt von Wasser und Erde vor sich gehen?

2. Falsch. Flüssiges Wasser hat wie die meisten Flüssigkeiten keine kristalline Struktur.

3. Falsch. Alle biologischen Moleküle wie Vitamine und Eiweiß haben ein Grundgerüst aus Kohlenstoff als wichtigstem Element. Salz, Wasser und Sonne können nur wichtige Faktoren bei ihrem Aufbau sein.

4. Falsch. Steinsalz bildete sich beim Auskristallisieren durch Verdunstung oder aus gesättigten Lösungen. Der Druck kam erst später durch geologische Veränderungen hinzu.

5. Falsch. Frequenzmuster, Energie und Struktur klingen wissenschaftlich, sind hier aber nur im esoterischen (nicht beweisbaren) Sinn verwendet.

6. Falsch. Die Gleichsetzung von Information mit Intelligenz ist unsinnig. Eine beschriebene DVD ist nicht intelligenter als eine leere. Die abgeleitete Schlussfolgerung zur Intelligenz von Molekül und Mensch ist unsinnig.

Nehmen wir ein weiteres Beispiel genauer unter die Lupe. Unter der Überschrift »Die heilende Kraft von Salz« formulieren Hendel und Ferreira in ihrem Buch diese Thesen:

»Die heilsame Wirkung des Salzes basiert auf seinem spezifischen Schwingungsmuster, mit dem Energiedefizite des Körpers ausgeglichen werden können. Die Neutralkraft des Salzes kann krank machende, elektromagnetische Schwingungen in unserem Umfeld ausgleichen. Auch die Schulmedizin kennt die heilende Wirkung des Salzes und setzt es besonders bei Atemwegsbeschwerden und Hauterkrankungen ein.«

An diesem Textbeispiel ist zu ersehen, wie Ferreira seine »Wissenschaft« vermarktet. Die ersten beiden Thesen klingen irgendwie naturwissenschaftlich begründet (Schwingungsmuster, Neutralkraft, elektromagnetische Schwingungen), für den Laien daher akzeptabel. Solche Begriffe sind teilweise in der Naturwissenschaft definiert, werden aber von Ferreira in einem anderen Sinn verwendet, den er selbst nirgendwo plausibel definiert hat. Was genau ist für ihn z. B. ein Schwingungsmuster? Die Ausdrucksweise soll wissenschaftlich klingen, ist aber nur pseudowissenschaftliche Formulierung ohne Inhalt. Dies wird dann getarnt durch die dritte These »Auch die Schulmedizin ...«. Diese dritte These über die heilende Wirkung von Salz bei Atemweg- und Hautkrankheiten wird in der Medizin allgemein als richtig angesehen. Das »Auch« lässt nun den Leser zu dem Schluss kommen, dass die ersten beiden Thesen »auch« stimmen.

Solch eine Vermischung aus Naturwissenschaft, Pseudowissenschaft und Esoterik verwendet Ferreira häufig. Worthülsen aus der Wissenschaft, die für den Laien gut klingen, werden in den Texten Ferreiras zahlreich verwendet. Mit ihnen wird aber oft nur eine unwissenschaftliche Behauptung kaschiert. Für Nicht-Naturwissenschaftler ist dies schwer zu erkennen. Die Textbeispiele lassen vermuten, dass Ferreira seine naturwissenschaftliche Laufbahn in einem frühen Stadium abgebrochen hat, denn mit solchen Kenntnissen hätte er keine Prüfung bestanden. In seinem Fall haben die selbst verliehenen Titel »Biophysiker« und »Direktor eines Forschungsinstituts« nur einen guten Klang, sind aber kein Zeichen für eine wissenschaftliche Qualifikation.

Dieser Standpunkt gilt bei Ferreira als der eines orthodoxen Wissenschaftlers, der Scheuklappen hat und keine Fantasie. Dem ist zu entgegnen, dass Wissenschaftler im Grundsatz jeder werden kann, der Wissen schafft, auch ohne Studium und akademischem Titel. Wichtig sind die Spielregeln, die im Kapitel »Naturwissenschaftliches Denken und Arbeiten« eingehend dargestellt wurden. Sie gelten für alle, auch für Ferreira. In seinem offenen Brief von 2003 schreibt Ferreira dagegen von »wahrer Wissenschaft« und zählt seine Art der Biophysik und die Physik der Geomantie dazu. Er fährt fort:

> »Diese Denkweise kann durch das Bewusstsein vieler rein chemisch orientierter Wissenschaftler nicht nachvollzogen werden, und wird deshalb gerne aus Unkenntnis als nicht nachvollziehbarer ›Unsinn‹ oder als Grenz- bzw. Geheimwissenschaft abgetan. Nun kann ich dem nur entgegnen, dass eben auch eine ›Geheimwissenschaft‹ eine Wissenschaft darstellt, und eben deshalb für viele als solche bezeichnet wird, weil die Zusammenhänge vom Bewusstsein einfach noch nicht nachvollzogen werden können und deshalb ein ›Geheimnis‹ bleibt.«

Damit, dass er alle Kritiker in die Ecke der Unwissenden verbannt, löst er aber nicht seine eigenen Probleme: Warum hat er als »wahrer

Wissenschaftler« seine angeblichen Forschungsergebnisse nicht detailliert vorgestellt und überprüfen lassen? Diese Verweigerung macht sein Gedankengebäude unglaubwürdig. Warum sind weder sein Institut noch sein Labor zu finden? [4] Selbst über seine Mitautorin des Buches »Wasser & Salz«, Barbara Hendel, wird in einem Magazinbericht so geschrieben: »An der Einschätzung, dass es sich um Scheinlabors handle, ist etwas dran, gesteht Hendel ein, auch wenn sie eigentlich nichts dazu sagen will.« [5] Wie ist seine Selbsternennung zum Wissenschaftler, Biophysiker und Institutsdirektor zu sehen: als Selbstüberschätzung, Scharlatanerie oder gar Kurpfuscherei?

Es soll nochmals klar gesagt werden: Hier soll kein Zweifel an der medizinischen Wirkung von Mineralsalzen und -solen angemeldet werden. Die moderne Balneologie setzt sie heute vorwiegend bei Hautkrankheiten, Gelenkbeschwerden, Rheuma oder Asthma ein. Bei Ferreira geht es darum, dass er mit zweifelhaften Mitteln Eigenschaften und Wirkung »seines Kristall-Salzes« (eine Art reines Steinsalz) anpreist und dass es zudem besser helfen soll als ähnliches Salz seiner Konkurrenten. Wer Dinge behauptet und Wirkungen verspricht, ist in der Pflicht dies auch zu beweisen. Schließlich wird auf dem Markt das angeblich besondere Salz teuer bezahlt.

Für einen Käufer des Salzes mag die Darstellung Ferreiras eine Übertreibung sein, für Juristen möglicherweise aber mehr. Einen Hinweis darauf könnte man in einer Notiz der Stiftung Warentest sehen. In ihr werden die Begriffe »irreführend« und »vorgetäuscht« im Zusammenhang mit Teilen von Ferreiras Behauptungen verwendet. [6]

Das sind und bleiben seine Probleme. Es ist möglich, dass Ferreira dies inzwischen selbst eingesehen hat, denn er ist aus der Öffentlichkeit verschwunden. Weder eine Kontaktadresse noch seine Laboradresse sind zu finden. Die frühere Webseite »www.salzdeslebens.de« war im Jahr 2011 leer, lediglich mit dem Vermerk versehen: »Sie können die Domain salzdeslebens.de kaufen!« In unserem Medienzeitalter sind dies starke Indizien dafür, dass jemand in seinem Leben eine Brücke hinter sich abgebrochen hat. Das Salz-Märchen ist zu Ende, die Fragen an Peter Ferreira und alle anderen Verkäufer des teuren Salzes bleiben.

Das Kontrastprogramm: Destilliertes Wasser

Das Kapitel begann mit einem Märchen. Es gibt aber immer wieder Menschen, die so ein Märchen zerstören. In diesem Fall ist dies Norman Walker, der genau das Gegenteil von dem behauptet, womit Ferreira wirbt und Geld verdient. In dem Buch »Wasser und Ihre Gesundheit« beschreibt er seine Ideen. [7] Auf der Rückseite der englischen Ausgabe wird der Leser gleich zu Beginn alarmiert:

> »Dieses Buch wird Ihnen zeigen, wie Sie sich und Ihre Familie schützen gegen tödliche Bakterien, Viren, Chemikalien, Parasiten und sogar Cryptosporidium, die in über 43 % aller öffentlicher Wasserversorgungen vorhanden sind.«

Im Buch selbst beschreibt er seine Ideen, z. B.: Unter natürlichem Wasser versteht er »jedes Wasser, das von Quellen, Brunnen, Flüssen und Seen wie auch aus dem Wasserhahn kommt«. Über die darin gelösten Mineralien schreibt er: »Die Mineralien in natürlichem Wasser sind grob und leblos ... Die Zellen weisen sie daher zurück. Im Lauf der Zeit führt diese Zurückweisung zu einer überraschenden Ansammlung von abgelagerten Mineralien in unserem Körper ... Wasser, das nichts als Wasserstoff und Sauerstoff enthält, ist reines Wasser, und das ist die einzige Art Wasser, die das Blut und die Lymphe in ihrer Arbeit verwenden können.«

Er empfiehlt daher, nur noch destilliertes Wasser zu trinken: »Destilliertes Wasser hat die eigentümliche Eigenschaft, wie ein Magnet zu wirken. Es kann diese abgewiesenen und abgelagerten Mineralien aufnehmen und zu den Nieren zur Entfernung aus dem System transportieren.«

Walker war in der ersten Hälfte des 20. Jahrhunderts ein erfolgreicher Verfechter des Verzehrs natürlicher Nahrungsmittel, vor allem von Rohkost und frischen Säften. Seine Vorschläge sind längst in weiten Kreisen akzeptiert. Sie haben sogar Einzug in nicht-vegetarische Haushalte gefunden, die auf gesunde Ernährung achten. Zum Thema »Trinken von destilliertem Wasser« allerdings gibt es einige kritische Anmerkungen:

- Walker wirbt dafür, nur rohe, also natürliche Lebensmittel zu verzehren. Wie passt es aber zusammen, wenn er zugleich das Trinken von destilliertem Wasser empfiehlt? Diese Form, die in der

Natur nur als Regen oder Tau vorkommt, ist aber kaum als natürliches Lebensmittel zu betrachten. Jede noch so reine Quelle, aber auch das Meerwasser enthalten geologisch bedingt Mineralien. Das Leben auf der Erde entstand im Meer, die Lebewesen haben seither von und mit dem Wasser gelebt, das sie vorfanden, ob im Meer oder an Land. Meerwasser und Quellwasser müssen daher ebenfalls als natürlich betrachtet werden. Hier widerspricht Walker seinen eigenen Forderungen.

- Die Behauptung, dass anorganische Mineralien aus dem Trinkwasser vom Körper nicht aufgenommen werden, wird nicht nur von Walker vertreten. Keine dieser Personen aber hat diese These jemals stichhaltig bewiesen. Das Gegenteil aber ist leicht zu zeigen: Der Verzehr stark salzhaltiger Speisen macht durstig, weil das zugefügte anorganische Kochsalz – entgegen der Behauptung Walkers – vom Körper doch aufgenommen wird. Empfehlung, Verkauf und Trinken von destilliertem Wasser als heilsamem Getränk erfolgen also ohne stichhaltige Begründung.

- Es ist zu berücksichtigen, dass der Vorschlag Walkers aus einer Zeit stammt, in der in vielen Regionen das öffentliche Trinkwasser kaum überwacht war. Aufbereitung und Qualität von Trinkwasser sind heute jedoch bedeutend besser als noch vor hundert Jahren. Katastrophengebiete, wie sie zahlreich in der ganzen Welt existieren, hatte Walker sicherlich nicht im Auge.

- Schließlich wurde in den letzten Jahrzehnten viel über die Rolle der Mineralien in unserem Körper geforscht. Destilliertes Trinkwasser wird inzwischen von keinem seriösen Wissenschaftler oder Arzt mehr als reguläres Lebensmittel empfohlen.

Salzig oder destilliert?

Vergleicht man die Darstellungen von Peter Ferreira und Norman Walker, steht man als neutraler Beobachter vor der Frage: Was ist denn nun richtig: salziges oder destilliertes Wasser trinken? Beides soll der Gesundheit dienen, der Gegensatz zwischen den Empfehlungen könnte aber nicht größer sein. Interessant wäre eine imaginäre Diskussion zwischen den beiden Protagonisten. Sie müssten dem jeweils anderen erklären, worauf sie ihre Behauptung gründen und ihre Beweise auf den Tisch legen. In der Wissenschaft wäre das einfach: Man könnte Untersuchungsmethoden, Ergebnisse und Wirkungen vergleichen. Da beide Personen aber ohne Beweise dastehen und nur auf eine Idee fixiert waren, wäre das imaginäre Ergebnis vorprogrammiert: Es würde zu keiner Übereinstimmung kommen.

Da Walker bereits gestorben und Ferreira mit unbekanntem Ziel verreist ist, bleibt unsere Frage »salzig oder destilliert?« unbeantwortet. Jeder Interessierte ist also gezwungen, sich selbst ein Bild zu machen und danach zu leben. Im Konfliktfall gibt es immer noch die Möglichkeit, das ganz normale Trinkwasser zu konsumieren.

Anmerkungen

1 Ferreira, P. Offener Leserbrief, 31 Dezember 2001

2 Ferreira, P. Neuer Leserbrief, 12 August 2003, www.reine-natur.at/index.php?section=weiterer (25 Dezember 2009)

3 Hendel, B., Ferreira, P. (2004) Wasser & Salz – Urquell des Lebens. INA Verlags AG, Baar

4 Kamphuis, A. (2002) Himalaja-Salz. Skeptiker 15, 14-17

5 Kunz, M. (2002) Weißes Gold des Himalaja. FOCUS Magazin, 11.03 2002

6 Stiftung Warentest (2002) Himalaya-Salz: Glaubensfragen. Test H. 10

7 Walker, N. W. (1995) Water can undermine your health, Norwalk Press, Summertown

Hunza-Wasser für ein langes Leben?

Noch ein Märchen

Die weit entfernte Gebirgswelt des Himalaja und des Karakorum scheint für die Entstehung sagenhafter Geschichten besonders gut geeignet zu sein. Deshalb soll hier noch ein modernes Märchen aus dem schon bekannten Hunzatal erzählt werden:

Henri Coanda, im letzten Jahrhundert ein erfolgreicher Pionier der Luftfahrt aus Rumänien, machte sich bereits in jungen Jahren Gedanken darüber, wie man es schafft, alt zu werden. Er forschte Jahrzehnte in der ganzen Welt nach, wo Menschen ein hohes Alter erreichen, und er fand fünf Regionen, darunter das Hunzatal im Karakorum westlich des Himalaja. Dort soll ein Lebensalter von 120–140 Jahren üblich und Krankheit unbekannt sein, hundertjährige Männer würden noch Nachwuchs zeugen. Die Bewohner des Tales kannten anscheinend ihre Geburtsdaten ganz genau.

Die Langlebigkeit, davon war Coanda überzeugt, lag am Gletscherwasser, das die Hunza tranken. Im Alter von 78 Jahren gab er seine Aufzeichnungen an den jungen, vielversprechenden Erfinder Patrick Flanagan weiter mit dem Auftrag: »Finde Du das Geheimnis des Hunzawasser heraus.«

Flanagan, ein wissenschaftlicher Tausendsassa, nahm diese Aufgabe an. Er fand mit irgendwelchen Methoden heraus, dass das Hunzawasser Hydride enthielt, also negativ geladene Wasserstoffionen. Sie sollen für das lange Leben und die Gesundheit der Hunza verantwortlich sein. Danach entwickelte er im Labor Substanzen, die ebenfalls diese Hydride enthielten: Das gesuchte Lebenselixier war geschaffen. Alle Leute können es nun kaufen und einnehmen, und wenn sie nicht gestorben sind, dann leben sie noch heute – und theoretisch ewig.

Wasser, das Wunderelement? 1. Auflage. Helge Bergmann
© 2011 WILEY-VCH Verlag GmbH & Co. KGaA, Weinheim

Gesundheit und ein langes Leben

Die Geschichte spielt auf einen uralten Traum der Menschen an: ein langes, vielleicht sogar ewiges Leben bei bester Gesundheit zu führen. Ärzte, aber auch Schriftsteller, Alchemisten, Philosophien und Religionen haben sich damit befasst, seit die Menschen in der Lage sind, sich darüber Gedanken zu machen. Wo Träume sind, gibt es auch Leute, die bereit sind, für deren Erfüllung zu bezahlen. Hier nähert man sich rasch dem Bereich der Heiler, Scharlatane und Quacksalber. Vermutlich in allen Kulturen wurden Mixturen entwickelt, die ein langes Leben versprachen. Das bisherige Ergebnis dieses jahrtausendealten Experimentes ist eindeutig: Es gibt kein sicheres Mittel.

Die Medizin und die Naturwissenschaften haben es allerdings gemeinsam geschafft, die Lebenserwartung der Menschen erheblich zu erhöhen. So stieg in Deutschland die mittlere Lebenserwartung in den letzten 100 Jahren um über 30 Jahre. Möglich war dies durch mehrere Faktoren, z. B. die Fortschritte in der medizinischen Versorgung, allgemein verbesserte Hygiene sowie bessere Versorgung mit Nahrung. Darüber hinaus hat die medizinische Wissenschaft Einiges darüber herausgefunden, warum der Mensch altert, genauer, warum seine Körperzellen und Organe altern. Die Ursache liegt in biochemischen Prozessen in den Zellen, bei denen sogenannte freie Radikale entstehen. Diese Moleküle werden heute als Gift für die Körperzellen betrachtet. Sie sollen dafür verantwortlich sein, dass im Lauf des Lebens die Zellen krank werden und ihre Funktionsfähigkeit verlieren.

Aufgrund dieser Erkenntnisse versuchte man, die Radikale durch Nahrungszusätze unschädlich zu machen. Als Gegenmittel wurden Radikalfänger, sogenannte Antioxidantien gefunden. Die Liste solcher Stoffe ist inzwischen recht lang geworden, darunter Vitamin C und E, grüner Tee, roter Wein, Selen und die Hydride, die Flanagan ab 1980 entwickelt hat. Er ist also nicht der Einzige auf der Suche nach solchen Wundermitteln. Im Gegenteil, der Wunsch nach Gesundheit und einer Verlängerung des Lebens hat dazu geführt, dass der Verkauf von Antioxidantien heute ein riesiger, Milliarden Euro umfassender Markt geworden ist.

Radikale, Antioxidantien, Hydride

Wer es nicht gewöhnt ist in Lehrbüchern der Chemie und der Biochemie zu stöbern, wird mit diesen Begriffen nur wenig anfangen können. Deshalb gibt es hier kurze Erläuterungen dazu: *Radikale*: Als Radikale bezeichnet man in der Chemie Atome, Moleküle oder Ionen, die ein »einsames« Elektron besitzen. Dieses Elektron ist instabil und daher auf der Suche nach einem Partnerelektron. Es ist sehr reaktionsfreudig und geht leicht und schnell eine chemische Bindung mit anderen Teilchen ein.
Eine bekannte Reaktion von Radikalen ist z. B. die Explosion von Knallgas, einem Gemisch aus Wasserstoff und Sauerstoff. In biochemischen Vorgängen sind Radikale fast überall beteiligt. Sie sind die Ursache für das Ranzigwerden (Oxidation) ungesättigter Fette, im Körper aber auch für die Entstehung von Krebs, die Veränderung von Genen oder für Strahlenschäden. Die biochemischen Radikale in den menschlichen Zellen werden für die Alterung unseres Körpers verantwortlich gemacht.

Antioxidantien sind Stoffe, die den chemischen Prozess der Oxidation hemmen können. Bei der Oxidation entstehen biochemisch häufig Radikale, die im Körper schädlich wirken können. Stoffe, die diese Radikale unschädlich machen, werden Radikalfänger oder Antioxidantien genannt.
Hydride: Darunter versteht man zunächst allgemein Verbindungen des Wasserstoffs mit anderen Atomen. Eine spezielle, hier auch von Flanagan verwendete Bedeutung bezieht sich auf das negativ geladene Wasserstoff-Ion, das Hydrid-Ion H^-. Es entsteht dadurch, dass ein neutrales Wasserstoffatom H ein negativ geladenes Elektron aufnimmt:

$$H\bullet + e^- \leftrightarrows H^- .$$

Dieses Ion gibt das überschüssige Elektron wieder leicht ab und wirkt daher als starkes Reduktionsmittel. Das abgegebene Elektron kann z. B. freie Radikale in unschädliche Moleküle verwandeln, es wirkt dann als Radikalfänger oder Antioxidans.

Hydride und ein langes Leben

Wie schon bei dem Salzverkäufer Ferreira sind auch bei Flanagans Hydriden Fiktion und naturwissenschaftliche Tatsachen nur schwierig auseinander zu halten. Nehmen wir einige Auszüge aus den zahlreichen Internetseiten über Flanagans Erfindung unter die Lupe: [1, 2, 3, 4]

- Sein wissenschaftlicher Kollege Henri Coanda erarbeitete eine Formel, mit deren Hilfe er mit großer Genauigkeit die durchschnittliche Lebenserwartung von Menschen anhand des von ihnen verwendeten Wassers vorhersagen konnte. Außerdem hat Coanda seine Aufzeichnungen über die Forschung zur Langlebigkeit der Menschen an Flanagan weitergegeben. Wer allerdings nach diesen Aufzeichnungen sucht oder die Formel für seine eigene Lebenserwartung anwenden will, wird nicht fündig. Selbst eine direkte Anfrage bei Flanagan blieb ohne Antwort. Die Unterlagen Coandas zum Thema »Langlebigkeit der Hunza« und seine Formel sind nirgendwo zu finden. Es könnte sich also genauso gut um einen PR-Gag handeln, mit dem sagenumwobenen Hunzatal als Aufhänger.

- Flanagan fand im Wasser des Hunzatals, das im Wesentlichen von den dortigen Gletschern stammt, negativ geladene Wasserstoffionen (Hydride). In gewöhnlichem Wasser kommen sie nicht vor, aber sie wurden angeblich auch im Wasser des heiligen Ganges und in der Quelle des Wallfahrtsortes Lourdes gefunden, beide für ihre religiöse Bedeutung berühmt. Wiederum ist die Suche nach solchen Untersuchungen, den angewandten Analysenmethoden und den gefundenen Hydridkonzentrationen vergeblich. Eine Anfrage bei Flanagan, unter Wissenschaftlern üblich und meist mit einigen Kopien erledigt, ergab wiederum keine Antwort. Die Existenz der Daten und damit die Existenz der Hydrid-Ionen im Wasser ist daher fraglich.

- Flanagan will Hydrid-Ionen nicht nur in natürlichen Gewässern, sondern auch in frischem Obst und Gemüse und in den Gewebeflüssigkeiten (Blut, Urin, Speichel) gesunder Menschen nachgewiesen haben. Die Suche nach den Ergebnissen endet wie beim Wasser: keine Veröffentlichungen, keine Antwort, damit kein nachprüfbarer Nachweis.

- Nach Meinung Flanagans muss Trinkwasser »nass« gemacht werden, damit es vom Körper aufgenommen werden kann. Dazu muss die Oberflächenspannung des Trinkwassers erniedrigt werden. »Man könnte Tonnen von gewöhnlichem Wasser trinken, aber wenn man die Mikronährstoffe nicht in seinem Körper hätte, die es zu biologischem Wasser umwandeln, könnte man auf Zellebene austrocknen.« Seine Hydridpräparate sollen diese Umwandlung erledigen können. [5]

Diese Behauptung darf wohl als Unsinn angesehen werden. Wenn der Körper des Menschen diese Veränderung des Wassers wirklich benötigte, hätte er längst einen Mechanismus dafür entwickelt. Wie sonst sollen seit Urzeiten Milliarden Menschen ohne Flanagans Hydride überlebt haben?

- »Das Hinzufügen des Kristallenergie-Konzentrats zu gewöhnlichem Wasser strukturiert das Wasser völlig um. Die ursprünglichen großen, trägen Wassercluster werden in winzig kleine aktivere biologische Cluster zerlegt.« im Kapitel »Naturwissenschaftliche Betrachtung des Wassers« waren wir bereits auf diese Cluster (Gruppen) gestoßen, die die Wassermoleküle bilden. Das Ergebnis war dort: Es gibt keinen gesicherten Nachweis, wie sich die Größe der Wassercluster durch bestimmte Zusatzstoffe verändern lässt. Dafür ist der Wechsel der Brückenbindung zwischen den Wasserstoffatomen viel zu schnell. Dementsprechend sucht man auch vergeblich nach Flanagans Untersuchungen zu der angeblich veränderten Clustergröße. Damit entfällt aber auch die behauptete bessere biologische Aktivität.

- Eine weitere Frage ergibt sich aus Flanagans neuester Webseite (Phi Sciences). Dort beschreibt er seine »Vision, … die Qualität des menschlichen Lebens durch natürliche Mittel zu verbessern«. Andererseits berichtet er, dass seine Präparate in einem aufwendigen, vielstufigen Prozess synthetisch hergestellt werden. Ob diese Antioxidantien noch zu den natürlichen Mitteln zählen, darf daher bezweifelt werden.

- Eine grundlegende Frage bleibt neben all den bereits genannten Fragen noch zu klären: Es ist Standardwissen in der Chemie, dass Wasser immer zu einem ganz kleinen Teil in zwei Bestandteile zerfällt (dissoziiert):

$$H_2O \leftrightarrows H^+ + OH^-$$

Weiterhin ist in den Lehrbüchern der Chemie zu lesen, dass positive und negative Wasserstoffionen im Wasser sehr rasch miteinander reagieren und molekularen Wasserstoff bilden. Als Reaktionsformel dargestellt:

$$H^+ + H^- \rightarrow H_2.$$

Gibt man also ein Hydrid H^- zu Wasser, vereinigen sich die beiden Wasserstoffionen sehr rasch nach dieser Gleichung. Die Hydrid-Ionen, die man mit den Präparaten Flanagans aufnimmt, haben danach gar keine Chance, über den Mund und den Verdauungstrakt bis in die Körperzellen zu gelangen, wo sie erst wirken sollen. Sie werden schon am Anfang ihres Weges dorthin abgefangen und gebunden. Die Frage ist also: Wie kommen die Hydrid-Ionen trotzdem unbeschadet bis in die Körperzellen? Schaffen sie es überhaupt dorthin? Eine Anfrage an Flanagan zu diesem chemischen Problem blieb ebenfalls unbeantwortet.

Es gibt noch weitere offene Fragen zu den Hydridpräparaten Flanagans. Sie sind aber fachlich so diffizil, dass auf ihre Darlegung hier verzichtet wird. Die Suche nach öffentlich verfügbaren Informationsquellen bleibt aber auch hier häufig unbefriedigend bis ergebnislos. Wären die Untersuchungen und ihre Ergebnisse bekannt, könnte man sie sicherlich irgendwo auf der Liste der Veröffentlichungen Flanagans lesen. Bis zu ihrer Vorlage muss man also davon ausgehen, dass es diese Untersuchungsergebnisse nicht gibt oder sie nicht die erforderlichen Beweise liefern. Eine breite Zustimmung von naturwissenschaftlicher Seite zu den Behauptungen und den Hydridpräparaten Flanagans ist daher nicht zu erwarten.

Seit den 1970er Jahren sind Antioxidantien ein großer Renner auf dem Markt der Nahrungsergänzungsmittel. Inzwischen haben aber in der Medizinwissenschaft ein Umdenken und eine vorsichtigere Bewertung eingesetzt. Ein Bericht in einer renommierten Zeitschrift 2005 wurde sogar betitelt: »Der Antioxidantien-Mythos: Ein medizinisches Märchen«. [6] Danach scheinen die Antioxidantien nicht nur Positives zu bewirken. In einigen Untersuchungen wurde herausgefunden, dass künstliche Antioxidantien sogar schädlich sein können. Flanagans Hydride gehören zu dieser Kategorie der künstlichen Nahrungsergänzungsmittel. Er müsste also großes Interesse daran haben, stichhaltig zu zeigen, ob seine Präparate wirklich zu Gesundheit und einem langen Leben führen. Unbewiesene Behauptungen, seine veröffentlichten Studien im Labor und ein Kurzzeittest mit sechs jungen, gesunden Radfahrern reichen dafür nicht aus.

Man könnte es sich nun leicht machen und sagen: Diese Hydrid-Geschichte ist Humbug. So einfach sollte man aber die Arbeit Flanagans nicht ablehnen. Die seriöse Naturwissenschaft muss akzeptieren, dass immer wieder Ergebnisse vorgelegt werden, die mit dem bisherigen Wissen nicht zu erklären oder nicht vereinbar sind. Es gehört aber ebenso zu diesem naturwissenschaftlichen Standard, dass neue, vor allem aber ungewöhnliche Ergebnisse der Fachwelt stichhaltig erklärt werden. Hier besteht noch erheblicher Nachholbedarf. Anderenfalls endet Flanagans Geschichte vom Hunzawasser tatsächlich als pseudowissenschaftliches Märchen.

Wie lebe ich lang und bleibe gesund?

Unabhängig von allen naturwissenschaftlichen Diskussionen über künstliches Hunzawasser ergibt sich eine grundlegende Frage: Ist es vor allem das richtige Wasser, das zu einem langen Leben in Gesundheit führt, wie angeblich bei dem Volk im Hunzatal? Flanagan beruft sich in seinen Darstellungen immer wieder auf die zwei Wissenschaftler Henri Coanda und Louis Claude Vincent. Beide haben aufgrund ihrer jeweiligen Untersuchungen einen engen Zusammenhang zwischen Wasser und Langlebigkeit behauptet. Aber sind wirklich Gesundheit und Krankheit, später oder früher Tod eines Menschen so einfach über das Wasser zu berechnen? Zweifel sind hier angebracht.

Dass für eine höhere Lebenserwartung gutes Wasser wichtig ist, wird nicht bestritten. Daneben gibt es aber auch noch andere Faktoren zu berücksichtigen, wie z. B. die bessere medizinische Versorgung, die Ernährung insgesamt, Stress, Rauchen und körperliche Aktivität, um nur einige zu nennen. Das Umdenken in der Medizin über den Sinn und Nutzen von Nahrungsergänzungsmitteln wurde bereits erwähnt. Dies alles ist zu berücksichtigen, wenn man glaubt, sich ein langes Leben mit irgendwelchen Substanzen kaufen zu können.

Anmerkungen

1 http://www.phisciences.com/ r–and–d.html (02 Februar 2010)
2 http://www.flanagan-forschung.de/ (22 September 2010)
3 http://www.patrick-flanagan.de/ (22 September 2010)
4 http://www.hunzaelixier.de/ (22 September 2010)
5 http://www.wetterwater.net/ (22 September 2010)
6 Melton, L. (2006) The antioxidant myth: a medical fairy tale. New Scientist 2563; (www.newscientist.com/article/mg19125631.500-the-antioxidant-myth-a-medical-fairy-tale.html?full=true)

Sauerstoff als Powerstoff?

Sauerstoff-Wasser

Wer fühlt sich nicht gelegentlich schlapp und ausgebrannt? Die Werbung für Sauerstoff-Wasser verspricht allen Betroffenen sofortige Besserung:

>»Sauerstoffwasser, das ist Sauerstoff zum Trinken. Der gesunde frische Kick. Der Gesundbrunnen für Jung und Alt.« [1]

>»Sauerstoffwasser-Bereiter vereinen die Grundelemente des Lebens – Sauerstoff und Wasser – zu einem gesunden Drink.«

>»Sauerstoffwasser ist ein natürliches Mittel, das wie Jogging alle Funktionen des Organismus anregt.«

Man kann Flaschen mit diesem Wasser kaufen oder es selbst zubereiten. Die Herstellung funktioniert nach einem einfachen physikalischen Prinzip: »Mit den … Sauerstoffwasser-Bereitern wird Trinkwasser durch ein physikalisches Spezialverfahren mit reinem Sauerstoff hoch angereichert. Bei den Heimgeräten wird dabei in einem Siphon (Behälter) mit 1 oder 2 Liter Füllvolumen Trinkwasser unter Druck mit Sauerstoff beladen. Die trinkfertige Portion wird direkt dem Siphon entnommen.« [2] Dieses Hilfsmittel wäre also ganz einfach, zeigt keine negativen Nebenwirkungen, hat aber einen Haken: Von medizinischer Seite wie von Verbraucherschützern wird bezweifelt, dass dieser in Trinkwasser gelöste Sauerstoff überhaupt eine Wirkung hat. [3, 4]

Betrachten wir zunächst die Werbung. Dort wird gesagt, das angereichte Wasser würde bis 80 ppm (parts per million) Sauerstoff enthalten, im normalen Sprachgebrauch also 80 mg je Liter. In einem offenen Gefäß bei Raumtemperatur lösen sich aber nur etwa 10 mg Sauerstoff im Liter. Je höher die Temperatur steigt, desto weniger Gas löst sich. Durch technische Maßnahmen wie z. B. Druck lassen sich aber durchaus die genannten 80 mg theoretisch erreichen. Soweit ist also alles in Ordnung. Danach fangen die Fragen an:

- Wenn man eine Sprudelflasche öffnet oder stehen lässt, entweicht die enthaltene Kohlensäure mehr oder weniger schnell. Ist das auch der Fall beim Sauerstoff-Wasser? Wie viel gelöster Sauerstoff wird tatsächlich getrunken?

- Ein Teil des Sauerstoffs soll im Mund absorbiert werden, trotz der kurzen Verweilzeit. Erreicht der restliche Sauerstoff über den Magen (Körpertemperatur 37 °C) tatsächlich den Darm, wie behauptet? Wegen der höheren Temperatur wohl nur zum Teil. Im Magen ausgasender Sauerstoff könnte zu einem teuren »Rülpser« führen, ähnlich wie die Kohlensäure bei einem Glas Champagner.

- Wird danach der restliche Sauerstoff über den Darm tatsächlich in das Blut aufgenommen? Stichhaltige wissenschaftlich-medizinische Untersuchungen haben dies bisher nicht gezeigt.

Bleibt die grundlegende Frage: Ist dieser zusätzliche Sauerstoff, falls er ins Blut gelangen sollte, wirklich für den Körper von Bedeutung? Zur Beantwortung kann man eine grobe Abschätzung vornehmen:

- Variante A: Trinken von Sauerstoff-Wasser: Eine Person, die 1 (!) Liter davon trinkt, nimmt maximal 80 mg Sauerstoff im Magen auf. Diese maximale Menge wird angesichts der obigen Fragen nicht der Menge entsprechen, die dem Körper tatsächlich zur Verfügung steht.

- Variante B: Atmen eines durchschnittlichen, gesunden Erwachsenen: [5] Ein tiefer Atemzug bedeutet etwa 1 Liter Luftaufnahme in die Lunge. Das Gewicht von 1 Liter Luft beträgt 1300 mg. Der Sauerstoffanteil beträgt beim Einatmen 21 %, beim Ausatmen 16 %. Von dem eingeatmeten Liter Luft (1300 mg) also werden im Durchschnitt 5 % = 65 mg Sauerstoff in der Lunge absorbiert und gegen Kohlendioxid ausgetauscht.

Diese Rechnung ergibt nur ungefähre Zahlen, dazu ist der Vorgang der Atmung zu komplex. Aber das Ergebnis selbst der groben Abschätzung ist eindeutig: Mit zwei tiefen Atemzügen nimmt man in wenigen Sekunden mehr Sauerstoff auf (rund 130 mg) als theoretisch mit einem ganzen Liter Sauerstoff-Wasser (80 mg). Und die Atmung geht weiter, auf natürliche Weise und kostenlos.

Das Super-Sauerstoff-Wasser

Auf dem Markt wird auch noch anderes Sauerstoff-Wasser angeboten. Die Werbung dafür sagt unter anderem: »Angesichts der enormen Bedeutung, die dem Sauerstoff als Lebens- und Energiespender zukommt, ist es erschreckend, dass die Welt mittlerweile an akutem Sauerstoffmangel leidet.« [6] Das ist eine kühne, um nicht zu sagen unsinnige Behauptung. Die angebotene Flüssigkeit soll dennoch hier helfen. Sie wird dazu mit normalem Wasser verdünnt und getrunken. Das Konzentrat enthält nach Angaben des Lieferanten 80 000 mg Sauerstoff je Liter, also das 1000-fache des bereits beschriebenen Sauerstoff-Wassers. Mit physikalischen Methoden kann ein solches Wasser nur in einem Labor unter besonderen Bedingungen hergestellt werden, nicht mehr zuhause in der Küche. Wie ist so etwas möglich?

Die Erfindung geht auf eine Entwicklung und auf ein Patent aus dem Jahr 1971 zurück. Das Patent ist aber geheim und weitere Angaben zum Herstellungsprozess waren auch auf Nachfrage nicht zu erfahren. Dadurch ist man auf Vermutungen angewiesen.

- Die Herstellung geschieht nicht physikalisch durch Druck, sondern in einem chemischen Prozess. Unter anderem ist Natriumchlorid daran beteiligt.

- Die Dosierung erfolgt aus einer normalen Tropfenflasche. Es muss sich also um eine relativ stabile Form der Sauerstoffbindung ohne Druck handeln.

- Die Werbung gibt an, dass die Lösung eingehend wissenschaftlich und erfolgreich getestet wurde. Nimmt man diese Tests unter die Lupe, stellt man fest: Alle Testergebnisse beziehen sich ausschließlich auf die Konservierung von Stoffen oder auf die Desinfektion im medizinischen Bereich. Die Aufnahme von Sauerstoff in den Körper durch Trinken dieses Sauerstoff-Wassers wird bei den Tests mit keinem Wort erwähnt. Der angebliche wissenschaftliche Nachweis der Wirkung liegt damit (wieder einmal) nicht vor.

Diese Hinweise könnten auf eine Gruppe chemischer Verbindungen hindeuten, die sich aus dem Element Chlor ableiten, den sogenannten Chlorsauerstoffsäuren. Diese Substanzen werden schon lange im großen Maßstab als Bleich- und Desinfektionsmittel verwendet. Als Wirkstoff enthalten sie Sauerstoff, der sich abspalten kann und dann zur Verfügung steht.

Bleichen und Desinfizieren mit Chlorsauerstoffsäuren

Zu den Verbindungen dieser Gruppe zählen Hypochlorige Säure, Chlorige Säure, Chlorsäure und Perchlorsäure. Aus diesen Säuren und ihren Salzen leitet sich eine Reihe starker Oxidations- und Desinfektionsmittel ab, z. B. Natriumhypochlorit, Natriumchlorit und Chlorkalk (Calciumhypochlorit). Sie werden in Haushalt, Industrie und Medizin angewandt.

In der Tat hat Edzard Ernst, Professor für Alternativmedizin in Großbritannien, einmal ein solches Sauerstoffwasser untersucht:

»Ernst und seine Mitarbeiter probierten von dem Wunder-Wässerchen und der Forscher nahm eine Flasche mit nach Hause. Dort zeigte sich eine durchschlagende Wirkung: Nachdem Ernst ein paar Tropfen auf eine Socke verschüttet hatte, bleichte die an der benetzten Stelle aus. Er ließ die Flüssigkeit analysieren: ›Es war Perchlorsäure. Wir hatten alle ätzende Flüssigkeit getrunken‹, erzählt Ernst und lächelt dabei – zu Schaden kam niemand«. [7]

Die schon angesprochenen offenen Fragen zur Effizienz dieses Super-Sauerstoff-Wassers gibt es auch hier. Ein wissenschaftlich stichhaltiger Nachweis für seine propagierte Wirkung wird nicht geliefert, genauso wenig wie für die anderen Sauerstoffgetränke.

Als Konsequenz der Betrachtung des Sauerstoff-Wassers könnte man eine Empfehlung ableiten: Wer Sauerstoff tanken will, kann auch die Hände hinter dem Kopf verschränken, die Augen schließen und einige Male tief durchatmen. Diese Methode entspannt, wirkt sicherer als das Trinken von Sauerstoff-Wasser und ist kostenlos. Ein Spaziergang hat eine noch größere Wirkung. Wer unbedingt Geld für mehr Sauerstoff ausgeben will, kann dies auch alternativ für Sport oder Yoga tun. Das erfrischt Körper und Geist auf natürliche Weise und macht sogar noch Spaß.

Anmerkungen

1 www.megavitalshop.de/shop/sauer-stoff.htm (02 Dezember 2009)
2 http://www.o2-drink.de/ (22 September 2010)
3 www.esowatch.com/ index.php?title=Sauerstoffwasser (02 Dezember 2009)
4 Sauerstoffwasser ist teuer und umstritten (2002), www.verbraucher-zentrale-sachsen.de/ UNIQ125977534123389/link15375A (22 September 2010)
5 http://de.wikipedia.org/wiki/Atmung
6 www.aerobic-oxygen.eu (09 Dezember 2009)
7 www.stern.de/wissen/gesund–leben/ der-experte-entzauberer-der-wunder-waesser-518373.html (08 Januar 2004)

5
Technische »Verbesserung« des Wassers

Wunderwasser selbst herstellen oder kaufen?

Würden Sie ein Auto kaufen, von dem es in der Werbung heißt: »Eventuell bringt Sie dieses Auto zur Arbeit und zurück. Die Funktionsfähigkeit der Bremsen ist möglich«? Wohl kaum. Dennoch wurde in einer Zeitschrift für ein Gerät zur energetischen Wasserbelebung folgendermaßen geworben: »... wodurch Veränderungen im Wasser ausgelöst werden können ... Besserer Geschmack des Wassers ist möglich.« Auch ein Hinweis in dieser oder ähnlicher Form ist zu lesen: »Bei dieser Methode (oder diesem Gerät) ist die Wirksamkeit nach wissenschaftlichen Kriterien bis heute noch nicht nachzuweisen.« In den folgenden Kapiteln beschäftigen wir uns mit einigen dieser Angebote und mit dem, was dahinter stecken könnte.

Was bedeutet »Verbesserung« des Trinkwassers?

Zunächst wollen wir uns mit dem gewöhnlichen Trinkwasser beschäftigen. Um mehr Klarheit über seine »Verbesserungen« zu bekommen, ist zunächst zu fragen, warum man es eigentlich verbessern muss. Schließlich bezahlen wir den Trinkwasserwerken eine Menge Geld, damit wir ordentliches Wasser in unsere Wohnung bekommen. Was macht ein Wasser eigentlich ungenießbar, was verursacht Krankheiten?

Nach internationalen Regelungen muss gutes Trinkwasser klar, farblos, ohne Geruch und ohne Geschmack sein. Außerdem darf es keine Krankheiten verursachen. Umgekehrt gilt Wasser wohl dann als ungeeignet, wenn es vor allem folgende Beschaffenheit hat:

- *physikalisch*: Es ist trübe, zu sauer (pH < 5) oder zu alkalisch (pH > 9).

Wasser, das Wunderelement? 1. Auflage. Helge Bergmann
© 2011 WILEY-VCH Verlag GmbH & Co. KGaA, Weinheim

- *chemisch*: Es enthält zu hohe Konzentrationen an mineralischen Stoffen (z. B. Natriumchlorid, Eisen), Schadstoffen (z. B. Nitrat, Schwermetalle, Pestizide), oder unangenehmen Geruchsstoffen (z. B. Schwefelwasserstoff).

- *mikrobiologisch*: Es sind Krankheitserreger anwesend (z. B. Salmonellen, Typhus-, Cholerabakterien).

Liegt nach diesen und weiteren Kriterien schlechtes Trinkwasser vor, gibt es dafür also immer eine stoffliche Ursache. Sie kann mit einem der bekannten Verfahren verringert, wenn nicht gar behoben werden. Denn im Grunde ist es eine klare Gedankenkette:

- Wenn schlechtes Trinkwasser vorliegt, kann man es technisch behandeln.

- Die technische Verbesserung beseitigt die schlechten Eigenschaften.

- Das so verbesserte Trinkwasser mindert die Gefahr einer Erkrankung oder schmeckt besser.

Spurenstoffe im Wasser

Grundsätzlich ist auch das beste trinkbare Wasser nicht frei von Schadstoffen. Ein solches Wasser gibt es unter den normalen Bedingungen eines Haushalts nirgendwo auf der Welt. Ob klarstes Quellwasser, Regenwasser, esoterisch behandeltes Wasser oder exotisches Hunzawasser aus dem Gebirge: Sie alle enthalten Fremdstoffe in mehr oder weniger niedrigen Konzentrationen. Spezialisten der Spurenanalytik sind beispielsweise in der Lage, das giftige Schwermetall Quecksilber in jedem Glas Wasser nachzuweisen.

Dies muss niemanden beunruhigen, denn der menschliche Organismus hat im Lauf der Evolution gelernt, mit geringen Mengen toxischer Stoffe fertig zu werden. Es kommt daher immer auf die Konzentration, genauer auf die Dosis, eines Schadstoffs an. Bereits der Arzt und Naturphilosoph Paracelsus (1493–1541) hatte dies erkannt und in die Erkenntnis geformt: »Die Dosis macht das Gift«. Wer damit nicht einverstanden sein sollte, sei an einige Konsumgifte erinnert: Koffein, Alkohol oder Nikotin. In geringen Mengen nur von mäßiger Giftigkeit, führen alle diese Substanzen beim Überschreiten einer bestimmten Dosis zu Krankheiten, bei entsprechend hoher (letaler) Dosis auch zum unmittelbaren Tod. Trotzdem werden diese »Gifte« weltweit in großen Mengen konsumiert.

Technische oder pseudowissenschaftliche Behandlung?

Regulär vorbehandeltes Trinkwasser ist manchen Leuten jedoch nicht gut oder gesund genug. Sie suchen nach besserem Wasser und werden auch auf dem Markt fündig. Typisch für Firmenangebote zur esoterischen Verbesserung von normalem Trinkwasser (nicht Rohwasser!) ist die pauschale Feststellung, dass unser öffentliches Trinkwasser schädlich sei. Natürlich muss der Anbieter eine solche Aussage machen, denn würde sonst jemand auf die Idee kommen, Geld für eine unnütze Vorrichtung auszugeben? Allerdings schildert solche Werbung – wenn überhaupt – nur allerlei gesundheitliche Beschwerden, die alltäglich vorkommen und von denen fast jeder einmal betroffen sein kann: Müdigkeit, Unwohlsein und Ähnliches.

In den nächsten Kapiteln werden einige der Techniken beschrieben, wie ein derart »technisch verbessertes« Wasser hergestellt werden soll. Dabei gibt es grundsätzlich verschiedene Ansätze:

- physikalisch verändertes Wasser: levitiert, verwirbelt, energetisiert, magnetisiert,

- physikalisch-chemisch verändertes Wasser: reduziert, oxidiert, ionisiert und sogar superionisiert,

- Wasser mit ungewöhnlichen Formeln und Molekülstrukturen.

Beim »Verbessern« des Trinkwassers hört es aber noch lange nicht auf, denn es gibt sogar Experten, die ganze Gewässer »heilen«. Dieser Kunst ist ein eigenes Kapitel gewidmet.

Strom verändert das Wasser

Wenn Strom durch Materie fließt

Betrachten wir eine Hochspannungsleitung im Freien, wie sie in allen Industriestaaten zu sehen ist. Durch die Metallkabel wird Strom vom Erzeuger zum Verbraucher geleitet. Physikalisch heißt dies, dass sich Elektronen durch die angelegte elektrische Spannung in dem Kabel bewegen. Das Kabel selbst verändert sich dadurch nicht, auch nicht nach vielen Jahren. In einem Haushalt wird nun durch diesen Strom eine Herdplatte erhitzt, um Essen zu kochen. Dabei wird ein großer Teil der elektrischen Energie in Wärme (Bewegungsenergie), ein kleinerer Teil in Strahlungsenergie umgewandelt. Auch der metallische Heizdraht im Herd verändert sich durch diesen Stromdurchfluss nicht (außer dass er glüht). Diese Eigenschaft Strom zu leiten, ohne sich dabei zu verändern, ist charakteristisch für alle Metalle.

Ganz anders verhalten sich Wasser und Salzlösungen. In diesen Flüssigkeiten sind von Natur aus immer positiv und negativ geladene Teilchen, sogenannte Ionen, vorhanden. Beim Anlegen einer elektrischen Gleichspannung wandern die positiv geladenen Kationen zum Minuspol, umgekehrt die negativ geladenen Anionen zum Pluspol (Abb. 59). An den Elektroden werden die geladenen Teilchen neutralisiert, d. h. es wird ihnen durch die Spannung ein Elektron zugefügt oder weggenommen. Dadurch fließt auch in der Flüssigkeit ein Strom, in diesem Fall aber über Ionen.

Dabei können instabile Atome oder Moleküle entstehen, die mit anderen Teilchen sofort weiter reagieren. Das Endprodukt dieses Prozesses, der sogenannten Elektrolyse, hängt von den jeweils vorhandenen Ionen in der Flüssigkeit ab. Diese Reaktionen sind zwar kompliziert, können aber doch in Reaktionsgleichungen übersichtlich dargestellt werden.

Wasser, das Wunderelement? 1. Auflage. Helge Bergmann
© 2011 WILEY-VCH Verlag GmbH & Co. KGaA, Weinheim

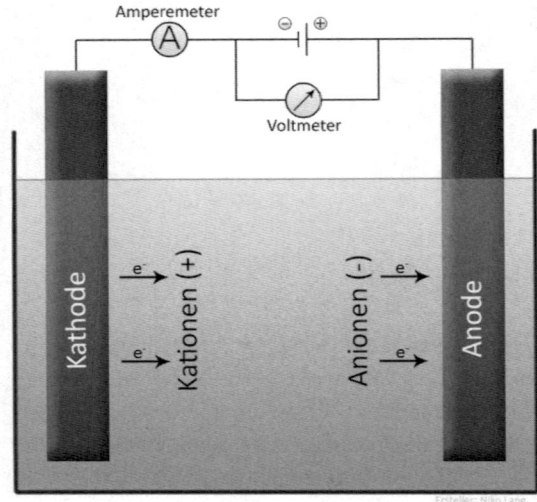

Abb. 59 Schema einer Elektrolyse

Der Markt für ionisiertes, oxidiertes, reduziertes, basisches, saures und ähnlich genanntes Wasser

Was die Anbieter so kompliziert beschreiben, ist im Grunde ganz einfach: Es handelt sich offenbar um Wasser, das einer Elektrolyse unterworfen wurde, also der soeben geschilderten Behandlung mit Strom. Was hinter den einzelnen Begriffen steckt, werden wir in Kürze behandeln. Befassen wir uns zunächst mit der Werbung, die erklärt, wozu dies alles gut sein soll: Man soll auf einfache Art und Weise viel für seine Gesundheit tun können. Dem Trinken von basischem Wasser wird ein großer gesundheitsfördernder Wert zur Regulierung des Säure-Base-Haushaltes zugeschrieben. Der Körper soll gespült und gereinigt werden, Abfallstoffe, freie Radikale und Schadstoffe werden ausgespült. Aus einem Gutachten über die Wasserqualität nach Verwendung eines Ionisationsgerätes:

»In einem fünf Tage andauernden Experiment haben drei Versuchspersonen Wasser zu sich genommen, welches mit Aqua-Lyros aktiviert worden war. Hierbei konnte festgestellt werden, dass sich die bioenergetischen Felder der Probanden verstärkt hatten. ... Eine regelmäßige Nutzung von solcherart nachbehandeltem Wasser ist ... als uneingeschränkt gesundheitsfördernd zu betrachten. Dies konnten wir auch in speziellen Versuchsanordnungen nachweisen. …Wir empfehlen daher ausdrücklich, aktiviertes Wasser zu konsumieren.« [1]

Und weil alles noch besser sein muss, gibt es auch noch das superionisierte Wasser. Zum Beispiel ist es in einer Peeling-Creme enthalten. Sie soll »das Hautbild verfeinern, den Teint klären und helfen, die Haut zu entgiften und zu energetisieren«. [2] Es werden ihm aber noch viel mehr Fähigkeiten zugeschrieben, darunter folgende:

- »Das superionisierte Wasser löscht Benzinbrände und dient brennbaren Materialien als lebenslanger Brandschutz.

- Superionisiertes Wasser kann Säuren und Basen neutralisieren.

- Es hat einen erniedrigten Gefrierpunkt, der zumeist bei ca. minus 6 bis minus 8 °C liegt … Damit behandelte Pflanzen erhalten damit einen größeren Frostschutz.

- Es kann radioaktive Strahlung deutlich reduzieren oder sogar eliminieren.« [3]

Die Sicht der Naturwissenschaft

Die Angebote für ionisiertes Wasser haben zwei Dinge gemeinsam: Sie befassen sich mit der Leitung von elektrischem Strom durch Wasser und – sie haben alle ein falsches Etikett. Ionisation oder Ionisierung bedeutet in der Naturwissenschaft nämlich, dass man aus einem elektrisch neutralen Materieteilchen (einem Atom oder Molekül) ein geladenes Teilchen, ein Ion macht.

Nach den verfügbaren Beschreibungen ist in den meisten Fällen wohl gemeint, dass Wasser einer Elektrolyse (Trennung durch elektrischen Strom) unterworfen wird. Wie beschrieben, werden dabei die elektrisch geladenen Ionen, die bereits im Wasser vorliegen (!), durch die elektrische Spannung zum Minus- bzw. Pluspol geleitet. Der Begriff elektrolysiertes Wasser wäre daher als Bezeichnung eher zutreffend.

Dies würde auch damit übereinstimmen, dass bei einem Wasserionisationsgerät immer zwei Wasserarten produziert werden. Denn entsprechend den beiden verschieden geladenen Polen gibt es auch zwei unterschiedliche Produkte.

Die tatsächliche Ionisation des Wassers

Für die Ionisation eines Teilchens gibt es zahlreiche Möglichkeiten. Als Beispiel kann aus einem Wassermolekül durch Einwirken von Energie ein Elektron ($\bar{e}$) entfernt werden:

$$H_2O + Energie \rightarrow H_2O^+ + e^-$$

Dabei entsteht das positiv geladene Ion H_2O^+. Dieser Vorgang stellt die tatsächliche »Ionisation« des Wassers dar. Sie ist nur in einem Labor mit speziellen Apparaturen möglich. Alle als »Wasserionisationsgeräte« angebotenen Haushaltsgeräte sind dazu nicht in der Lage und haben daher eine falsche Bezeichnung.

Was geschieht beim Betrieb eines Wasserionisationsgerätes?

Das Prinzip: Es liegt ein Elektrolysegerät vor, das mit einem Minuspol und einem Pluspol ausgestattet ist. Manche Geräte enthalten auch eine halbdurchlässige Membran, die den Bereich der beiden Pole (Elektroden) trennt.

Voraussetzung: Reines Wasser ist nur in geringem Maß in Ionen aufgetrennt. Damit eine effektive Elektrolyse überhaupt zustande kommt, müssen zusätzliche Ionen vorhanden sein, die den Strom leiten. Je nach Gerät werden daher Kochsalz (NaCl), Kalk (CaCO$_3$) oder andere Salze zugefügt. Die Vorgänge bei der Elektrolyse werden am Beispiel des Kochsalzes erläutert.

Schritt 1: Es findet eine Trennung (Dissoziation) des elektrisch neutralen NaCl-Moleküls in geladene Ionen statt:

$$Dissoziation:\ NaCl \rightarrow Na^+ + Cl^-$$

Schritt 2: Das positiv geladene Teilchen Na$^+$ (Kation) wandert durch die elektrische Spannung zum Minuspol (Kathode). Dort nimmt es ein Elektron auf. Dieser Vorgang wird »Reduktion« genannt. Es entsteht ein elektrisch neutrales Natriumatom:

$$Reduktion:\ Na^+ + e^- \rightarrow Na^0$$

Am Pluspol (Anode) wird umgekehrt dem negativ geladenen Teilchen Cl$^-$ (Anion) ein Elektron weggenommen. Es findet eine »Oxidation« statt und es entsteht ein elektrisch neutrales Chloratom:

$$Oxidation:\ Cl^- \rightarrow Cl^0 + e^-$$

Schritt 3: Die einzelnen Atome Na und Cl sind nicht stabil und reagieren daher weiter mit Wassermolekülen. Am Minuspol bilden sich Natronlauge und Wasserstoff:

$$2\,Na + 2\,H_2O \rightarrow 2\,NaOH + H_2$$

Am Pluspol bilden sich Salzsäure und Hypochlorsäure:

$$2\,Cl + H_2O \rightarrow HCl + HClO$$

Die gesamte Elektrolyse sieht im Ergebnis folgendermaßen aus:

$$2\,NaCl + 3\,H_2O \rightarrow 2\,NaOH + H_2 + HCl + HClO$$

Es wird nun klar, warum in der Werbung von »reduziertem« und »oxidiertem« Wasser die Rede ist. Das erste soll bei der Elektrolyse am Minuspol bei der Reduktion, das andere am Pluspol bei der Oxidation entstehen. Es wird aber auch klar, dass nicht das Wassermolekül »oxidiert« oder »reduziert« wird, sondern darin gelöste Ionen. Man sieht: Die Bezeichnungen »Wasserionisationsgerät« und »reduziertes/oxidiertes Wasser« sind beide falsch: Das Wasser wird darin weder ionisiert noch reduziert oder oxidiert. Weiterhin ist ersichtlich, dass bei einer Elektrolyse die Vorgänge der Oxidation und Reduktion miteinander gekoppelt sind. Dieses Beispiel wird deshalb so ausführlich dargestellt, um zu zeigen, dass solche Reaktionen wissenschaftlich klar dargestellt werden können.

Kommen wir zum Markt für ionisiertes Wasser zurück. Die Produkte einer solchen technischen Behandlung werden mit verschiedenen Namen bezeichnet, stellen aber immer eine basische Lösung vom Minuspol (also mit einem pH-Wert > 7) und eine saure Lösung vom Pluspol (mit einem pH-Wert < 7) dar. Und hier geht die Begriffsverwirrung weiter: Das basische Wasser wird oft als reduziertes, das saure als oxidiertes Wasser bezeichnet. Wiederum sind beide Begriffe falsch: Es findet weder eine Reduktion noch eine Oxidation des Wassermoleküls H_2O statt, sondern der in dem Wasser auf natürliche Weise enthaltenen Ionen.

Die tatsächliche Oxidation und Reduktion des Wassers

Wie zu erfahren war, wird in den Medien viel über sogenanntes oxidiertes und reduziertes Wasser geschrieben. Vieles davon ist nur zum Teil oder gar nicht zutreffend. Dennoch gibt es tatsächlich in der Chemie eine Oxidation und eine Reduktion des Wassers. Hier soll dies kurz beleuchtet werden.

Oxidation: In der Chemie wird sie durch die Wegnahme von Elektronen von einem Teilchen X verstanden, aber auch als Verbindung einer Substanz X mit Sauerstoff [O] definiert. Nimmt man für diese Substanz X ein Wassermolekül H_2O, ergibt sich die Reaktion:

$$H_2O + [O] \rightarrow H_2O_2$$

Das Ergebnis dieser echten Oxidation des Wassers ist das bekannte Wasserstoffperoxid. Der Vorgang ist nicht nur im Labor möglich, sondern findet sogar bei biochemischen Reaktionen in unserem Körper statt. Wasserstoffperoxid wird u. a. im Haushalt zum Bleichen und Desinfizieren verwendet. Zum Trinken ist es völlig ungeeignet, da es auf die Schleimhäute ätzend wirkt.

Reduktion: Sie wird in der Chemie u. a. durch die Wegnahme von Sauerstoff [O] von einem Molekül Y definiert. Angewandt auf das Wasser ergibt das die Reaktion:

$$H_2O - [O] \rightarrow H_2$$

Bei der Reduktion des Wassers wird also schlicht Wasserstoff gebildet. Diese Reaktion wird sogar großtechnisch angewandt.

Die Werbung wie auch die pseudowissenschaftlichen Erklärungen enthalten aus naturwissenschaftlicher Sicht zahlreiche Stolpersteine. Dort wimmelt es nur so von Beschreibungen, die unverständlich oder wissenschaftlich nicht haltbar sind. Auf ihrer Grundlage könnte man weder eine Reaktionsgleichung aufstellen noch elektrische Ladungen berechnen. Würde man dies versuchen, wäre manch unsinniger Werbespruch schnell als solcher zu erkennen. Die fälschliche Benutzung der Begriffe Ionisation, Reduktion und Oxidation des Wassers könnte man noch als schlampige Wissenschaft betrachten. Es gibt aber noch andere Behauptungen, die die naturwissenschaftliche Basis ganz verlassen. Hier einige Beispiele:

Behauptungen in der Werbung	Kommentar
Durch diesen Elektrolyseprozess werden alle Wassermoleküle »auseinandergenommen« und können sich in der ihnen gemäßen Struktur wieder neu zusammensetzen.	Diese Behauptung entbehrt jeder wissenschaftlichen Erkenntnis. Was bedeutet eine »ihnen gemäßen Struktur«? – Nichts.
Dadurch (Elektrolyse) werden die großen Wassercluster des Leitungswassers wieder auf die »wassergemäße« Größe von 6–8 Molekülen pro Cluster reduziert.	Es gibt keine »wassergemäße Größe« von Wasserclustern.
Durch die Ionisation im Wasserionisierer werden die Wassercluster so verändert und verkleinert, dass das Wasser »flüssiger« wird und so besser bis in die letzten Zellen dringen kann.	Es gibt in dem Gerät keine Vorrichtung für die Verkleinerung der Wassercluster.
Dies (kleinere Cluster) bewirkt den »weichen« Geschmack des basischem AktivWassers	Der (tatsächlich mögliche) weichere Geschmack wird durch die entstandene Lauge am Minuspol bewirkt.
Das entstehende basische AktivWasser hat einen »Überschuss« an Elektronen … Das entstehende saure OxidWasser hat einen starken »Mangel« an Elektronen.	In keiner der beiden Wasserarten an den beiden Polen kann ein Ladungsüberschuss oder -mangel über längere Zeit existieren. Beide werden durch Folgereaktionen sofort ausgeglichen. Reaktionsformeln wie oben gezeigt würden diesen Fehler sofort aufzeigen.
… Klangen Wasser hat eine hexagonale Struktur. Diese Struktur des Wassers weist die höchst mögliche Ordnungsstruktur auf die es dem Wasser besser ermöglicht, die Zellwände im menschlichen Körper zu durchdringen.	Eine hexagonale Struktur gibt es in flüssigem Wasser nicht.

Behauptungen in der Werbung	Kommentar
Die 18 Wirkprinzipien der AQUA-LYROS – Wassertechnologie: ...(darunter) die Ionisation des Wassers mittels Dauermagneten (System Peter Groß).	In diesem Gerät können durch Dauermagneten weder eine Ionisation noch eine Elektrolyse zustande kommen.
Wenn es eine bestimmte Menge an superionisiertem Wasser im Wasserkreislauf gibt, wird es superionisiertes Wasser regnen und dadurch wird auch die Umwelt sich wieder regenerieren.	pseudowissenschaftliche Behauptung
Den negativ geladenen sauren Mineralien (Chlor, Nitrat, Phosphat usw.) werden Elektronen entzogen – sie werden oxidiert – sodass sie positiv geladen werden. So enthält das Wasser eine oxidierende Wirkung – daher der Name OxidWasser. Gleichzeitig werden die positiv geladenen basischen Mineralien (Calcium, Magnesium usw.) durch die selektive Membran in die andere Hälfte der Ionisierungseinheit »vertrieben«. Parallel dazu werden H_2O-Moleküle in $H+$ und $OH-$ aufgespalten, dabei werden den $OH--$Ionen aber durch den Elektronenmangel das Elektron entzogen. Der Wasserstoff wird positiv geladen und kann sich von dem Sauerstoff O lösen, der sich teilweise als Gas O_2 verflüchtigt. Durch diesen extremen Elektronenmangel, durch die positiv geladenen sauren Mineralien, den teilweise freien Sauerstoff und den positiv geladenen Wasserstoff ist saures OxidWasser ein sehr starkes Oxidationsmittel.	Der Inhalt dieses Textes ist in großen Teilen nicht nachvollziehbar. Außerdem verzichtet der Schreiber wohlweislich darauf, dieses pseudowissenschaftliche Kauderwelsch in klare Reaktionsformeln zu bringen. Man würde dann den pseudowissenschaftlichen Unsinn sofort erkennen. Im Übrigen: Wer wird durch solch einen unverständlichen Text zum Kauf dieses Gerätes animiert?

Von dieser Art Werbetexte und Behauptungen gibt es noch weitere. Außerdem wiederholen sie sich eigenartigerweise. Auf alle einzugehen ist praktisch unmöglich und letztlich nicht notwendig. Die Beispiele sollen vor allem darauf hinweisen, dass in vielen Fällen die angeblich wissenschaftliche Formulierung nur dem Verkauf von Geräten dienen soll. Geht man den auftauchenden Fragen nach, kann man durchaus eine Enttäuschung erleben: Die Firma antwortet nicht.

Im Gegensatz zu anderem Hokuspokus mit Wasser ist aber mit den Wasserionisierungsgeräten eine Sache anders: Die Bezeichnungen sind zwar falsch, aber im Fall des elektrolysierten Wassers kann tatsächlich eine messbare Veränderung eintreten. Wie oben beschrieben wurde, verändert der elektrische Strom die Zusammensetzung des Wassers. Das, was als oxidiertes Wasser angeboten wird, scheint ein basisches Wasser zu sein, also mit einem pH-Wert größer als 7. Der Werbung nach soll es durch Trinken den Körper entsäuern. Das reduzierte Wasser ist demgegenüber saures Wasser mit einem pH-Wert kleiner als 7. Es soll desinfizierende Wirkung haben.

Für den praktischen Gebrauch hängt die Bildung des basischen und sauren Wassers von mehreren Faktoren ab, u. a. von der Stromstärke bei der Elektrolyse, der Durchflussgeschwindigkeit des Leitungswassers und ob Minus- und Pluspol getrennt sind. Eine genauere Beschreibung lässt sich aus der Werbung oft nicht herauslesen. Mit anderen Worten: Die Dosis an basischem oder saurem Wasser für eine bestimmte Person ist nicht bestimmbar. Ist es letztlich egal, wie viel man davon verwendet? Um Nutzen und Wirkung dieser Ionisations-Geräte umfassender zu beurteilen, bedürfte es einer ganzen Reihe zuverlässiger Untersuchungen. Erst wenn sie vorliegen, kann man dies besser bewerten.

Ein erstaunlicher Aufwand

Als Naturwissenschaftler ist man erstaunt über den Aufwand, der mit den sogenannten Wasserionisationsgeräten betrieben wird, um saures und basisches Wasser herzustellen. Dabei liegen die praktischen und preiswerten Alternativen auf der Hand. Für *saures Wasser* genügen für ein Getränk ein paar Tropfen Zitronensaft oder eine Mischung aus Obstsaft und Wasser. Schließlich enthält Obst große Mengen an organischen Säuren, wie z. B. Zitronensäure und Ascorbinsäure. Sie sind auch leicht in Pulverform als Gelierhilfsmittel bzw. als Vitamin C erhältlich. Für einen preiswerten Haushaltsreiniger kann man zum gleichen Zweck dem Leitungswasser etwas Essig, also verdünnte Essigsäure, beifügen, wie dies auch in vielen Reinigern aus dem Supermarkt der Fall ist.

Wer unbedingt *basisches Wasser* trinken möchte, kann ebenfalls anders vorgehen: Er kauft zu geringen Kosten Natronpulver (Natriumhydrogencarbonat), das für viele Zwecke in der Küche eingesetzt wird. Mit einem halben Teelöffel pro Liter Leitungswasser kann man einen schwach basischen Drink herstellen. Wer meint, solche »Chemie« nicht zu mögen, sollte beim Hersteller nachfragen oder nochmals den Abschnitt über die Herstellung des oxidierten und des reduzierten Wassers im Ionisationsgerät nachlesen. Auch dort geht es nicht ohne Chemie. Ob generell das Trinken von basischem Wasser für die Gesundheit sinnvoll ist, ist eine medizinische Frage, die über den Horizont dieses Buches hinausgeht. Wer sich damit befassen möchte, findet in Büchern und im Internet umfassende Lektüre zu Pro und Kontra.

Auf jeden Fall sieht man, dass es zu den Wasserionisationsgeräten Alternativen gibt. Allein ein Vergleich mit den Kosten für Einbau und Wartung sollte Grund zum Überlegen sein.

Anmerkungen

1 www.aqua-lyros.de/ (14 März 2010)
2 www.vitalabo.at/gesundheit/haut–-
haare–naegel/basen–creme-peeling
(22 September 2010)

3 http://www.zeitenschrift.com/magazin/43-wasser.ihtml (22 September 2010)

Magnetisiertes Wasser?

Nordpol- und Südpolwasser für die Gesundheit

Im Kapitel »Naturwissenschaftliche Betrachtung des Wassers« haben wir gesehen, dass das Wassermolekül eine gewinkelte Struktur hat. Durch die ungleiche Verteilung der Ladung innerhalb des Moleküls ergibt sich ein Dipolmoment. Das Molekül kann daher als Minimagnet betrachtet werden (Abb. 60). Es verwundert also nicht, dass es – ähnlich einer Kompassnadel – durch ein äußeres Magnetfeld beeinflusst werden kann. Davon sind wiederum die Eigenschaften des einzelnen Moleküls, aber auch die Clusterbildung und schließlich das Wasser als gesamte Substanz betroffen. Dies ist naturwissenschaftlich ausgiebig untersucht und beschrieben worden.

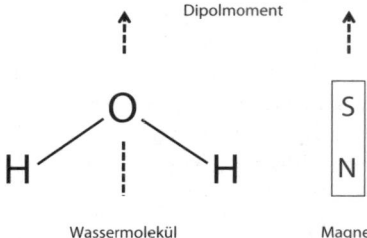

Abb. 60 Das einzelne Wassermolekül (links) besitzt ein elektrisches Dipolmoment, das ähnlich wirkt wie das magnetische Dipolmoment eines Magneten (rechts).

Nun werden Magnete angeboten, die angeblich Wasser für längere Zeit magnetisieren können. Da ein Magnet einen Nordpol und einen Südpol aufweist, soll sogar je nach verwendetem Pol Nordpolwasser oder Südpolwasser entstehen. Die Herstellung dieses »polarisierten« Wassers geht quasi über Nacht: Man muss lediglich den Magnetstab in das Wasser stellen oder die Folie um das Gefäß mit Wasser wickeln – fertig. Einfacher geht es kaum. Eine Werbung verspricht, dass dies sogar bei anderen Flüssigkeiten wie Saft, Milch, Kaffee oder Tee wirkt. Wie lange eine solche Magnetisierung im Wasser anhalten soll, wenn der Magnet wieder entfernt ist, wird nicht beschrieben. Es wird aber auch vernachlässigt, dass sich die Wassermoleküle ohne Magnet in Bruchteilen einer Sekunde wieder neu orientieren. Wasser wird durch solch eine Behandlung nicht zum Dauermagneten.

Da die versprochene Wirkung des magnetisierten Wassers so unglaublich erscheint, liest man sie am besten in einem Originaltext [1]:

»Südpolwasser vitalisiert, fördert das Wachstum, stimuliert die Körperfunktionen, versorgt den Körper mit Energie und hilft bei Schwächezuständen und bei Verschleißerscheinungen des Bewegungsapparats. Südpolwasser trinkt man also bei allen Erkrankungen, die auf einen degenerativen Prozess zurückzuführen sind, wie Arthrose, Osteoporose, Verschleißerscheinungen der Nackenwirbel, des Rückgrats, der Hüftgelenke, der Knie- oder Fußgelenke, Atrophie, Schrumpfungen der Leber oder Niere, Gonarthrose, Rückenmark- oder Muskelschwund. Ebenfalls setzt man Südpolwasser bei Organschwäche ein wie z. B. bei Herzinsuffizienz, Völlegefühl, Darmträgheit, Pankreasinsuffizienz, Verdauungsschwäche, Kater, Unterfunktion der Schilddrüse, bei Depressionen und allgemeinen Schwächezuständen.

Nordpolwasser beruhigt die Nerven, hilft Viren und Bakterien zu bekämpfen, dämmt alle Entzündungen im Organismus ein und hemmt Geschwulstbildungen. Nordpolwasser trinkt man zur Eindämmung von Infektionsherden und allen Erkrankungen, die auf einen entzündlichen Prozess zurückzuführen sind wie z. B. Arthritis, Bronchitis, Gastritis, Colitis ulcerosa, Crohn-Krankheit, Blasen- und Nierenbeckenentzündung, Hepatitis, Gallen- und Bachspeicheldrüsenentzündung, Rippenfellentzündung, Kehlkopf- und Rachenentzündung Schleimbeutelentzündung, Venenentzündung, Herzbeutelentzündung, Pilzerkrankungen und Spondilitis. Besonders bewährt hat sich Nordpolwasser bei allen psychosomatischen Erkrankungen z. B. Asthma, Allergien, Herzrhythmusstörungen, bei Geschwüren, bei Schlaflosigkeit, Aggressivität, Unruhezuständen und Angst. Nordpolwasser setzt man außerdem ein bei Grippe, Überfunktion der Schilddrüse, Säureüberschuss, Hauterkrankungen und bei Aids. Bei jeder Krebstherapie und auch zur Prophylaxe nach überstandenem Krebsleiden sollte regelmäßig Nordpolwasser getrunken werden. Ungleichgewichte durch Elektrosmog gleicht man durch das Trinken von Nordpolwasser aus.«

Diese umfangreiche Liste an Heilsversprechen ist beeindruckend. Würde auch nur ein Teil davon zutreffen, könnte man einen großen Teil der Arzneimittelproduktion einstellen. Aber noch ist es nicht so weit, denn der Ratschlag auf einer anderen Webseite schafft ein kleines Problem: Danach soll das Südpolwasser am besten bei Schmerz,

Krebs und ansteckenden oder entzündlichen Bedingungen verwendet werden, Nordpolwasser hingegen bei Muskelschwäche und Störungen des Verdauungssystems. [2] Das wurde bei der Werbung des ersten Anbieters genau umgekehrt empfohlen.

Einen Ausweg aus diesem Dilemma könnte ein weiterer Vorschlag bieten. [3] Er empfiehlt in geeigneten Fällen die Verwendung eines Gemisches aus Nord- und Südpolwasser: »Zur allgemeinen Anwendung eignet sich Wasser, das Nord und Süd enthält. Es wirkt allgemein aktivierend und tonisierend. … Gemischtes Wasser ist weiterhin brauchbar bei unklaren Beschwerden, Appetitverlust, unklaren Bauchschmerzen, Rheuma, Gicht, zur Verbesserung der Stamina und für ähnliche Zwecke, bei denen es auf allgemeine Anhebung des Energiestatus ankommt.«

In der Naturwissenschaft würde man ganz einfach verfahren: Die jeweiligen Untersuchungsergebnisse kommen auf den Tisch, werden verglichen und bewertet. Dann erst kann eine fundierte Aussage über die angebliche Wirkung gemacht werden. Für Nordpol- und Südpolwasser liegen jedoch keinerlei Untersuchungen vor, die die oben beschriebenen Behauptungen stützen könnten. Außerdem wird nirgendwo verraten, wie Nordpol- und Südpolwasser oder gar eine Mischung aus beiden physikalisch vorstellbar sein könnten. Die Pole sind letztlich auch nicht wichtig, denn es handelt sich offensichtlich um Pseudowissenschaft und da hilft nur der Glaube.

Kampf dem Kesselstein!

Nicht nur zu Heilzwecken, sondern auch für das ganz normale Leitungswasser wurde die Magnetisierung des Wassers ebenfalls propagiert. Sie soll die oft störende Ablagerung von Kesselstein in Haushaltsinstallationen verringern.

Zwar gibt es gegen Kesselstein inzwischen zahlreiche Verfahren, u. a. Phosphatzugabe in Waschmitteln, Ionenaustauscher oder Reversosmose, aber diese sind oft chemischer Natur oder verursachen wiederum Abfälle. Die Suche nach rein physikalischen (»chemiefreien«) Methoden ist also gerechtfertigt. Eine davon propagiert die Einwirkung von Magneten auf das vorbeiströmende Leitungswasser, um eine Kesselsteinablagerung im Haushalt zu verhindern.

Warum verkalkt eine Waschmaschine?

In jedem natürlichen Wasser und damit auch im Trinkwasser sind gelöste Salze vorhanden. Zu ihnen gehören die Kationen Calcium (Ca^{2+}) und Magnesium (Mg^{2+}) wie auch die Anionen Hydrogencarbonat (HCO_3^-) und Carbonat (CO_3^{2-}). Die Summe von Ca und Mg ergibt die sogenannte Wasserhärte. Bei Zimmertemperatur sind diese Salze gelöst und stehen im sogenannten Kalk-Kohlensäure-Gleichgewicht. Wird jedoch eine Bedingung geändert, z. B. durch Erhitzen oder beim Verdunsten des Wassers, verschiebt sich dieses Gleichgewicht nach der Reaktionsformel (Beispiel Calcium):

$$Ca^{2+} + 2\ HCO_3^- \rightarrow CaCO_3 \downarrow + CO_2 + H_2O$$

Bei hartem Wasser (erhöhten Ca- und Mg-Konzentrationen) bedeutet dies, dass das zunächst gelöste Ca und Mg als Carbonat ausfällt (angedeutet mit $\downarrow$), die Leitung oder das Gerät verkalken. Das Prinzip bei der Verminderung der Kesselsteinbildung besteht nun darin, entweder die Ausfällung von Calcium und Magnesium zu verhindern oder zu verhindern, dass die ausgefällten Kristalle an der Wand feste Krusten bilden.

Da ein solches Verfahren von enormer wirtschaftlicher Bedeutung wäre, haben sich immer wieder Fachleute ernsthaft und ausgiebig damit befasst. [4] Ihr eindeutiger und übereinstimmender Befund: Die Vermeidung von Kesselsteinablagerungen in Haushaltsinstallationen kann weder durch Permanentmagnete noch durch elektromagnetische Felder nachweisbar verringert werden. Die Schlussfolgerung des Berichtes der Deutschen Vereinigung des Gas- und Wasserfachs (DVGW) beschreibt dies in wissenschaftlich diplomatischer Form: [5]

»Dies bedeutet, dass von Herstellern der Anlagen ... keine Voraussagen möglich waren, unter welchen Bedingungen ihre Anlagen eine technisch nachprüfbare, reproduzierbare Wirkung erzielen. Unter Bewertung der verfügbaren technisch-wissenschaftlichen Literatur erscheint es eher unwahrscheinlich, dass mit den vorhandenen Systemen die angestrebten Effekte gezielt erreicht werden können.«

Allerdings ist das letzte Wort über diese Art der Magnetanwendung auf Leitungswasser noch nicht gesprochen. Die wissenschaftlichen Grundlagen sind nämlich trotz aller Anstrengungen erst wenig geklärt. Ein Untersuchungsbericht der US-amerikanischen Water Quality Association von 2001 empfiehlt daher auch, weitere Grundlagenforschung durchzuführen mit dem Ziel, das wissenschaftliche Verständnis der physikalischen Wasserbehandlung zu erweitern. [6] Für Betroffene besteht aber schon jetzt Hoffnung: Es gibt inzwischen

»nicht-chemische« Verfahren auf der Grundlage elektrochemischer und biokatalytischer Prozesse. [7] Mehrere dieser Geräte haben sogar einen anerkannten Eignungstest der DVGW bestanden und ihre Wirkung wurde zertifiziert. Zuverlässige Informationen sind bei Bedarf dort zu erhalten.

Anmerkungen

1 www.virtualmarket.importshop-berlin.de/index.php5?id=1037810&highlight=&fid=434&offset=0&Action=showProduct&bmp = d6277e67020 5cee361af 82c022878a50&print=1 (01 März 2008)

2 www.joecell.de/modules/altern8news/article.php?storyid=34 (17 Dezember 2006)

3 Brand, J. (1993) Behandlung mit Permanentmagnetfeldern, Ahlen; www.calciumcitrat.de/pdf/magnet.pdf (22 September 2010)

4 Richter, H. (2003) Physikalische Wasserbehandlung – Die Spanne zwischen Esoterik und Normung. Skeptiker 16/2, 52-54

5 Wricke, B., Baumgardt, W. (2003) Trinkwasseraufbereiter – Stand der Technik auf dem Markt verfügbarer alternativer Anlagen zur Vermeidung bzw. Verminderung der Steinbildung im Warmwasserbereich, DVGW, Technologiezentrum Wasser Karlsruhe, Außenstelle Dresden

6 Water Quality Association (USA, 2001) Magnetic Task Force Report

7 Kraft, A. (2004) Elektrochemische Verfahren zur Wasserbehandlung. Vom Wasser 102, 12-19

Die Energie soll es bringen

Welches Wasser hätten Sie gern?

Wir können Ihnen anbieten: aufgeladen, belebt, verwirbelt oder aktiviert, levitiert, strukturiert, informiert, energetisiert. Auf dem Wassermarkt finden Sie all dies und noch mehr. Sollten Sie jetzt unschlüssig
oder gar verwirrt sein, ist das verständlich. Die folgenden Abschnitte
werden Ihnen helfen sich zu entscheiden. Vielleicht aber wollen Sie
danach gar keines dieser Wunderwässer mehr.

Es ist eine alte Erfahrung: Lässt man ein Glas mit frischem Leitungswasser einige Zeit stehen, schmeckt es nicht mehr erfrischend,
es wird schal. Es gibt nun Leute und Firmen, die behaupten, das Wasser »habe seine Energie verloren« (Abb. 61). Manche gehen sogar
noch weiter und sagen, das Wasser sei nicht mehr gesund oder es
mache gar krank. Die kommerzielle Folge ist, dass es dann wiederum
Firmen gibt, die ihre jeweiligen Methoden anpreisen, schlappes Wasser wieder zu energetisieren.

Abb. 61   Energie in die Tasse: Schmeckt
der Kaffee dadurch besser? Das wird
zumindest behauptet.

Es gibt zahlreiche Anbieter für solche Geräte. Man kann aber auch
bereits behandeltes, in irgendeiner Form energetisiertes Wasser kaufen. Den gesamten Markt zu beschreiben ist praktisch unmöglich.

Nachfolgend werden daher nur einige der zahlreichen Angebote und ihre Versprechungen zusammengetragen und unter die Lupe genommen.

Die Wirbeltechnik

Wirbel in einer Flüssigkeit wie z. B. Wasser sind leicht zu erzeugen und zu beobachten. Denken wir an das Umrühren in einer Tasse oder das Ablaufen des Spülwassers aus einer Spüle. In unzähligen Formen entstehen sie aber auch in jedem fließenden Gewässer und verschwinden wieder. Im Kapitel »Rechts- und linksdrehendes Wasser?« haben wir bereits die rechts- und linksdrehenden Wirbel kennengelernt. Es gibt nun Leute, die behaupten, dass verwirbeltes Wasser generell energiereicher und damit besser sei als unbehandeltes Leitungswasser. Es ist daher kein Wunder, dass Wasserwirbel wie kaum eine andere Methode verwendet werden, um ein energetisiertes Wasser herzustellen. Lesen wir dazu eine der zahlreichen Behauptungen:

> »Durch Verwirbeln soll Wasser in die Lage versetzt werden, Energie in sich aufzusaugen. Die Bewegung ändert die bisherige Struktur des Wassers und löscht negative Informationen. Gleichzeitig ›öffnet‹ es sich für positive Prägungen. Beim Verwirbeln spielen oft bestimmte Rhythmen eine wichtige Rolle.« [1]

Die Levitationsmaschine

Ein Mann, der sich seit Jahren intensiv mit der Energetisierung von Wasser durch Verwirbeln beschäftigt, ist der Ingenieur Friedrich Hacheney. In einem Buch beschreibt er die Entwicklung der »Levitationsmaschine«. [2] In seiner Patentschrift von 1989 ist zu lesen:

> »Verfahren und Vorrichtung zur Energieanreicherung von Wasser, wässrigen Lösungen oder sonstigen Flüssigkeiten oder Schmelzen: Durch das erfindungsgemäße Verfahren und die zur Durchführung des Verfahrens entwickelte Vorrichtung soll erreicht werden, dass Flüssigkeiten mit Saugenergien angereichert werden, um den strukturellen Aufbau und die Eigenschaften zu verändern.« [3]

Die Maschine hat im Inneren einen speziellen Rotor, der nach seiner Beschreibung ein energiereiches Wasser erzeugt. Der Mechanismus der Maschine bewirkt im Prinzip, dass das eingefüllte Wasser für einige Minuten stark verwirbelt wird. Die entstehenden Mikrowirbel sollen die dabei erhaltene Energie speichern, bei geeigneter Lagerung bis zu einigen Monaten. In dem genannten Buch stellt Hacheney zu Beginn fest, dass Wasser ein Gedächtnis hat und Informationen aufnehmen könnte. Unter der Überschrift »Wasser als Informationsträger ...« schreibt er:

> »Wasser ist in der Lage, Informationen aufzunehmen und weiterzugeben. Die Möglichkeit der Speicherung von Information im Wasser ist auch aus rein schulwissenschaftlicher Sicht nicht prinzipiell auszuschließen. Welche physikalischen Vorgänge dabei ablaufen, ist noch weitgehend unbekannt ...
>
> Im Wasser enthaltene Schadstoffe hinterlassen auch nach ihrer Entfernung ihre Spuren. Diese Schadstoffinformationen können auch in einem ursprünglich stark verunreinigten, aber gründlich gereinigten Wasser nachgewiesen werden (sogar noch im Destillat!).«

Diese grundsätzliche Annahme Hacheneys macht stutzig, denn durch sein Studium kennt er die Naturwissenschaft in Theorie und Praxis. Für die Existenz eines Gedächtnisses des Wassers gibt es aber bisher weltweit keinen stichhaltigen Beweis, er wiederholt nur diese bereits vertraute Behauptung. Auch in seinen Schriften ist kein Beleg dafür zu finden. Er führt zwar in seinem Buch die Untersuchungen des französischen Biochemikers Jacques Benveniste von 1988 an. Wie wir vor einigen Kapiteln erfahren haben, ist diese Geschichte aber widerlegt und längst in der Schublade »Wissenschaftliche Irrtümer« abgelegt. Da Hacheneys Buch im Jahr 2005 neu aufgelegt wurde, wäre es Zeit, ja Pflicht gewesen, diese Entwicklung zu berücksichtigen.

In seinem Buch beschreibt er weiterhin sehr ausführlich die Durchführung dieser Energetisierung, die von ihm Levitation genannt wird. Es folgen zahlreiche Nachweise und Behauptungen für die Existenz des levitierten (= energetisierten) Wassers. Sie sind so umfangreich, dass hier nur eine kurze Darstellung möglich ist. Sie teilen sich grob in drei Bereiche: in wissenschaftliche Untersuchungen, in die Herstellung und Verwendung besonderer technischer Produkte und in Erfahrungsberichte, die ihm einzelne Anwender des levitierten Wassers mitgeteilt haben. Seine wissenschaftlichen Beweise sind absichtlich kurz gehalten, um sie für den wissenschaftlichen Laien verständlich zu machen. Dies führt zu dem Dilemma, dass sie oberflächlich werden und nicht mehr überzeugen.

- So wird z. B. der Vergleich der Destillation von unbehandeltem und levitiertem Leitungswasser beschrieben. Warum in dem Destillat ausgerechnet Natrium und Aluminium analysiert werden, wird nicht erklärt. Wurden auch andere Stoffe analysiert, die vielleicht andere Resultate brachten?

- Zudem bewegen sich die gefundenen Metallkonzentrationen in den destillierten Proben im Bereich der analytischen Nachweisgrenzen. Es ist aber in der Spurenmetallanalytik bekannt, dass Messungen in diesen extrem niedrigen Konzentrationen immer wieder durch analytische Fehler verfälscht werden können. Wurden diese wichtigen Ergebnisse durch eine analytische Qualitätskontrolle abgesichert? Wurden solche Fehler eventuell festgestellt und korrigiert?

- Schließlich werden die besonderen Eigenschaften des levitierten Wassers mit kleineren Wasserclustern und Mikrowirbeln begründet: »Beim Levitationsprozess ... werden solche Molekül-Cluster zerstört und es ist anzunehmen, dass die Molekülgruppen in levitiertem Wasser kleiner sind als gewöhnlich.«

»Es ist anzunehmen ...« bedeutet: Man weiß es nicht. Eine Begründung dafür oder gar eine experimentelle Bestätigung dieser grundlegenden Behauptungen wird nicht gebracht.

Ein großer Teil des Buchs befasst sich mit der technischen Anwendung der Levitation zur Herstellung kolloidaler Zementlösungen. Dabei spielt das von Hacheney entwickelte sogenannte Kolloidationsverfahren eine zentrale Rolle: »Der Kolloidator ist in erster Linie zur energetischen Behandlung eines Feststoff-Flüssigkeits-Gemisches vorgesehen ...«. Es folgt eine der physikalischen Erklärungen: »Durch Anregung kohärenter Schwingungszustände wird ein weitreichender Ordnungszustand im flüssigen Medium aufgebaut ...«. Obwohl Schwingungen in praktisch allen Formen in der Physik messbar sind, werden diese Hypothesen der »kohärenten Schwingungszustände« und des »weitreichenden Ordnungszustands« in dem Buch nirgendwo belegt.

Dem gegenüber scheinen die zahlreichen anwendungstechnischen Ergebnisse und Produkte in der Tat zu zeigen, dass die levitierten Wasser-Zement-Gemische und damit auch die Produkte in ihrer Qualität verändert wurden. Wiederum wird an keiner Stelle nachgewiesen, dass für die neuen Eigenschaften dieser Produkte ein Gedächtnis des Wassers, seine Energetisierung, Mikrowirbel oder kleinere Wassercluster verantwortlich sind. Wissenschaftlich gesehen bleiben alle diese Fragen offen.

Ein weiterer Teil des Buchs bringt schließlich zahlreiche Erfahrungsberichte von Anwendern des levitierten Wassers. Diese Erfahrungen umfassen eine weite Palette, u. a. die Herstellung von Getränken und Brot, den Einsatz in der Gärtnerei und die Malerei, wo das Wasser leuchtendere Aquarellfarben hervorbringen soll. Manche Ergebnisse erscheinen plausibel, meist aber sind es subjektive Einzelerfahrungen. Was in fast all diesen Fällen fehlt – und für die Anerkennung als Beweis erforderlich ist –, sind Überprüfungen und weitergehende Versuche, die die Ergebnisse wissenschaftlich bestätigen könnten.

Experten – Laien

Um kein Missverständnis aufkommen zu lassen, hier nochmals eine Anmerkung zum Verhältnis von naturwissenschaftlichen Experten und Laien. Es gibt naturgemäß sehr viel mehr kreative Menschen als nur diejenigen, die ein naturwissenschaftliches Studium absolviert haben. Wenn jemand also berichtet, dass Brot mit levitiertem Wasser besser zu backen ist und länger hält, ist dies als Erfahrung zunächst zu akzeptieren. Aussagen wie diese müssen also nicht von wissenschaftlichen Experten kommen. Die Geschichte kennt viele Beispiele dafür, dass großartige Beobachtungen und Entdeckungen von Leuten ohne wissenschaftliche Ausbildung gemacht wurden. Entscheidend ist vielmehr das weitere Geschehen: Wird diese Entdeckung nicht nachgeprüft oder hält sie einer Nachprüfung nicht stand, bleibt sie im Stadium der Behauptung. Erst wenn sie aufgegriffen und mit wissenschaftlichen Methoden gründlich überprüft wird, hat sie die Chance, letztlich das Siegel »wissenschaftlich bewiesen« zu erhalten. Die Beweise allerdings können meist nur die Naturwissenschaftler bringen, da nur sie die notwendigen Untersuchungsmethoden zur Verfügung haben.

Wie man sieht, sind die von Hacheney präsentierten Argumente für das levitierte Wasser teils wissenschaftlich-technischer Art, teils einfach Behauptungen, teils Beschreibungen einzelner Anwender dieses Wassers. Was also soll man davon halten? Die vorgelegten Informationen machen es schwer, eine Beurteilung zu finden. Am besten geht man auch in dieser Situation so vor, wie es die bereits dargelegten Arbeitsschritte in der Naturwissenschaft nahelegen:

Vermutung → Behauptung → Experiment → Ergebnis → Überprüfung → Beweis

Im Fall der Levitationsmaschine liegen zahlreiche Hypothesen, Untersuchungen und Hinweise vor. Sie können jedoch weder akzeptiert noch abgelehnt werden, solange sie nicht überprüft sind. Genau hier sollte die Neugier unvoreingenommener Wissenschaftler ansetzen: Den Fragen tiefer nachzugehen, um neue Erkenntnisse zu gewinnen. Ein koordiniertes Forschungsprojekt unter Einbeziehung verschiedener Wissenschaftsbereiche wäre dazu eine gute Möglichkeit. Erst in solch einem Prozess der öffentlichen Diskussion könnten die Behauptungen naturwissenschaftlich anerkannt oder aber widerlegt werden. Diesen Weg haben die Levitationsmaschine und ihr Erfinder noch vor sich.

Der Miniwirbler

Bezüglich der Größe ist ein Miniwirbler das Gegenstück zur großen Levitationsmaschine: ein zylinderförmiges, hohles Plastikstück, ca. 6 cm lang, versehen mit je einem Schraubgewinde an beiden Enden. [4] Zur Anwendung füllt man eine Flasche mit Schraubverschluss teilweise mit Wasser, nimmt eine leere Flasche dazu und verbindet beide über den Miniwirbler. Die gefüllte Flasche wird nach oben gehalten und im Uhrzeigersinn gedreht. Dadurch fließt das Wasser nun in einer Wirbelbewegung in die untere leere Flasche. Dieser Vorgang wird noch mindestens zweimal wiederholt und fertig ist das vitalisierte Wasser.

Nach der Werbung hat der Miniwirbler folgende Funktion: »Beim Umleeren des Wassers von einer Flasche in die andere entsteht ein natürlicher Wirbel, welcher das Wasser energetisiert. Zusätzlich wurden … dem DevaJal die Worte ›Liebe und Dankbarkeit‹ in verschiedenen Sprachen aufgedrückt und somit dem Wasser zusätzlich gute Informationen mitgegeben.« Natürlich kann man auch andere Wörter auf den Wirbler aufkleben, je nach Bedarf. Das versprochene Resultat: »Alle diejenigen, welche das mit dem DevaJal verwirbelte Wasser getrunken haben, haben eine Verbesserung im Geschmack feststellen können – ein Wasser, welches süßer, welches leichter, frischer schmeckte. Viele gaben an, ein Gefühl von innerem Frieden zu empfinden.«

Selbstversuch

Vor einigen Jahren machte ich einen Selbstversuch: An einem Ausstellungsstand, der einen Miniwirbler anbot, trank ich zunächst eine Probe des unbehandelten und dann des verwirbelten Wassers. Trotz der Behauptung des Verkäufers »Sie müssen doch eine Verbesserung feststellen!«, fiel mein Versuch negativ aus. Ich konnte keinerlei Unterschied zum unbehandelten Wasser schmecken. Ich verzichtete daher auf den Kauf dieses Miniwirblers.

Geschüttelt, nicht gerührt

Aus vielen berühmten Filmen ist er bekannt: James Bond, Geheimagent im Dienst der englischen Krone. Eine seiner wiederkehrenden Marotten war der Genuss eines Wodka- oder Gin-Martini-Cocktails, der geschüttelt sein musste. Man darf sicherlich davon ausgehen, dass Bond dabei nicht an die Energetisierung seiner Getränke dachte, denn sonst hätte er sie gerührt bestellt. Vielmehr soll diese Vorliebe auf die Trinkgewohnheiten seines literarischen Erzeugers, des Journalisten Ian Fleming, zurückgehen. Dieser soll während seiner Tätigkeit in Berlin nach dem 2. Weltkrieg den Barkeeper Hans Schröder kennengelernt haben, der ihn mit den geschüttelten Martini-Cocktails bekannt machte. [5] Man darf weiterhin davon ausgehen, dass diese Cocktails auch ohne Energetisierung zu Bonds Vitalität beitrugen, die er für seine vielen Aktionen und Affären benötigte.

Physikalisch gesehen wird durch das Wirbeln von einer Flasche in die andere tatsächlich etwas verändert. Durch den vermehrten Kontakt mit der Luft wird etwas Luft gelöst. Genaue Messungen vorher und nachher könnten aus diesem Grund minimal erhöhte Konzentrationen von Sauerstoff und Kohlendioxid ergeben. Dass das Wasser nach vielem Wirbeln etwas frischer schmeckt, wäre als Folge dann durchaus möglich. Den gleichen Effekt, nur viel stärker und billiger, erhält man durch simples Schütteln der Flasche mit Wasser. Mit einer Energetisierung hat aber weder die eine noch die andere Behandlung etwas zu tun.

Kristalle bringen Ordnung ins Wasser

Bei stark vereinfachter Betrachtung unserer Welt könnte man sagen, sie bestehe im Wesentlichen aus Gasen, Flüssigkeiten und festen Stoffen. Schon die Griechen im Altertum sahen in diesen drei

Erscheinungen (und dazu noch Feuer) die Elemente, aus denen sich die Welt zusammensetzt. Die heutige geografische Einteilung unserer Erde in Atmosphäre (Luft), Hydrosphäre (Wasser) und Lithosphäre (Boden) beruht ebenfalls auf dieser groben Unterteilung.

Um die Vielfalt der unterschiedlichsten Zustände in der Welt zu beschreiben, definieren auch heute noch die Naturwissenschaftler zunächst diese einfache (ideale) Grundeinteilung von gasförmig, flüssig und fest als sogenannte Aggregatzustände.

Aggregatzustand Gas

- Die Teilchen bewegen sich frei im Raum.
- Es liegt keine räumliche Ordnung vor.

Aggregatzustand Flüssigkeit

- Die Teilchen sind nicht an feste Plätze gebunden, sondern können sich eingeschränkt bewegen.
- Ordnungszustand zwischen Gas und Festkörper

Aggregatzustand Feststoff

- Die Teilchen sind an feste Plätze gebunden.
- Schwingungen der Teilchen sind möglich.
- höchster Ordnungsgrad

Aus dem täglichen Leben weiß man jedoch, dass die Beschreibung mit den drei idealen Aggregatzuständen nicht ausreicht. Es gibt nämlich zahlreiche Zwischenstadien und Mischungen, wie z. B. Honig oder Kuchenteig (plastisch), Nebel (flüssige Wassertröpfchen in Luft) oder das Frühstücksmüsli (feste Haferflocken und Nüsse in flüssiger Milch). Was nicht in das Schema »gasförmig – flüssig – fest« passt, wird daher von der Wissenschaft als Gemisch aus diesen drei Grundzuständen definiert: Emulsionen (flüssig – flüssig, z. B. Milch), Suspensionen (flüssig – fest, z. B. Petersilie in der Suppe), Rauch (gasförmig – fest) usw.

Kehren wir zu unserem alltäglichen Wasser zurück. Lesen wir dazu folgenden Werbetexte:

- »… wird Ihr Wasser vitalisiert und energetisiert über aufgeladene Bergkristalle und Rosenquarze. Die Urinformation wird an das Wasser abgegeben. Sie werden die Bergquelle schmecken.« [6]

- »Edelsteinmischung ... Bergkristall-Spitzen – Rosenquarz – Amethyst; Eine optimale Rohsteinmischung von hoher ungeschliffener Qualität zum Revitalisieren und Aufladen von Leitungswasser mit positiver Energie / Schwingung. Die Steine zusammen mit Wasser in einen Krug geben und das Schwingungsmuster der Steine (am besten über Nacht) auf das Wasser einwirken lassen. Sie können die Wirksamkeit selbst testen, füllen Sie ein Glas mit Leitungswasser und ein Glas Wasser plus der Edelsteine und lassen das Wasser einen Tag lang stehen. Der Geschmackstest wird Ihnen bestätigen, dass das normale Leitungswasser nach einem Tag leer und schal schmeckt, wogegen das Edelsteinwasser frisch schmeckt.« [7]

Ein vierter Aggregatzustand – das Plasma

Die Teilchenphysiker definieren noch einen weiteren Aggregatzustand: das Plasma. Es ist im Allgemeinen ein gasförmiges Gemisch, das aus neutralen und geladenen Teilchen wie Ionen oder Elektronen besteht. Charakteristisch für ein Plasma ist sein typisches Leuchten, das durch Strahlungsemission angeregter Atome, Ionen oder Moleküle verursacht wird. Auf unserer Erde findet man natürliche Plasmen u. a. in Blitzen (Abb. 62). Mehr als 99 % der sichtbaren Materie im Universum befindet sich im Plasmazustand, auch die Sonne und andere Sterne.

Abb. 62 Ein Blitz besteht aus hoch erhitztem Plasma, das Licht ausstrahlt.

Ähnliche Texte tauchen in weiteren Werbungen für diese Art der Wasserenergetisierung auf. Allgemein wird darin behauptet, dass bestimmte Kristalle in der Lage sind, Schwingungen und Informationen an Wasser auszusenden. Beispiele sind Rosenquarz oder Bergkristall, die der Anwender in ein Gefäß mit Wasser legt oder in indirekten Kontakt bringt. Die Mineralien sollen dann die hohe Ordnung der Kristallstruktur auf das Wasser übertragen. Entsprechend dieser Behauptung soll sich die Wirkung des Kristalls bereits innerhalb von Minuten bis Stunden entfalten können.

Nach der oben beschriebenen physikalischen Beschreibung der Aggregatzustände flüssig und fest fragt man sich, was denn die fixierte Ordnung eines Kristalls mit der mobilen (Un-) Ordnung im flüssigen Wasser zu tun hat. Was genau an der Kristallordnung, welche Eigenschaften der Heilkristalle sind so wertvoll, dass sie übertragen werden sollen? Welche Schwingungen, welche Informationen sollen das sein? Weiterhin: Was soll diese übertragene »höhere Ordnung« im Wasser und letztlich beim Menschen bewirken? Fragen, auf die nirgendwo plausible Antworten zu finden sind.

Vielmehr kommt bei diesen Behauptungen der uralte Aberglaube an die Zauberkraft von Kristallen in den Sinn. Aus diesem Grund wurden und werden sie immer noch in Amuletten, Zauberringen und dergleichen verwendet. So gesehen ist die Verwendung von Kristallen zur Energetisierung von Wasser nur eine Abart dieses Aberglaubens. Die heilsame Wirkung auf Wasser und Mensch ist dementsprechend ebenfalls Glaubenssache.

Von Chi-Folien, Zauberstäben und Getränkescheiben

Belebtes Wasser durch Chi-Energie

Eine weitere Möglichkeit zur Energetisierung von gewöhnlichem Wasser soll darin bestehen, kosmische Energien auf ein Trägermaterial aufzuspielen. Diese sollen dann auf das in seiner Nähe befindliche Wasser übertragen werden. Auf dem Markt zur Belebung von schlappem Wasser wird unter anderem eine Folie angeboten, die um das gewünschte Leitungswasserrohr im Haus gewickelt wird. Im Internet und in einem Infoblatt ist dazu zu lesen: »Die speziell behandelte Folie überträgt sofort ultrafeine Schwingungsinformationen, die das Wasser anregen, wieder seinen natürlichen Quellcharakter zu entwickeln.« [8]

Was genau sind diese Schwingungsinformationen im Wasser? Weder darauf noch auf ihre Übertragung gibt es irgendeinen Hinweis. Sucht man nach dem zugrunde liegenden Mechanismus dieser angeblichen »Belebung«, stößt man auf einige nicht-physikalische Formulierungen, u. a.:

> »Energiestau in Leitungsrohren – Auch Wasser ist Träger von Lebensenergie. Im Wirbel baut es diese Energie auf. Doch wenn Wasser mit hohem Druck durch oft kilometerlange Leitungen gepresst wird, kann es diese Wirbelbewegungen nicht vollziehen. Es »verklumpt« in seiner molekularen Ordnung und wird energiearm. … Nach dem Baden in Chi-armen Leitungswasser fühlt man sich zum Beispiel schlapp und müde, weil das Körperwasser sich dem niedrigem Energieniveau des Badewasser angepasst hat. …
>
> Wasserbelebung hebt die Chi-Qualität – Wasserbelebung ist ein physikalisches Verfahren, mit dem Leitungswasser angeregt wird, wieder seine natürliche Vitalität und molekulare Ordnungsstruktur zu entwickeln. … Es ist dann quasi gesättigt mit einer hohen Chi-Energie …«

Hier wird also die aus der Esoterik bekannte spirituelle, nicht messbare Chi-Energie einer physikalischen (und damit messbaren) Energie gleichgesetzt. Auf dieser unzulässigen Grundlage wird dann eine physikalische Wirkung aufgebaut, die natürlich mit keinem naturwissenschaftlichen Mittel nachgewiesen werden kann. Der Glaube daran muss beim Kauf einer solchen »Belebungs«-Folie genügen. Die Wirkungen des derart »belebten« Wassers werden folgendermaßen beschrieben:

> »Leitungswasser in Top-Qualität: Diese verbesserte Lösung von Stoffen hat auch unmittelbare positive Auswirkungen auf den Stoffwechsel. Es unterstützt effizient die körperliche Entschlackung und Entgiftung. Aufgrund seiner feinen Strukturierung wird belebtes Wasser viel besser vom Körper aufgenommen. …
>
> Bessere Wirkung von Reinigungsmitteln – Für das Waschen, Putzen und Wischen benötigt man aufgrund der verbesserten Lösungsfähigkeit des belebten Wassers erheblich weniger Reinigungsmittel. Weniger Putzen und weniger Putzmittel
>
> Warum der Kalk nicht mehr »anklebt« – Im vitalen Wasser sind die Wassermoleküle hochaktiv und bilden keine dauerhaften Cluster, sodass sich auch keine verästelten Kalkkristalle bilden können.
>
> Noch mehr positive Effekte … – Belebtes Wasser hat auch sehr positiven Einfluss auf Wasser-Heizkreisläufe … kann … aufgrund seiner kleinclustrigen Struktur … Wärme besser speichern«.

Um den eventuell zweifelnden Leser von diesen Vorteilen zu überzeugen, ist weiter zu lesen: »Wissenschaftlich untersucht – Unabhängige Laboruntersuchungen mit dem Rasterelektronen-Mikroskop bestätigen die Wirkung der AQUA-VITAL-FOLIE.« Diese »Bestätigung« wird im Kapitel »Daten, Tests, Beweise?« näher erläutert. Das Ergebnis wird man bereits jetzt ahnen können: Wie so häufig wird »untersucht« mit »bewiesen« gleichgesetzt. Nirgendwo ist nämlich eine Bestätigung der angeblichen Wirkungen zu finden. Das vom Anbieter sich selbst verliehene wissenschaftliche Gütesiegel taugt nichts.

Der Energie-Zauberstab für Getränke ...

Ähnlich wie die beschriebene Chi-Folie gibt es auch die handliche Form für den modernen mobilen Menschen. Der Wasserenergetisierungsstab hat etwa die Form und Größe eines Kugelschreibers. Zur Anwendung wird er einfach in das Getränk getaucht, das energetisiert werden soll: Wasser, Tee, Saft, Wein usw. Nach dem Umrühren ist der Energie-Drink fertig! Und wie funktioniert das? »Dabei werden die positiven Schwingungen [des Stabes] auf die sich im Gefäß befindliche Flüssigkeit übertragen.« [9] Um welche Schwingungen es sich dabei handelt und wo sie herkommen, erfährt man wie üblich nicht. Der unkritische Käufer darf dafür erwarten:

- »Energetisierung von allen Getränken,

- Reaktionsverbesserung bei Allergien auf pasteurisierte Getränken,

- Geschmacksverbesserung bei Wein,

- Anhebung der Bekömmlichkeit bei alkoholischen Getränken,

- Wellness – Effekt, der aus dem Inneren kommt.«

Na dann, Prosit! Es lebe der Glaube an diese Versprechen.

... und die Getränkescheibe

Alles wie schon gehabt, nur in anderer geometrischer Form. Eine der angebotenen Scheiben misst zehn Zentimeter im Durchmesser und besteht aus poliertem Chromstahl, drei Steinen mit Brillantschliff und Gravuren. Im Werbetext ist dazu geschrieben [10]:

»... sie dient zur Energetisierung der Getränke von Wasser über Wein und Säfte bis zu Tees und Kaffee. Wein, Kaffee usw. schmecken wesentlich milder. ... Der Geschmack des Wassers ist spürbar verbessert ...
... [die Getränkescheibe] produziert Sauerstoff, Lichtquanten und Informationen zum Ausleiten und Entgiften ...

Wenn einer der drei Steine nach Osten weist, dann ist die Wirkung noch stärker.«

Wenn diese Scheibe wirklich Sauerstoff aus dem Nichts produzieren könnte, wäre die Erfindung nobelpreisverdächtig. Es ist jedoch mit absoluter Sicherheit zu erwarten, dass dies niemals geschieht. Aber als Untersetzer für Trinkgläser ist die Scheibe sicherlich sehr dekorativ.

Wesentlich billiger als die Chromstahlscheibe ist ein angebotener Holzuntersetzer für Getränke. Er wird für die Vitalisierung und Aromatisierung von Getränken angepriesen [11]: »Wasser, Tee, Kaffee, Bier, Wein, Schnaps können im Aroma verfeinert und energetisiert werden, indem das Getränk ... für eine unterschiedliche Verweilzeit (z. B. Schnaps und Bier nur kurz, Wein etwas länger) auf dem plocher holzuntersetzer für Getränke gestellt wird. Wirkung: Obstsäfte schmecken fruchtiger, Wein entfaltet volles Bouquet, Essig verliert stechenden Säuregeschmack, Schnaps wird ›älter‹ und runder.«

Das alles soll durch ein »physikalisches Verfahren nichtmagnetischer Informationsübertragung zur gezielten, katalytischen Aktivierung von biologischen Prozessen« erreicht werden. In dem Katalog steht weiterhin: »Die Ergebnisse sind reproduzierbar und mit herkömmlichen naturwissenschaftlichen Messmethoden nachweisbar ... GRATIS anfordern: Test-Untersetzer.«

Der angeforderte Test-Untersetzer war nicht aus Holz, sondern entpuppte sich als Pappscheibe von der Art eines Bierglasuntersetzers (Abb. 63). Bei einem Test im Kreis von Freunden konnte keine Veränderung des verwendeten Apfelsaftes durch diesen Untersetzer entdeckt werden. Zugegeben: Das war kein wissenschaftlicher Test, aber daraus entstand jedoch der Vorschlag für eine noch billigere Variante der Getränkeuntersetzer: Man schneidet sich selbst von einem Ast einige Scheiben ab und stellt darauf die Getränke. Die Wirkung ist die gleiche wie bei allen anderen Untersetzern – nämlich null. Auf die Bestellung der angepriesenen Untersetzer aus Holz wurde nach diesem Test dann verzichtet.

Abb. 63 Der Test-Untersetzer, der Wasser und andere Getränke energetisieren soll. Eine selbst gesägte Holzscheibe hat dieselbe Wirkung – nämlich keine.

Anmerkungen

1 http://kiffer.net/kommune/unterhaltsam/gehirnschleim/grander-wasser--belebtes–wasser–aktiviertes–wasser/seite3.html (11 März 2008)

2 Hacheney, F. (2005) Levitiertes Wasser – In Forschung und Anwendung. Michaels Verlag, 3. Auflage

3 Hacheney, F. (1989) Verfahren und Vorrichtung zur Energieanreicherung von Wasser, wässrigen Lösungen oder sonstigen Flüssigkeiten oder Schmelzen. Patent DE 3738223 A1, angemeldet 11.11.87, erteilt 24.5.89

4 www.devajal.de (22 September 2010)

5 http://en.wikipedia.org/wiki/Shaken,–not–stirred#column-one (22 September 2010)

6 www.aqua-gmbh.com (11 Juli 2009)

7 http://www.hunza.de/ (23 September 2010)

8 www.ulrich-holst.de (23 September 2010)

9 www.ich-liebe-mich.eu (23 September 2010)

10 Euro Vital (2008), Iselsberg, Prospekt

11 Plocher Produktkatalog (2010); www.plocher.de (11 April 2010)

Informieren Sie Ihr Wasser!

Das Grander-Wasser

Bereits im Kapitel »Supergehirn Wasser?« hatten wir uns mit dem angeblichen Gedächtnis des Wassers befasst. In diesem Zusammenhang ist auch der Begriff Information behandelt worden. Es ging dabei vor allem um das Prinzip, ob und welche Information das Wasser überhaupt speichern könnte. Die Schlussfolgerung war eindeutig: Es gibt zurzeit keine wissenschaftlichen Erkenntnisse über die Existenz dieses Gedächtnisses, ebenso wenig darüber, dass Wasser irgendwelche Information aufnehmen oder abgeben könnte.

Johann Grander, der »Wassermann aus Tirol«, ist da anderer Meinung. In seinem Bergwerk hat er eine Quelle entdeckt, die eine »Urinformation« enthalten soll. Woher die Information kommt und gerade in dieser Quelle, was sie beinhaltet und wie man sie entziffern kann, ist bis heute sein Geheimnis. Wichtig ist ihm, dass diese Urinformation auf anderes Wasser übertragen werden kann. Dieses übernimmt dann die Information und wird dadurch ebenfalls »belebt«. [1] Eine Skizze des Arbeitsprinzips nach den Angaben im Internet ist in Abb. 64 zu sehen. Wie das funktionieren soll, wird auf seiner Homepage und in weiteren Werbetexten beschrieben.

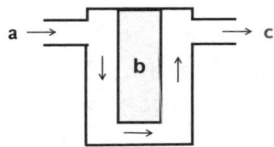

Abb. 64 Arbeitsprinzip der Informationsübertragung in einem Grander-Gerät. Das Leitungswasser fließt in das Gerät (a), umspült das eingekapselte »Informationswasser« (b) und fließt wieder aus dem Gerät (c).

Wasser, das Wunderelement? 1. Auflage. Helge Bergmann
© 2011 WILEY-VCH Verlag GmbH & Co. KGaA, Weinheim

Der Grander-Effekt

- »Zurück zur ursprünglichen Ordnung: Die Wasserbelebung von Johann Grander baut die ursprüngliche Stabilität und Ordnung des Wassers wieder auf. Die Übertragung von Informationen – das ist das Prinzip der GRANDER Wasserbelebung. Das heißt: Wasser kann Informationen an andere Wässer übertragen, ohne mit ihnen unmittelbar in Berührung zu kommen. So gehen die Eigenschaften des belebten Wassers auf belastetes Wasser über – das gestresste Wasser gelangt wieder in seine natürliche Ordnung. Die innere Struktur des Wassers wird gestärkt und macht es widerstandsfähig gegen äußere Einflüsse. Geschwächtes Wasser erholt sich, es wird wieder kraftvoll und stark. Dabei wird ihm nichts zugesetzt und nichts entnommen. Wasser vergisst nichts – Wasser hat ein Gedächtnis. Wasser besitzt ein Immunsystem, das als Schutzeinrichtung gegen belastende Einflüsse von außen dienen soll. Die innere Struktur des Wassers ist für die Qualität des Immunsystems verantwortlich.«

- »Ziel der Wasserbelebung: Das Ziel von Johann Grander ist es, das Wasser qualitativ zu verbessern. Dies geschieht, indem die ursprüngliche Ordnung der inneren Struktur wiederhergestellt wird. Grander ist es gelungen, die Eigenschaften des belebten Wassers übertragbar und nutzbar zu machen – mit all seinen wohltuenden Wirkungen für Menschen, Tiere und Pflanzen.«

- »Wie wird Wasser belebt? Die GRANDER Wasserbelebung funktioniert nach dem Prinzip der Informationsübertragung. Es wird dem Wasser nichts zugesetzt und nichts entnommen. Die positiven Informationen des ›Füllwassers‹ (GRANDER Informationswasser) gehen auf andere Gewässer über. Die außergewöhnliche Erfahrung dabei ist, dass das belebte Wasser Fähigkeiten erlangt, die in der Natur kaum noch Wässer aufweisen.«

Wasser gilt also als Informationsträger und die in dem »Grander Informationswasser« gespeicherten Informationen sollen auf anderes Wasser übertragen werden. Auf der Webseite wird weiterhin eine lange Liste positiver Wirkungen aufgeführt. Sie ist so umfangreich, dass hier nur einige Punkte aufgeführt werden, über die Anwender berichteten:

- ein feinerer Geschmack des Wassers,

- ein angenehmes Gefühl auf der Haut,

- das erhöhte Verlangen, Wasser zu trinken,

- ein natürlicherer Geschmack bei Lebensmitteln,

- eine auffallende Blumenpracht,

- mehr Ertrag bei Obst und Gemüse,

- gesündere Tiere,

- Einsparungen bei Wasch- und Reinigungsmitteln.

Die Homepage selbst führt Nutzen und Auswirkungen in folgenden Bereichen auf:

- Heim und Garten,

- Trinken und Essen,

- Baden und Duschen,

- Waschen und Reinigen,

- Tiere und Pflanzen,

- Schwimmbäder und Wellness,

- Lebensmittelerzeugung,

- Landwirtschaft/Gartenbau,

- Krankenhäuser,

- Gewerbe/Industrie.

Demnach müsste dieses informierte Wasser ein wahres »Elixier des Lebens« sein (Grander-Werbung). An dieser Stelle aber wird die Erfindung vollends unglaubwürdig. So sehr sich Grander und seine Anhänger bemüht haben, den Nachweis für irgendwelche dieser behaupteten Wirkungen zu bringen, so erfolglos blieben diese Versuche. Es gab einige Untersuchungen, aber sie waren teils zu naiv und in jedem Fall wissenschaftlich ohne Erfolg.

Der Pflanzenwachstumstest: Untauglich

Dieser Test wurde im österreichischen Fernsehen ORF unter dem Titel »Wunder oder Wucher: Was ist dran am Grander-Wasser?« gezeigt. [2] Unter gleichen Bedingungen waren in je einem Glashaus über 14 Tage Katzengras, Brunnenkresse und Amaryllisknollen mit belebtem Wasser von Grander und mit normalem Wasser bewässert worden. Das Ergebnis wurde von einem Notar und einer Floristin präsentiert und begutachtet. Danach waren bei den Amaryllis, die mit Grander-Wasser bewässert wurden, treibende Ansätze zu sehen, während die Amaryllis, die mit normalem Wasser versorgt wurden, keine Austreibung zeigten. Bei dem Katzengras und der Brunnenkresse waren keine Unterschiede zu beobachten.

Was zeigt der Film wirklich? Ein Jurist (Notar) und eine Floristin berichteten über das Experiment. Sicherlich Fachleute auf ihren Sachgebieten, waren sie aber weder zur professionalen Planung noch zu einer gründlichen Bewertung des Versuchs in der Lage. Die Pflanzen wurden in getrennten Glashäuschen jeweils mit Grander-Wasser und normalem Wasser gewässert. Eine statistische Mischung von Bepflanzung und Bewässerung wäre sinnvoll gewesen, um Standortunterschiede zu berücksichtigen. Die Licht- wie auch die Wärmeverhältnisse in beiden Häuschen waren nicht berücksichtigt worden. Die Jahreszeit (»... es war saukalt ...«) und die Wachstumsdauer (zwei Wochen) waren zum Teil nicht geeignet. Der Clou: Die normal gewässerten Amaryllisknollen wurden gezeigt, nicht aber die mit Grander-Wasser versorgten Pflanzen. Deren angeblich stärkeres Austreiben wurde von der Floristin nur geäußert, nicht vorgeführt. Ein direkter optischer Vergleich mehrerer Knollen vor der Kamera wäre als minimaler Beweis notwendig gewesen.

Das Gute an dem Film sind die Warnhinweise am Ende: »... natürlich nicht wissenschaftlich, natürlich nicht signifikant ...«. Der Film zeigt also genau das Gegenteil von dem, was die Grander-Werbung erhofft hatte: Es wurde nämlich keine Wirkung des belebten Wassers gezeigt.

Die gezeigte Untersuchung war laienhaft geplant, durchgeführt und bewertet worden. Bei dem deutschen Wettbewerb »Schüler experimentieren 2007« gewann der Teilnehmer S. Prüfling mit seinem Beitrag »Wirksamkeit von Grander-Wasser« den 3. Preis. [3] Sein Ergebnis: »Innerhalb der Messgenauigkeit konnte ich also keinen

Unterschied im Wachstumsverhalten der Pflanzen feststellen, die mit Grander-Wasser und unbehandeltem Leitungswasser gegossen wurden.« Entsprechend den Wettbewerbsregeln war die Arbeit wissenschaftlich sauber durchgeführt und korrekt dokumentiert worden.

Der Geschmackstest: Fehlanzeige

Doris Kitzmüller [4] beschreibt in einer Arbeit einen besonders peinlichen Reinfall des damaligen Grander-Vertreters Dr. Kronberger in einer österreichischen Fernsehsendung:

»Dr. Kronberger gab in Help TV, nachdem er zu einem Geschmacksvergleich von Leitungswasser und Granderwasser aufgefordert wurde, an, dass es für ihn nicht möglich ist, das Granderwasser aus den Proben aufgrund des Geschmacks zu erkennen, obwohl er schon lange Konsument des ›belebten‹ Wassers ist. Insofern hat er sich in dieser Aussage selbst widersprochen. Es kann also nicht von der Annahme ausgegangen werden, dass man durch bloßes Schmecken Unterschiede zwischen … Granderwasser und Leitungswasser erkennt.« [5] Wenn selbst ein Vertreter für Grander-Produkte keinen Geschmacksunterschied zwischen normalem und dem »informierten« Wasser feststellen kann, spricht das für sich und gegen die Werbung seiner eigenen Firma.

Wissenschaftliche Untersuchungen

Lange Zeit stand Grander mit seinen Überzeugungen da, ohne einen Nachweis für die lange Liste von Wirkungen seines Wassers in der Hand zu haben. Im Jahr 2000 wurde dann gefunden, dass sich bei der Behandlung nach Grander die Oberflächenspannung des Wassers ändert. Die genauere Beschreibung ist im Kapitel »Daten, Tests, Beweise?« zu finden. Durch weitere Untersuchungen wurde dieses Ergebnis allerdings widerlegt. Herr Grander stand wieder ohne Beweis für die Wirkung seines belebten Wassers da. Aber das war noch nicht alles. Aus zunehmender Skepsis gegenüber seiner Wasserbelebung wurden weitere angebliche Wirkungen getestet, u. a. von Rudolf Hammer [6] und D. Kitzmüller:

• Wachstumstests für Bakterien in Wasserproben,

• Pflanzenwachstumstests,

• ein Geschmackstest.

Die wissenschaftlichen Untersuchungen sind so umfangreich, dass hier nur auf die Übersichten von Erich Eder [7] und D. Kitzmüller verwiesen werden kann. Letztere schreibt in der Zusammenfassung ihrer Arbeit:

»Aufgrund dieser hier durchgeführten Versuche und der bereits vorangegangenen Untersuchungen kann nicht von einer Wirkung der ›Wasserbeleber‹ gesprochen werden. Weder das Versuchsgerät ›Flexibler Wasserbeleber‹ der Firma Innutec (Grander) noch ... erzielte die versprochenen Resultate. Obwohl von seitens der Grander-Technologie immer wieder behauptet wird, dass es wissenschaftliche Beweise für die Wirksamkeit dieses ›Wasserbelebungssystems‹ gibt, bleibt die Bestätigung der Wirkung in der vorliegenden Arbeit aus.« An dieser naturwissenschaftlichen Bewertung hat sich bis heute nichts geändert.

Ist Grander-Wasser Gift?

Auf der einen Seite wird behauptet, nach Grander behandeltes Wasser würde beleben, u. a. auch den Pflanzenwuchs fördern. Andererseits wird behauptet, es könne die Anwendung von Chlor zur Desinfektion von Schwimmbädern verringern, also – wie Chlor – schädliche Bakterien und Pilze abtöten. Was stimmt nun: Belebung oder Giftwirkung? Die bisherigen Testergebnisse sagen: Keines von beiden. Es gibt keine über die Einbildung hinausgehende Wirkung.

Ist Grander-Wasser ein Placebo?

Wir erinnern uns an die Diskussion von Placebos im Kapitel »Homöopathie – Wirkung mit nichts?«. Placebos werden Substanzen genannt, denen eine Heilwirkung zugeschrieben wird, die sie aber nur in der Einbildung der Patienten besitzen. Das erinnert an die angeblichen Wirkungen des Grander-Wassers und an den ausbleibenden Nachweis dafür. Könnte Grander-Wasser ähnlich wie ein Placebo wirken?

Die rechtliche Seite

Nicht nur mit der Wissenschaft bekam Grander Probleme, sondern auch mit den Gesetzen. Der Mangel an Beweisen für die Wirksamkeit seines belebten Wassers wurde auch von der Justiz wahrgenommen. Früher hatte Grander sein informiertes Wasser als Heilmittel gegen eine ganze Reihe von Krankheiten angepriesen, u. a. gegen Gicht, Ekzeme, Diabetes und sogar Krebs. Von einem Gericht wurde ihm dies 2003 jedoch verboten. Auf einer neueren Webseite (2009) geht er einen anderen Weg: Er lässt Anwender seines informierten Wassers berichten, wogegen es ihnen geholfen hat. Eine stichhaltige Überprüfung solcher Heilerfolge ist jedoch nie erfolgt und dürfte auch schwierig sein.

Ein Hauptkontrahent Granders war der bereits erwähnte Erich Eder, Biologe an der Universität Wien und engagiertes Mitglied der österreichischen Gesellschaft für kritisches Denken (GWUP, siehe Kapitel »Naturwissenschaftliches Denken und Arbeiten«). Er betreibt eine umfangreiche Webseite mit dem Titel »Wunder oder Wucher? Was ist dran am Granderwasser? Ein Beitrag zum Konsumentenschutz«. Dort sammelt Eder Fakten, Legenden und Zweifel über das Grander-Wasser. Er beschreibt aber auch seine juristischen Auseinandersetzungen mit der Vertriebsfirma U. V. O. für Grander-Technologie. 2006 entschied das Oberlandesgericht in Wien, dass Eders Behauptung, Grander-Wasser bzw. Grander-Technologie wären »aus dem Esoterik-Milieu stammender, parawissenschaftlicher Unfug«, rechtens ist. Ebenso ist der moralische Vorwurf, dass Menschen, die an gefährlichen Krankheiten wie etwa Borreliose oder Krebs leiden, möglicherweise leichtgläubig auf dringend notwendige medizinische Behandlung verzichten und stattdessen auf die Wirkung des Wunderwassers vertrauen, laut Oberlandesgericht Wien sachlich begründet. Dieses und weitere Urteile sind im Kapitel »Im Namen des Volkes – Gerichte urteilen« genauer beschrieben.

Die fehlende Information

Eine Frage drängt sich auf: Ein Mann wie Grander hat nach eigenen Angaben früher so gern und viel geforscht. Warum geht er nicht in die Offensive und gibt selbst Untersuchungen in Auftrag? Ihm müsste es doch ein Anliegen sein, die angepriesene Information in seinem Wasser festzustellen und sein Produkt zu rehabilitieren. Kaum eine andere Firma könnte sich dieses Image des Versagens leisten. Denn ungeachtet der wissenschaftlichen und juristischen Misserfolge der Grander-Geräte gilt das Grander-Wasser immer noch als etwas Besonderes. Wie ist es sonst zu erklären, dass ein 4-Sterne-Hotel noch im Jahr 2010 in seinem Wellnessangebot wirbt: »Überall im Hotel kommen Sie in den Genuss von Granderwasser, nicht nur am Trinkbrunnen, sondern auch im Schwimmbad oder unter der Dusche.« Der Nachweis, dass neben all den anderen Wellnessfaktoren auch dieses Wasser einen merkbaren Einfluss hat, dürfte kaum möglich sein. Aber welcher Gast fragt schon ernsthaft danach?

Man muss sich die Situation um das Grander-Wasser einmal vor Augen halten:

- Auf dem eigenen Grundstück wird eine Bergquelle gefunden, dessen Wasser eine Ur-Information enthalten soll, die andere Wässer normalerweise nicht haben.

- Keiner weiß, was diese Ur-Information beinhaltet und wie sie gespeichert ist.

- Diese unbekannte Ur-Information kann angeblich kontaktlos auf beliebige andere Wässer übertragen werden.

- Es wird eine Reihe von Wirkungen des »informierten« Wassers propagiert, die jedoch nicht nachgewiesen werden konnten.

- Gerichte fällen wegen dieser ausbleibenden Wirkungen gegen Grander-Firmen mehrere Urteile. Die Grander-Technologie darf danach als aus dem esoterischen Milieu stammender Unfug bezeichnet werden.

- Und dennoch: Die Gander-Geräte werden immer noch verkauft.

Der französische Comic-Star Obelix würde einfach sagen: Die spinnen, die Käufer. Sieht man es ernsthafter, fragt man sich: Warum geben so viele Privatleute, Firmen, Hotelbesitzer und Kommunen so viel Geld aus für Geräte, die von der Naturwissenschaft und von der Justiz für unwirksam erklärt wurden? Immerhin macht die Grander-Vertriebsfirma U.V.O. mit dieser Erfindung ein Riesengeschäft. Geschäftsführer P. Ortner nannte 2005 einen Jahresumsatz »jenseits der zehn Millionen Euro«. [8] Eine Antwort darauf kann nicht von der Naturwissenschaft, sondern eher von Verkaufspsychologen kommen.

Der Tiroler Sonnenkrug

Man muss nicht gleich ein Hotel mit informiertem Wasser versorgen und einen Swimmingpool damit füllen. Wer es einige Nummern kleiner haben möchte, um gerade einmal ein Glas Wasser oder Saft zu informieren, kann zum »Tiroler Sonnenkrug« greifen. Er wird als universeller Wasserbeleber angepriesen: »Das Basiswasser, welches seine Urinformation an den Inhalt des Kruges abgibt, befindet sich in einer Blase im Boden dieses edlen Gefäßes. Ohne direkten Kontakt werden Wasser und Säfte energetisiert und belebt.« [9]

Wieder haben wir die schon vertrauten Worthülsen: ... *Urinformation ... ohne Kontakt ... energetisiert ... belebt ...* Auch die Zuschrift eines zufriedenen Kunden und die Anmeldung zum Patent fehlen nicht. Weiter heißt es: »Glas ... ist das ideale Medium, um die Eigenschaften des hochgeschwungenen Basiswassers zu transportieren. Es gibt seine Information, seine Schwingungen an den Inhalt des Kruges berührungslos weiter. Von der Frequenz dieses Energiewassers hängt es auch ab, welche Auswirkungen es hat.«

Welche dieser Schwingungen welche Auswirkungen auf die verschiedenen Menschen haben, wird wie üblich nicht mitgeteilt. Aus naturwissenschaftlicher Sicht ist dies auch nicht möglich, denn – ähnlich wie beim Grander-Wasser – existieren in der realen Welt weder diese Schwingungen noch die »Urinformation des Basiswassers«. Die Beschreibung und die Belebung durch den Glaskrug sind einfach Pseudowissenschaft.

Anmerkungen

1 www.grander.com (17 November 2009)

2 ORF 2 Help TV (2005) Film »Pflanzenwachstums-Test« am 05 Oktober 2005, 20.15 Uhr, unter www.youtube.com/watch?v=BGjG-ib2OF4 zu sehen

3 Prüfling, S. (2007) Wirksamkeit von Grander-Wasser. Beitrag zum Wettbewerb »Schüler experimentieren 2007«, Gymnasium Vilshofen

4 Kitzmüller, D. (2006) Mythen des Wassers – Wissenschaftliche Untersuchungen von »belebtem« Wasser anhand der Grander-Technologie und Aquavital. Fachbereichsarbeit aus Chemie/BG/WRG, Linz

5 ORF 2, Help TV (2005) aaO.

6 Hammer, R. (2004) Untersuchung von Effekten in energetisiertem Wasser unter Berücksichtigung ausgewählter mikrobiologischer, physikalischer und pflanzenphysiologischer Aspekte. Diplomarbeit, Institut für Hygiene und Medizinische Mikrobiologie, Universität Wien

7 Eder, E. Wunder oder Wucher? Was ist dran am Granderwasser? http://homepage.univie.ac.at/erich.eder/wasser/ (21.September 2010)

8 http://kundendienst.orf.at/programm/fernsehen/orf2/helptv/51005.html, (15 November 2009)

9 www.energetisierung.com (05 August 2009)

Schneller als Licht: Tachyonen

In Shakespeares Theaterstück »Hamlet« stellt der sagenumwobene Prinz von Dänemark an einer Stelle fest: »Es gibt mehr Dinge zwischen Himmel und Erde, als eure Schulweisheit sich träumen lässt.« Möglicherweise gibt es auch das Gegenteil, dass sich nämlich der Mensch mehr erträumt oder erdenkt, als es zwischen Himmel und Erde gibt. Ganz sicher trifft dies jedenfalls auf eine »Veredelung« des Wassers zu mit einem Mittel, das selbst die Physiker nur in der Theorie kennen: den Tachyonen.

Was sind eigentlich Tachyonen? Dazu schweifen wir kurz zurück zum Kapitel »Naturwissenschaftliche Betrachtung des Wassers«. Dort wurden die Modelle der Naturwissenschaftler angesprochen. Da sich niemand die unendlich großen und kleinen Dimensionen des Weltalls und der Atome vorstellen kann, arbeiten die Wissenschaftler mit Denkmodellen. Sie werden so gestaltet, dass sich darin Experimente und Theorie so gut wie möglich für die menschliche Vorstellung darstellen lassen. Ergeben sich neue Daten oder Theorien, werden auch die Modelle verändert.

In solchen theoretischen Denkmodellen der Teilchenphysiker spielen diese ominösen Tachyonen eine Rolle. Der Blick in ein Physiklexikon zeigt, dass Tachyonen definiert werden als Materieteilchen, die sich schneller als Licht bewegen (griechisch tachys = schnell). Außerdem haben sie eine imaginäre, also eine in unserer realen Welt nicht messbaren Masse. Sie wurden aus theoretischen Gründen erfunden, um einige Fragen im Zusammenhang mit der Relativitätstheorie erklären zu können. In Experimenten wurden sie jedoch noch in keinem Physiklabor gefunden oder gemessen.

Das hindert einige Leute nicht daran, solche Tachyonen als real darzustellen und damit Geld zu verdienen. Zum Beispiel wird mit ihnen Wasser behandelt. Lesen wir einige Angebote für Apparaturen zur Herstellung von tachyonisiertem Wasser und dessen Wirkungen: [1, 2]

- »Die tachyonstrukturierte Flasche ermöglicht das Einfließen von Tachyonen bzw. kosmischen Energieteilchen in die jeweils einge- füllte Flüssigkeit. … Damit können wir einerseits den stark abge- sunkenen Energiegehalt des Wassers anheben und andererseits auch die Informationsstrukturen im Trinkwasser gezielt verändern.

- Wasser, das nur fünf Minuten darauf gestellt wird, soll deutlich bessere Qualität aufweisen und positive Wirkung auf die Gesund- heit haben.

- Den Geschmack weicher und feiner machen, das Verlangen stei- gern, mehr Wasser zu trinken,

- Die Schwingungsfrequenz des Trinkwassers stark erhöhen,

- Schadstoffinformationen werden gelöscht / bessere Gesundheit,

- Mehr Verlangen, Wasser zu trinken (kein Würgen mehr),

- Größere Blumenpracht und verbessertes Pflanzenwachstum,

- Leichteres Reinigen (der Kalk löst sich viel leichter),

- Weniger Kalkablagerungen bei Kaffeemaschinen, Geschirrspü- lern ….

- Kochen, duschen, baden und Zähne putzen mit belebtem Wasser,

- Waschmittelverbrauch sinkt.«

Irgendwie kommt diese Liste von Wirkungen bereits bekannt vor, nämlich von vielen anderen Arten der Wasserenergetisierung. Aber zu den Eigenschaften der Tachyonen gibt es noch weitere Behauptun- gen, u. a.:

- »Tachyonen sind Nullpunkt-Energie in Partikelform.«

- »Tachyonen sind Übergangsteilchen zwischen verschiedenen Dimensionen und Materie-Arten, sie könnten verschiedenen Bewusstseinsformen entsprechen und so auch durch Gedanken gelenkt und programmiert werden.«

Die Tachyonisierung von Gegenständen wird u. a. so beschrieben: »In einem nach biophysikalischen Gesetzen aufgebauten Gerät wer- den extrem hohe, biologisch positive Frequenzen erzeugt. Da hohe Frequenzen energiereicher sind als niedere, kann Materie (z. B. Glas) von diesen Frequenzen komplett durchdrungen werden. Auf diese Frequenzen können Informationen aufmoduliert werden. Die Tachyonenprodukte werden diesen Hochfrequenzen während einer bestimmten Zeitperiode ausgesetzt. Dadurch verändert sich ihre innere Struktur und die Informationen werden dauerhaft auf das Produkt übertragen. Die Strukturveränderung und die aufgeprägten Informationen bewirken, dass jedes nach unserem … Verfahren tachyonisierte Produkt als Antenne für Freie Energie wirkt. Diese gebündelte Energie kann sowohl in technischen wie in gesundheitlichen Bereichen genutzt werden.« [3]

Oder: »Was geschieht, wenn zwei Tachyonstrahlen aufeinandertreffen? … Ein neues Phänomen erscheint … ein neues Energiefeld entsteht augenblicklich … in einem andauernden Prozess … Tachyonisierung restrukturiert bestimmte natürliche Materialien auf dem sub-molekularen Level und schafft permanente Tachyonantennen.« [4]

Kein ernsthafter Physiker würde sagen, dass er mit realen Tachyonen im Labor experimentiert. Es verwundert daher die Unverfrorenheit, mit der Leute behaupten, sie würden Wasser und andere Materialien mit Tachyonen bearbeiten und deren Energie übertragen. Der Küchentisch würde praktisch den Hightech-Labortisch ersetzen. In den pseudowissenschaftlichen Texten wird aber in keinem Fall eine wissenschaftlich und technisch nachvollziehbare Angabe dazu gemacht, wie das Verfahren der Tachyonisierung funktioniert. Angebliche Wirkungen des tachyonisierten Wassers werden genannt, aber es fehlen wissenschaftlich stichhaltige Angaben dazu. Wegen fehlender Beweise und angesichts der nicht-existierenden Tachyonen darf man also davon ausgehen, dass sich solch ein Wasser in keiner Weise von unbehandeltem unterscheidet.

Dies alles erinnert doch sehr an das Märchen »Des Kaisers neue Kleider« von Hans Christian Andersen. Dort wird erzählt, wie zwei betrügerische Schneider so tun, als würden sie ein herrliches Tuch weben. In Wirklichkeit hantieren sie nur so am Webstuhl, ohne Fäden. Der Kaiser, ein eitler, unbedarfter Mann, lässt sich daraus (nicht vorhandene) Kleider schneidern und geht damit (un)bekleidet auf die Straße. Alle Leute loben diese »Kleider«, bis ein kleines Mädchen ruft: »Aber der hat ja gar nichts an!« Und nun erst lachen alle Leute.

Das Märchen lässt sich auf die beschriebene Energetisierung von Wasser übertragen. Das wissenschaftliche Mäntelchen aus Tachyonen existiert nicht, und dem Kaiser gleicht derjenige, der »tachyonisiertes« Wasser für viel Geld trotzdem kauft.

Anmerkungen

1 www.arnulf-breitfellner.at/8.html (12 März 2010)

2 www.fostac.ch/de/wissenswertes/trinkwasser.html (21 März 2010)

3 www.fostac.ch/de/ueber-uns/fostac-technologie.html (21 März 2010)

4 www.tachyon-energy-products.com/ (22 März 2010)

Seltsame Wasserangebote

In den vorigen Kapiteln wurden bereits einige ungewöhnliche Wasserarten besprochen, die zum Kauf angepriesen werden. Die fantasievolle Erfindung neuer Arten von Wasser geht aber ständig weiter und kann letztlich gar nicht umfassend beschrieben werden. Hier werden daher nur noch einige weitere Beispiele angeführt, um den kritischen Umgang mit der kommerziellen Werbung zu fördern.

Kleinere Wassercluster

Im Kapitel »Naturwissenschaftliche Betrachtung des Wassers« hatten wir bereits die Clusterbildung von Wassermolekülen kennengelernt. Nach heutigem Wissen spielt dabei vor allem die Bildung von Wasserstoffbrücken zwischen den Wassermolekülen eine Rolle. Wegen der schwachen Bindungskraft verändern diese Cluster sehr schnell ihren Zusammenhalt, weshalb noch nicht gesichert ist, ob man in Leitungswasser überhaupt von einer mittleren Clustergröße sprechen kann.

Mehrere Firmen bieten nun ein Wasser an, das kleinere Cluster als üblich aufweisen soll. Auf Fragen aber erhält ein möglicher Kunde keine Antworten:

- Wie garantiert eigentlich eine Firma, dass diese kleineren Wassercluster tatsächlich entstanden sind?

- Wie haltbar sind diese kleineren Wassercluster?

- Worauf gründet sich der Anspruch der Firmen, diese kleineren Cluster (falls vorhanden) seien gesundheitsfördernd?

Monomolekulares Wasser

Die soeben beschriebene Behauptung, die Wassercluster immer weiter zu verkleinern, endet letztlich beim einzelnen Wassermolekül. Dieser Zustand kann jedoch wegen der Wechselwirkung zwischen den Molekülen im flüssigen Wasser nicht erreicht werden, sondern nur in der Gasphase. Dies hindert aber eine Firma nicht daran, zu verkünden:

> »... eine bahnbrechende Biotechnologie, die die molekulare Zusammensetzung von Leitungswasser mittels eines innovativen nicht-thermischen Plasmaprozesses in einen aktivierten / monomolekularen Zustand bringt ... Der Plasmaprozess zerstört und zerbricht die molekularen Cluster von normalem Leitungswasser.« [1]

In dieser Pressemitteilung wird unter anderem berichtet, dass solches Wasser gegen Skelettmuskelschmerzen und aktinische Keratose (Vorstufe zu Hautkrebs) geholfen hat. Heilmittel oder Quacksalberei? Durchforstet man die Pressemitteilung, findet man nur wenige unpräzise Angaben zum Herstellungsprozess. Zur Existenz des monomolekularen Wassers, die ja eigentlich eine wissenschaftliche Sensation wäre, gibt es keine Hinweise. Dafür werfen die angebotenen Texte einige Fragen auf:

- »Biotechnologie«: Das Leitungswasser wird nach Angabe des Herstellers in einem Plasmareaktor bearbeitet. Es durchströmt ein elektromagnetisches Feld und wird Ultraschall und Ultraviolettbestrahlung ausgesetzt. Was ist daran »Bio-«?

- »Die Zahl der Moleküle pro Cluster im Leitungswasser verringert sich von 10 – 24 auf 1 – 3 im aktivierten Wasser«: Hinweise auf Messungen oder andere Nachweise fehlen. Wie wir aus dem Kapitel »Naturwissenschaftliche Betrachtung des Wassers« wissen, tut sich selbst die Wissenschaft noch schwer, die Wassercluster zu erforschen und zu erklären.

- »Die meisten Arten von Bakterien werden abgetötet.« und an anderer Stelle: »Es stabilisiert die essenziellen Darmbakterien.« Bakterien tot oder nicht tot? Wie unterscheidet das aktivierte Wasser die verschiedenen Bakterienarten? Diese Frage ist für unser körperliches Wohlergehen entscheidend. Wir hatten sie aber schon beim Grander-Wasser gestellt und keine Antwort gefunden.

- »Mineralische Substanzen werden leicht gelöst, indem sie in eine ionisierte Form überführt werden.« Bei Trinkwasser sind die mineralischen Bestandteile bereits gelöst und teilweise ionisiert. Wo ist der Unterschied vor und nach der Behandlung?

- »Die Härte von aktiviertem Wasser ist geringer als die des Leitungswassers, da Carbonate ausgefällt werden.« Dies ist ein Widerspruch zur obigen Behauptung, dass mineralische Substanzen (damit auch Carbonate) leicht gelöst werden sollen.

- »Aktiviertes Wasser schmeckt besser, da es weniger … Schadstoffe wie Quecksilber, Cadmium … enthält.« Erstens schmeckt man Quecksilber, Cadmium und die meisten anderen Schadstoffe im Trinkwasser in den geringen Konzentrationen gar nicht. Zweitens: Was passiert mit diesen Metallatomen bei der Behandlung? Durch die hier beschriebene Methode können sie jedenfalls nicht entfernt oder gar zerstört werden.

Es wäre sicherlich nützlich, diese Fragen vom Hersteller beantwortet zu bekommen, bevor ein solches Gerät gekauft wird. Auf eine Anfrage kam jedoch keine Antwort. Solange aber die Fragen unbeantwortet sind, kann dem Gerät nur pseudowissenschaftliche Wirkung zugebilligt werden.

Das flache Wassermolekül

Auf einer Webseite ist folgender Text zu finden: »Durch die GIE-Technologie wird der innermolekulare Wasserstoffbindungswinkel von 104,5° auf 109,5° erweitert, und acht dieser neu gestalteten Wassermoleküle können dann einen stabilen Flüssigkeitskristall bilden. Dadurch bekommt das GIE-Wasser messbar andere physikalische Parameter als das vorherige Leitungswasser. Das hat für diejenigen zur Folge, die mit dem GIE-Wasser leben, sprich täglich etwa 2 Liter oder mehr davon trinken, auch in Form von Tee, Kaffee oder Suppe, und auch in solchem Wasser baden, dass sie eindeutig messbar zahlreiche über Jahrzehnte im Körper angesammelte Depots solcher Gift-, Schad- und Schlackenstoffe ausscheiden können, die der Mensch ansonsten nicht mehr los wird.« [2]

Zwei neue Eigenschaften soll dieses Gerät also im Wasser bewirken: Eine flachere Struktur der gewinkelten Wassermoleküle und einen stabilen Cluster aus acht dieser Moleküle zu einem Flüssigkeitskristall. Nun ist in der Physik und Chemie allgemein akzeptiert, dass Moleküle im Normalzustand sehr stabile Strukturen haben, die nur mit hohem Energieeinsatz und nur kurzzeitig verändert werden können. Daher ist ein stabiles Wassermolekül mit einem größeren Bindungswinkel im Trinkwasser nicht möglich. Weiterhin ist von einem stabilen Cluster aus acht dieser Moleküle in normalem Wasser derzeit nichts bekannt, schon gar nicht als Flüssigkristall. Dass diese unbekannte Konfiguration auch noch Schadstoffe aus dem menschlichen Körper ausschwemmen soll, ist ebenfalls unbekannt. Woher diese Erkenntnisse kommen, wird nicht bekanntgegeben.

Vor dem Kauf des Gerätes sollte man sich diese Fragen vom Hersteller genau beantworten lassen. Wichtig ist für ihn wohl nur, dass jemand zwei Liter täglich von diesem Wunderwasser trinken soll. Ein Naturwissenschaftler kann hier nicht weiterhelfen.

H_2O^3 – Ihr täglicher Jungbrunnen

Besucht man die Internetseite zu dieser Formel, findet man neben ihr auch die Schreibweise h2ohoch3. [3] Die ungewöhnliche Formel lässt Ungewöhnliches vermuten. Warum »... hoch3«? Wie ist dies zu verstehen und was steckt dahinter? Lesen wir die Erklärung dafür im Original:

»Warum wir unser Produkt als H_2O^3 bezeichnen ist klar: Es basiert auf dem Element H_2O, dem Wasser. Warum wir diesem »H_2O«noch ein »hoch3« hinzugefügt haben, ist in einem Satz erklärt: Es ist ein in einem technischen Spezialverfahren produziertes hoch ionisiertes, hoch basisches und hoch wirksames Wasserkonzentrat.« [4]

Liest man die Informationen dazu, findet man heraus, dass es sich schlicht um elektrolysiertes Wasser handelt. Das ist nichts Neues, denn das technische Verfahren kennen wir schon aus dem Kapitel »Strom verändert das Wasser« Dieses Wasser ist nichts anderes als eine verdünnte Natronlauge. Dass sie hoch basisch sein muss, ist damit auch klar. Dass sie hoch ionisiert ist, ist ebenfalls selbstverständlich, denn Natronlauge ist immer ionisiert. Damit ist weiterhin geklärt: Die ungewöhnliche Formel ist ein sprachliches Kunstprodukt.

Auch die grundsätzliche Frage nach dem Nutzen von basischem Wasser wurde schon angesprochen. Wenn schon jemand Natronlauge trinken will, gibt es eine wesentlich preiswertere Alternative: festes Ätznatron aus dem Chemikalienhandel, aufgelöst in gewöhnlichem Leitungswasser und stark verdünnt. Doch große Vorsicht: Verätzungen sind bei unsachgemäßer Anwendung nicht ausgeschlossen!

Es gibt tatsächlich H_2O_3!

Dies mag auf den ersten Blick im Widerspruch zu dem oben Geschriebenen stehen, aber es stimmt, allerdings mit Einschränkungen: Wissenschaftler haben diese Molekülart im Labor gefunden, aber nur in gefrorenem Argon, das bedeutet bei einer Temperatur von unter -190 °C. Die Untersuchung ergab die Formel H – O – O – O – H, als Summenformel also H_2O_3.[5] Das Molekül wird als Wasserstofftrioxid bezeichnet, es handelt sich chemisch gesehen nicht mehr um Wasser. Wer versuchen sollte, dieses »Wasser« einzunehmen, würde sich an dem gefrorenen Argon nicht nur die Zähne ausbeißen, sondern bei der tiefen Temperatur auch noch die Mundhöhle verätzen.

Ein »ätzendes« Angebot: H_3O^+

Diese wässrige Lösung wird als »großartige Erfindung des 21. Jahrhunderts« angepriesen. Das Mittel soll ungiftig sein und gegen unglaublich viele Krankheiten und Beschwerden helfen, z. B. von Ekzemen und Nagelpilz über Herpes und Insektenstiche bis hin zu Kopfläusen, Halsentzündung und Wundheilung. [6] Das totale Wundermittel?

Genau das Gegenteil ist der Fall und es ist noch dazu gefährlich: Die Lösung besteht aus 10-prozentiger Schwefelsäure mit einem pH-Wert von unter 0,5. Dass verdünnte Schwefelsäure weltweit in Autobatterien verwendet wird, ist bekannt. Dass sie als neue Erfindung und Heilmittel angepriesen wird, ist grotesk. Im Werbetext wird sogar darauf hingewiesen, dass unverdünntes H_3O^+ Löcher in Kleiderstoffe brennt. Und damit soll man trotzdem gurgeln?

Es gibt noch einen weiteren Hinweis auf der Webseite: »H_3O ist nicht vorgesehen für die Anwendung bei Diagnose, Behandlung, Heilung, Besserung oder Vorbeugung irgendeiner Krankheit.« Das sieht nach Anti-Werbung aus, nicht nach einem Produkt, das man gern kaufen möchte. Naturwissenschaftliche Fragen oder ein Nachweis der angeblichen Heilerfolge erübrigen sich in diesem Fall fast von selbst.

Auf der Webseite der Firma ist schließlich auch zu lesen, dass »in sechs Jahren des Experimentierens nicht ein glaubwürdiger Fall von Vergiftung oder Nebenwirkungen beobachtet werden konnte«. Wie ist aber dann auf derselben Seite ein weiterer Hinweis zu H_3O zu verstehen: »Dies ist nicht in den USA zu kaufen«? Das ist erstaunlich, denn dort wird das Wunderwasser ja hergestellt und das Land bietet einen riesigen Markt zum Geldverdienen. Was mit der Firma geschah, ist im Kapitel »Im Namen des Volkes – Gerichte urteilen« beschrieben.

Anmerkungen

1 Hydro Enterprises, Inc. A Case Report on the Effects of Consumption, Cessation of Consumption, and Reintroduction of Plasma Activated Water, May 21, 2004; www.prweb.com/releases/2004/6/prwebxml127499.php (18 März 2008)

2 www.wasserinformationen.de/info/download/pdf/anderes.pdf (23 September 2010)

3 www.h2ohoch3.ch (12 Juni 2009)

4 http://www.h2ohoch3.ch/FormelWassermarktDeutsch.pdf (12 Juni 2009)

5 Engdahl, A., Nelander, B. (2002) The vibrational spectrum of H2O3. Science, 295, 482

6 http://www.altcancer.com/h3ointro.htm (25 Mai 2010)

Beten für ein Gewässer?

Kaum ein anderes Thema stand weltweit so sehr im Mittelpunkt der Umweltdiskussion wie das Problem Gewässerverschmutzung. Sie hat zwei zentrale Ursachen: Flüsse, Seen, Grundwasser und das Meer werden ganz unterschiedlich genutzt und die Nutzer haben die unterschiedlichsten Vorstellungen von der daraus resultierenden Wasserqualität. Dazu kommen noch indirekte Verunreinigungen aus verschiedenen Quellen wie Landwirtschaft oder Luft.

Schauen wir uns als Beispiel den Rhein an (Abb. 65). Sein Wasser kommt aus insgesamt neun europäischen Staaten. Er wird für die Schifffahrt genutzt, ist ein Ziel für Touristen, dient Millionen Menschen zur Gewinnung von Trinkwasser, nimmt aber gleichzeitig die Abwässer von tausenden Industrieanlagen und Kommunen auf. Schließlich ist er auch noch ein Fischereigewässer, ein Badegewässer und ein Ökosystem, das geschützt werden soll. Ein Konflikt zwischen diesen Nutzungen ist vorprogrammiert.

Gewässerverunreinigung

Verunreinigungen von Gewässern gab es schon immer, allerdings in vergleichsweise geringem Maße. Erst seit Mitte des 20. Jahrhunderts wurde dies zu einem bedrohlichen Problem für viele Teile der Welt. Die starke Industrialisierung und der Bevölkerungszuwachs hatten zur Folge, dass unweigerlich große Mengen an sauberem Wasser benötigt wurden und zugleich große Mengen Abwässer anfielen. Letztere wurden oft nur unzureichend geklärt in die Gewässer geleitet und landeten schließlich im Meer. Umfangreiche, zum Teil dramatische Schäden der Gewässerökosysteme wie auch die Gefährdung der Bevölkerung waren die Folge: Überdüngung (Eutrophierung), Sauerstoffmangel, Fischsterben, Belastung mit Schadstoffen,

Wasser, das Wunderelement? 1. Auflage. Helge Bergmann
© 2011 WILEY-VCH Verlag GmbH & Co. KGaA, Weinheim

Abb. 65 Der Rhein wird nicht nur für die Schifffahrt genutzt.

Trinkwasserverseuchung oder die ökologische Zerstörung des Gewässers, z. B. durch Kanalisierung oder Überfischung.

Naturwissenschaftler und Ingenieure haben seit Jahrzehnten Methoden entwickelt, mit denen die Qualität von Gewässern wieder verbessert werden kann. Diesen Verfahren liegen physikalische, chemische und ökologische Prozesse zugrunde. Die Vorgehensweise bei der Sanierung eines Gewässers richtet sich in jedem Fall nach der tatsächlich vorliegenden spezifischen Belastung des betreffenden Gewässers.

Dabei hat es sich als notwendig erwiesen, auch nach den Quellen der Schadstoffe und anderen Ursachen zu suchen und sie zu beseitigen. Um dies zu erreichen, wurden in allen industrialisierten Ländern gesetzliche Regelungen eingeführt, in der Europäischen Union

z. B. die Wasserrahmenrichtlinie. Beide, die Gesetze wie die Entwicklung in Naturwissenschaft und Technik, haben dazu geführt, dass die Gewässerverschmutzung in einigen Regionen stark verringert werden konnte. Vieles bleibt allerdings noch zu tun, denn die Wasserforschung hat auch neue, bisher nicht erkannte Gefahren aufgedeckt.

Gewässergüte lässt sich messen: Über viele Jahre haben Chemiker und Biologen die Ursachen für Gewässerverschmutzungen erforscht und Maßstäbe für ihre Bewertung entwickelt. [1] Diese Erkenntnisse ermöglichen es, die Ursachen der Verschmutzung herauszufinden, Sanierungspläne auszuarbeiten und den Erfolg einer Sanierung zu dokumentieren. Als Beispiel einer solchen Bewertungsskala wird hier die Klassifizierung der biologischen Güte eines Gewässers gezeigt (Tabelle 9). In ähnlicher Weise wurden auch für Schadstoffe Grenzwerte für deren Konzentrationen entwickelt. Langfristiges Ziel muss es dabei sein, solche Grenzwerte nicht nur gerade so einzuhalten, sondern schädliche Stoffe und Einflüsse möglichst vollständig aus Gewässern herauszuhalten. Deshalb wurde als übergeordnetes Ziel auch der Schutz des Ökosystems Gewässer als Ganzes etabliert. Die Güteklassen dienen dabei als Hilfsmittel.

Tab. 9 Klassifizierung der biologischen Güte von Gewässern

Güteklasse	Grad der Belastung
I	unbelastet bis gering belastet
I-II	gering belastet
II	mäßig belastet
II-III	kritisch belastet
III	stark verschmutzt
III-IV	sehr stark verschmutzt
IV	übermäßig verschmutzt

Unkonventionelle Vorschläge für die Gewässersanierung

Neben den genannten naturwissenschaftlichen und technischen Methoden gibt es auch unkonventionelle Vorschläge zur Verbesserung der Gewässergüte. Betrachten wir einige dieser Angebote etwas näher.

In den Jahren 1999–2001 führte die Senatsverwaltung für Stadt-entwicklung in Berlin eine Sanierung von zwei kleinen Gewässern, dem Dreipfuhl-Weiher und dem Hubertussee, durch. Sie litten unter dem Zufluss der Straßenentwässerung, der u.a. Nährstoffe und Schwermetalle enthielt. Es kam dadurch immer wieder zu Sauerstoff-mangel, Geruchsbelästigung und zum Umkippen des Gewässers.

Die Firma Mundus, die den Auftrag für die Sanierung erhal-ten hatte, benutzte dafür sogenannte »Primär-Energie-Generatoren«. [2, 3] Nach der Beschreibung der Firma wirken sie folgendermaßen: »Unsere Verfahren wirken auf die Energiequalität des Wassers. Sie löschen unerwünschte Information (z.B. von Schwermetallen, die sich im Wasser befunden haben), energetisieren und prägen das Wasser mit lebensfördernden Schwingungen.«

Ein umfassender Abschlussbericht der Firma enthält u.a. folgende Aussagen: »Veränderung nach radionischer Besendung und Einsatz von Primärenergiegeneratoren:

• Regeneration des Sees innerhalb von sechs Monaten

• Fischsterben ist nicht mehr aufgetreten

• Die Senkung des Chrom-Wertes von 2,38 mg/l auf 0,0015 mg/l und Blei mit einer Abnahme von 11,1 mg/l auf 0,005 mg/l sind dabei besonders signifikant« [für beide Gewässer gleiche Werte, Anm. d. Autors].

Dem Bericht ist als Anlage ein Schreiben der Senatsverwaltung beigefügt. Dort heißt es u.a.: »Durch das Einbringen von 3 Stück Pri-märenergiegeneratoren mit begleitenden Maßnahmen wie Behand-lung der Ufer und des Einzugsgebietes hat sich der Energiehaushalt des Sees weitgehend stabilisiert. Wir empfehlen daher, den Einsatz der Primärenergiegeneratoren fortzuführen.«

Für eine Verwaltung mag damit die Welt wieder in Ordnung sein, nicht aber für Gewässerchemiker und -biologen. Trotz des wissen-schaftlich gehaltenen Berichts der Firma ergibt sich eine Reihe von Fragen. Einige davon lauten:

• Was genau bedeutet »Der Energiehaushalt ist stabilisiert«? Wie kann er ein Gewässer sanieren?

- Wie kommt der zusätzliche Sauerstoff durch die Generatoren in das Gewässer?

- Wie kommt es, dass die Messwerte jeweils für Blei und Chrom bis auf die Kommastelle identisch sind, obwohl die beiden Gewässer 4 km auseinanderliegen?

- Wie verschwinden die Schwermetalle Blei und Chrom durch die Generatoren?

- Wie kann ein Gerät, das nach Angabe der Firma nur mit Information arbeitet, Materie schaffen und verschwinden lassen?

- Woraus genau lässt sich schließen, dass die eingesetzten Geräte den Erfolg gebracht hatten? Die im Internet angebotenen Messungen zeigen dies nicht.

Weitere spezielle Fragen betreffen die Probenahme aus dem Gewässer wie auch die Durchführung und Qualitätskontrolle der Analysen. Eine Verringerung von Blei und Chrom auf rund ein Tausendstel, obwohl nichts aus den Seen entnommen wurde, erscheint zweifelhaft. Zudem wurde das Projekt mit seinen sensationellen Ergebnissen nicht in einer Fachzeitschrift, sondern in einer Zeitschrift für Geomantie (Kunst, aus Linien und Figuren im Sand wahrzusagen) veröffentlicht. Dass dort kein Fachmann für Gewässer saß, zeigt ein Interview der Redaktion mit einem Vertreter der Firma Mundus. [4] Darin wird der Generator auch als »Seelen-Energie-Verstärker« bezeichnet. Trotz der wissenschaftlich erscheinenden Darstellung bleibt die Wirkung des Gerätes also zweifelhaft und die Sanierung der Gewässer fachlich nicht erklärt.

Ein informiertes Pulver

Die »Integrale Gewässersanierung«, die Roland Plocher entwickelt hat, ist seit Jahren in der Anwendung und ebenso lange in der Diskussion: Wirkt diese Methode oder nicht, wie funktioniert sie überhaupt?

Nach Angabe der Firma werden Gewässersanierungen durchgeführt mit »gezielter Aktivierung der natürlichen Selbstreinigungskräfte, schonendem Sanierungsverlauf ohne Belastung für Lebewesen und Umwelt, der Schaffung des ursprünglichen Lebensraumes und einem kostengünstigen Verfahren und geringem Ressourcenverbrauch«. [5]

Dazu gibt es Maßnahmen im Gewässer zur Verringerung von Schlamm, Schwermetallen und Nährstoffen. Die Behandlung des Gewässers erfolgt mit »speziell informierten Mineralprodukten« und »Biokatalysatoren«. Weiterhin muss im Umfeld des Einzugsgebiets eine Umstellung auf eine ökologische Bewirtschaftung erfolgen. Die Herstellung und Wirkung des verwendeten weißen Pulvers und eines Biokatalysators werden nur sehr allgemein erklärt:

> »Ausgehend von der Erkenntnis, dass nicht die Materie die Wirkung erzeugt, sondern deren energetische Informationen, entwickelte Roland Plocher 1980 ein naturgerechtes, ressourcenschonendes, physikalisches Verfahren nichtmagnetischer Informationsübertragung zur gezielten, katalytischen Aktivierung von biologischen und physikalischen Prozessen. Die Technik verwendet keine elektrische, magnetische, chemische, thermische oder radioaktive Energie.«

Trotz des unklaren, eher zweifelhaften Wirkungsmechanismus soll die Technik »voll den aktuellen wissenschaftlichen Grundanforderungen entsprechen, ... unabhängig von Ort, Zeit und Person, die Ergebnisse sind reproduzierbar und mit herkömmlichen naturwissenschaftlichen Messmethoden nachweisbar«.

An dieser Bewertung scheiden sich die Geister. Sicherlich ist die »Übertragung von Information« eine pseudowissenschaftliche Erklärung, das Quarzpulver könnte aber dennoch eine bisher nicht bekannte Wirkung bei der Gewässersanierung spielen. Auch die Umstellung der Landwirtschaft könnte ein realer Faktor sein. Andererseits liegen einige Studien vor und zeigen – entgegen der Behauptung Plochers – keine nachweisbare Wirkung. [6]

Was zählt hier mehr: die Zweifel an dem informierten Quarzpulver und dem obskuren Biokatalysator oder die angeblich zahlreichen Erfolge? Diese Frage zu entscheiden fällt schwer, da es anscheinend noch keine gründliche naturwissenschaftliche Untersuchung der Plocher-Technik und ihrer Ergebnisse gegeben hat. Die Wissenschaft ist daher gefragt, hier bei Versuchen im Gewässer weiter nachzuhaken, am besten zusammen mit der Firma Plocher bei einem konkreten Sanierungsprojekt.

Ein Gebet

Den japanischen Arzt und Wasserforscher Masaru Emoto haben wir bereits bei der Deutung von Eiskristallen kennengelernt. In einem seiner Bücher beschreibt er, wie man auch ein krankes Gewässer heilen kann: [7]

»Die Auswirkungen unseres Bewusstseins auf das Wasser.

Im Sommer 1999 haben sich hunderte von Menschen am Ufer des Biwa-Sees, der im Zentrum Japans liegt, versammelt und für Frieden und Harmonie im Universum gebetet. Nach einem Monat berichtete die Lokalzeitung, dass sich die Anwohner in diesem Sommer zum ersten Mal nicht mehr über einen penetranten Geruch beschwert hatten, der seit Jahren durch das enorme Wachstum einer fremden Alge hervorgerufen worden war und unter dem sie jeden Sommer gelitten hatten. Dies ist die Kraft des menschlichen Bewusstseins.«

Wissenschaftlich gesehen sind starkes Algenwachstum und danach der unangenehme Fäulnisgeruch nur die Folgen einer bereits vorher erfolgten Gewässerverschmutzung. Die materiellen Ursachen hierfür wurden im geschilderten Fall leider nicht untersucht und auch die angebliche Sanierung bleibt im spirituellen Dunkel. Das ist bedauerlich, denn wenn das Beten tatsächlich helfen würde, könnte man weltweit Milliarden Euro für die Gewässersanierung einsparen. Mit viel Mut und Toleranz wäre es vielleicht möglich, eine gekoppelte, spirituell-naturwissenschaftliche Sanierung durchzuführen, bei dem das Beten ein Gewässerproblem löst und die Wissenschaft den Vorgang beobachtet. Vielleicht gäbe es neue Erkenntnisse für die eine oder andere Seite.

Der Erfolg ist fraglich

Die Verunreinigung von Gewässern hat in der Regel vor allem zwei Ursachen: Einmal indirekt die Haltung, saubere Gewässer seien ein Luxus, intakte Ökosysteme seien kein Geld wert oder es handele sich um eine esoterische Vorstellung von Spinnern. Einleiter industrieller und kommunaler Abwässer hatten diese Sicht noch bis vor wenigen Jahrzehnten. Die andere, direkte Ursache sind konkrete Verunreinigungen mit definierten Schadstoffen. Sie verursachen regional und überregional Schäden im Gewässer, die von den jeweils eingeleiteten Schadstoffen abhängen.

Weder ein Gebet noch eine andere spirituelle Handlung, keine Information oder Musik sind in der Lage, diese materielle Verunreinigung eines Gewässers zu beseitigen. Weder Stickstoff und Phosphor noch giftige Schwermetalle und Pestizide lassen sich dadurch einfach in Luft auflösen. Wo dies angeblich doch geschah, gibt es eine Fülle offener Fragen, aber keine stichhaltigen Antworten. Hier wird der Unterschied zwischen Esoterik und Naturwissenschaft besonders deutlich: Dort, wo das Gebet und später eine Veränderung im Gewässer erfolgten, genügt den einen dieses Ergebnis. Den anderen ist dies Anlass, weitergehende Fragen nach den Ursachen zu stellen und nach den zugrunde liegenden Prozessen in der Natur zu forschen. Dieser Weg der Wissenschaft schafft Wissen, das zum tieferen Verständnis der Natur führt.

Dort aber, wo anscheinend Erfolge bei der Sanierung von Gewässern auf unkonventionellen Wegen erzielt worden sind, sollte die Naturwissenschaft nachhaken und gezielt untersuchen. Dies könnte zu einer fundierteren Bewertung von Methoden führen, die zurzeit fragwürdig erscheinen. Das Ergebnis würde zur Trennung von Spreu und Weizen, von erfolgreicher und nur scheinbarer Sanierung führen. Manch uneffektive Geldausgabe könnte so verhindert werden.

Aber selbst spirituelle Handlungen und Musik könnten indirekt zur Sanierung von Gewässern etwas beitragen. Durch solche Aktionen, die ja bewusst öffentlich stattfinden, kann eine erhöhte Aufmerksamkeit gegenüber dem Schutz der Gewässer und dem Naturschutz insgesamt herbeigeführt werden. Langfristig könnte dies in der Öffentlichkeit und in der Politik dem Gewässerschutz dienen.

Anmerkungen

1 http://www.bmu.de/files/pdfs/allgemein/application/pdf/poster–gewaesserschutz.pdf (23 September 2010)

2 http://www.mundus-tec.de/projekt-berlin.phtml (23 September 2010)

3 von Buengner, P. (2002) Ein See atmet auf. Über den Einsatz von Radionik in der Gewässersanierung. Hagia Chora 11, 80-82

4 Stucki, A. (2002) Seelen-Energie-Verstärker. Interview, Hagia Chora 14, 90-91

5 www.plocher.com (15 Juli 2009)

6 Geiler, Nik (2003) BBU-WASSER-RUNDBRIEF, http://www.ak-wasser.de/notizen/trink/esoterik/eso2003–1.htm (23 September 2010)

7 Emoto M. (2002) aaO.

Wasser statt Benzin – Das Wasserauto

Ein ewiger Traum

Der Traum ist nicht neu: eine Maschine zu erfinden, die mehr Arbeit leisten kann, als sie Energie für diese Leistung verbraucht. Der Überschuss der erzielten Arbeit könnte für viele Zwecke eingesetzt werden, z. B. um die Arbeitsbedingungen für die Menschen zu verbessern oder einfach um reich und mächtig zu werden. In der Natur gibt es aber Gesetze, die dem entgegenstehen. Dies haben Wissenschaftler bereits im 19. Jahrhundert gefunden und zu einem Grundprinzip der physikalischen Welt erklärt. Seitdem ist es eine klare Erkenntnis, dass es eine solche Maschine, das Perpetuum mobile, nicht geben kann.

Dennoch ist die Geschichte der »Erfindungen« eines Perpetuum mobile lang und begann schon im Mittelalter. In den Jahrhunderten seither sind unzählige Vorrichtungen entwickelt worden, die angeblich die Eigenschaft eines Perpetuum mobile haben, aber keine, wirklich keine schaffte es, das zu vollbringen, was ihre Erfinder versprochen hatten. Die Anmeldungen z. B. in den USA hatten im Lauf des 20. Jahrhunderts so zugenommen, dass sie bei den Behörden einen enormen Prüfaufwand verursachten. Das zuständige Patentamt sah sich daher im Jahr 1911 gezwungen, dem einen Riegel vorzuschieben. Es ließ nur noch Bewerbungen zu, wenn das anzumeldende Patent für ein Perpetuum mobile vorher ein Jahr ununterbrochen gelaufen war. Keine dieser Vorrichtungen erwies sich jedoch als so ausdauernd und die neue Regelung schien die Patentanmeldungen für Perpetuum mobile Maschinen zu beenden. [1]

Ähnliches war aber anscheinend schon wesentlich früher in Frankreich ein Ärgernis gewesen: Die französische Königliche Akademie der Wissenschaften in Paris soll bereits im Jahr 1775 beschlossen haben, keine Vorschläge für ein Perpetuum mobile mehr zur Prüfung und Anerkennung anzunehmen.

Wasser, das Wunderelement? 1. Auflage. Helge Bergmann
© 2011 WILEY-VCH Verlag GmbH & Co. KGaA, Weinheim

Das Perpetuum mobile

Im 19. Jahrhundert wurde durch zahlreiche Untersuchungen in der Mechanik das Prinzip von der Erhaltung der Energie gefunden (1. Hauptsatz der Wärmelehre). Es besagt in allgemeiner Form, dass in einem abgeschlossenen System, in dem sich beliebige physikalische oder chemische Vorgänge abspielen, die Gesamtenergie unverändert bleibt. Das bedeutet, dass es keine Vorrichtung geben kann, die mechanische Arbeit verrichtet, ohne dass eine entsprechende Energie verbraucht wird. Eine solche Vorrichtung, die aus dem Nichts Energie erzeugen könnte, wird als Perpetuum mobile 1. Art bezeichnet. Nach dem Prinzip von der Erhaltung der Energie ist dieses unmöglich.

Die Physiker haben noch einen 2. Hauptsatz der Wärmelehre aufgestellt und ein Perpetuum mobile 2. Art entworfen. Wer sich dafür interessiert, sollte ein gutes Physikbuch konsultieren. Soviel sei schon verraten: Auch ein Perpetuum mobile 2. Art ist nach den Naturgesetzen nicht möglich.

Ein weiterer Vorschlag: Wasser als Treibstoff für Motoren

Ein ebenfalls schon älterer Vorschlag findet wieder neue Anhänger und Erfinder: ein Motor, der statt Benzin oder Diesel seine Energie einfach aus Wasser bezieht. Vereinfacht gesagt, soll dabei gewöhnliches Wasser als Kraftstoff eingesetzt werden und gleichzeitig Abfallprodukt sein. Durch einen technischen Prozess soll Wasser also die Kraft erzeugen können, um ein Auto zu bewegen. Ein modernes, zugleich dringend benötigtes Perpetuum mobile? Einige Schlagzeilen dazu:

• Wasserauto aus Japan, 1 Liter Wasser auf 80 km

• Wasserautos werden immer populärer und fahren jetzt weltweit

• Selbstbau-Kit für unter 200 US-$.

Oder eine Meldung im Internet: »Heute Morgen kam ... ein Bericht über die ›Erfindung‹ eines neuartigen Antriebs für ein Auto, das ohne zusätzliche Energiezufuhr mit reinem Wasser (auch Meerwasser) fährt. Ein erster Prototyp fährt mit einem Liter Wasser ca. 1 Stunde lang 80 km/h. Die Brennstoffzelle kann auch zur Stromerzeugung dienen, an Einspeisung ins Stromnetz ist gedacht. Momentan liegen die Herstellungskosten für eine 300 Watt-Zelle noch bei ca. 18000 Dollar, aber wenn in Massenproduktion gegangen wird, können die Kosten erheblich gesenkt werden.« [2]

Zunächst bleibt das Auge bei der relativ hohen Summe hängen, die diese Brennstoffzelle kosten soll. Für eine Versuchsanordnung ist dies jedoch durchaus akzeptabel. Wie aber kann es sein, dass 300 Watt, d.h. die Leistung eines mittleren Küchenmixers, ein Auto für eine Stunde mit 80 km/h bewegen? Dabei liegt die Leistung selbst eines Kleinwagens in der Größenordnung von 30 KW, also 100-mal höher.

Und noch eine erstaunliche Meldung: »Im Januar 2000 besuchte ich Daniel Dingel in Manila im Industrial Technology Development Institute. ... Das Wasserauto benötigt kein Benzin, sondern fährt mit Wasser. Es benötigt rund 4 Liter Wasser auf 500 km. ... Wasser wird in Wasserstoff und Sauerstoff mit einer Spannung zerlegt, die Daniel Dingel nicht genau angeben wollte. Dieses Wasserstoff-Sauerstoffgemisch wird dem Motor zugeführt. Daniel Dingel sagte, dass das System 3 Ampere bei 12 Volt aus der Autobatterie und der Lichtmaschine aufnimmt. Dies entspreche rund 40 Watt. Mit diesen 40 Watt kann das Auto eine Geschwindigkeit bis zu 200 km/h erreichen. ... Ich roch auch an dem Auspuff. Das Abgas war geruchlos. Es kamen nur ein paar Wassertropfen heraus.« [3]

Eine Geschwindigkeit von 200 km/h mit der Leistung einer Glühlampe? Selbst Nicht-Techniker werden eine solche Meldung mit Skepsis aufnehmen. Wir wollen daher diese Wunderautos anhand von drei Modellen etwas näher betrachten.

Wasserauto 1: Daniel Dingel

Daniel Dingel, zuhause in Manila auf den Philippinen, besitzt ein normales Auto, Import aus Japan. Das allerdings scheint es in sich zu haben, denn Dingel hat seine Erfindung, eine Art Reaktor in der Größe einer Autobatterie, zusätzlich in den Motorraum eingebaut. Dieser Reaktor soll dafür sorgen, dass normales Leitungswasser so umgewandelt wird, dass es anstelle von Benzin seinen Motor antreibt. Statt des üblichen Autoabgases produziert es wiederum nur harmloses Wasser. Ein Journalist beschreibt den Mechanismus des Zauberkastens in einer Autozeitschrift folgendermaßen:

> »In ihm wird elektrolytisch das zuvor eingefüllte Wasser in seine Bestandteile Wasserstoff und Sauerstoff getrennt. Die Trennung erfolgt durch fünf bis zehn Ampere Strom aus der ganz normalen 12-Volt-

Autobatterie ... Daneben sehe ich ein von Dingel als ›Erzeuger des elektromagnetischen Felds‹ beschriebenes Etwas, welches das zweiatomige Wasserstoffmolekül spaltet. ... Dingel: ›Die Wasserstoffatome leite ich in den Motor. Dort durchmischen sie sich schnell mit dem zeitlich etwas später in die Verbrennungskammer geführten Sauerstoff. Es kommt zur Explosion. Die entfaltet Energie. Und mit der treibe ich dann meinen Corolla an. So einfach ist das. Kapiert?‹« [4]

So einfach ist es aber nicht und kapiert haben es wohl nur ganz wenige, die an diese Geschichte glauben wollen. Vielleicht können ja sogenannte Experten diese erstaunliche Technik erklären. Hier einige Meinungen, die der Sache positiv gegenüberstehen:

»Die Energie für den Energieüberschuss kommt natürlich nicht aus dem Wasser und nicht aus der Autobatterie. Die Zerlegung von Wasser mit Gleichstrom erzeugt keinen Overunityeffekt (= Energieüberschuss) und soll nur einen Wirkungsgrad von 60 % bis 80 % haben. Der Energieüberschuss bei dem Wasserauto von Dingel wird vermutlich dadurch erzeugt, dass das Wasser mit Hochspannung mit unbekannter Frequenz zerlegt wird. Das Wasser dient nur als Transformator, der die freie Energie über das Hochspannungsfeld in die Wasserzerlegung in Wasserstoff und Sauerstoff transformiert.« [5]

»Macht es doch nicht so kompliziert! Wasserautos laufen nicht mit Explosion des Knallgases, sondern mit Implosion komprimierter Äther-Energie. Beweise: Der Motor wird kalt und läuft mit sehr viel Vorzündung, er könnte nie mit der geringen Menge Knallgas laufen. Daniel Dingel Wasserauto: Der Reaktor ist ein Faradayischer Käfig. Im ihm wird eine normale Elektrolyse mit 12 Volt und 5 Amper vollzogen. Um die Elektrolyseeinheit befindet sich eine selbstschwingende Spule von nur wenigen Windungen. Diese Spule schwingt in Resonanz mit der Äther-Energie. Diese Energie wird durch den Edelstahlbehälter in das Innere zurückreflektiert, und gibt somit verstärkt die Energie auf die Elektrolyse ab. Das mit Energie versetzte Knallgas, welches mit Auspuffluft gemischt wird, saugt der Motor an. Nach Zweidrittel des Kompressionsvorganges wird die konzentrierte Äther-Ladung gezündet, und kondensiert in Form einer Implosion. Also wie Daniel Dingel mehrfach sagte, ... sehr simpel!!!« [6]

Der Erfinder Daniel Dingel selbst äußert sich auf seiner Webseite wesentlich bescheidener: »Das Daniel Dingel-Auto ist kein Auto mit Brennstoffzelle ... Im Gegensatz zu seinem Namen verbrennt das Dingel-Auto kein Wasser. Der Erfinder gibt an, einen Prozess entwickelt zu haben, der effektiv die gerade erforderliche Wasserstoffextraktion durch Elektrolyse von normalem Wasser maximiert. Es ist das Wasserstoffgas, das sein Auto direkt im Motorzylinder verbrennt. Da der Herstellungsprozess bedarfsgesteuert ist, besitzt das Dingel-Auto keinen Speicher mit Wasserstoffmengen, die ein Explosionsrisiko darstellen.« [7]

Und warum weigert sich der Erfinder, diese angeblich so erfolgreiche Antriebstechnik in die Praxis umzusetzen oder öffentlich bekannt zu geben? »Weil meine Erfindung so simpel ist, dass jedermann nur lachen würde, wenn ich sie veröffentliche. Sie beruht nur auf gesundem Menschenverstand, nicht auf innovativem Ingenieurwissen. Wie soll man so etwas patentieren lassen?« [8]

Die allermeisten Autotechniker und Ingenieure werden mit den zum Teil skurrilen Informationen über das Dingel-Auto nicht viel anfangen können. Auch verantwortungsbewusste Manager eines Autowerks werden auf dieser wissenschaftlich fragwürdigen Basis kaum in die Produktion eines solchen Wasserautos einsteigen. Laut einem philippinischen Fernsehbericht im Jahr 2000 sollte nach vielen Jahren der Entwicklung die Serienproduktion des Wasserautos auf den Philippinen 2001 anlaufen. Auf der Webseite von Dingel ist im Jahr 2009 dazu zu lesen: »Gegenwärtig ist seine Erfindung noch nicht patentiert oder der Öffentlichkeit vorgestellt worden. Mr. Dingel ist nach wie vor in aktiven Verhandlungen mit verschiedenen Gruppen.«

Das wird sich noch lange hinziehen, wenn – wie zu erwarten – die physikalischen Gesetze weiterhin gelten.

Wasserauto 2: Stanley Meyer

Der amerikanische Erfinder Stanley Meyer hatte eine lange und scheinbar erfolgreiche Karriere. Zwischen 1983 und 1992 meldete er in den USA nicht weniger als neun Patente zur Entwicklung eines Automotors an, der nur mit Wasser als Energielieferant lief. Er hatte im Lauf dieser Zeit und noch danach verschiedene Vorrichtungen entwickelt, die die notwendige Energie zum Fahren aus dem Wasser liefern sollten. In einem Videoclip ist er sogar zu sehen, wie er in einem Buggy davonfährt, der mit einem solchen Motor angetrieben wird.

Wie er in diesem und anderen Videos erklärt, geht dem ganzen Vorgang eine Elektrolyse voraus, durch die Wasser in Wasserstoff und Sauerstoff gespalten wird (wohl ähnlich wie bei Herrn Dingel).

Bei einer anderen Vorrichtung will er die Zündkerzen durch Injektoren ersetzt haben, die Wasser fein verteilt in den Zylinder spritzen. Dort soll das Wasser zunächst in Wasserstoff und Sauerstoff aufgespalten und dann wieder verbrannt werden. Diese Verbrennung sollte angeblich mehr Energie liefern, als die vorausgehende Aufspaltung erforderte. Energie aus dem Nichts, ein Perpetuum mobile, das es eigentlich nach der Physik nicht geben kann?

Über Meyers Wasserauto wurde und wird noch vieles in den Medien geschrieben. Im Internet sind zahlreiche Anweisungen zu finden, nach denen sein Motor angeblich nachgebaut werden kann. Tatsache ist, dass er nicht mehr sehr erfolgreich war, als er Geldgeber zur Realisierung seiner Erfindung suchte. Da seine Patente nicht die technische Sensation lieferten, die er angekündigt hatte, wurde er von Investoren verklagt. Im Rahmen dieses Gerichtsverfahrens verweigerte er die technische Prüfung seines Wasserautos durch einen unabhängigen Experten. Das Ergebnis dieser Klage war eindeutig: Er musste die ihm überlassenen Gelder wieder zurückzahlen. Zu der geplanten Produktion kam es nie.

Dass seine Erfindung für manche eine potenzielle Bedrohung darstellte, ist leicht zu verstehen. Wäre solch ein wassergetriebenes Auto für jeden zu kaufen, wäre Erdöl praktisch nicht mehr viel wert gewesen. Die daraus entstehende Energierevolution wäre kaum vorstellbar. Billige Energie für Haushalte, Industrie und Militär wäre im Überfluss verfügbar, wirtschaftliche und damit politische Abhängigkeiten würden sich verändern. Um seinen Tod ranken sich daher auch Legenden. Er starb 1998 während eines Essens in einem Restaurant. Die gerichtsmedizinische Untersuchung ergab zwar ein Aneurysma (eine Schwachstelle der Arterien) im Gehirn, die zu einer tödlichen Gehirnblutung geführt hatte. Die Anhänger Meyers vermuten aber bis auf den heutigen Tag einen Anschlag irgendwelcher Kräfte, die das Wasserauto fürchteten. Die Verschwörungstheorien hatten einen neuen Fall auf ihrer Liste.

Dabei kann man die Verschwörung in diesem Fall aus zwei Gründen leicht entkräften: Da das Auto nie richtig funktioniert hatte und nie funktionieren würde, konnte es für niemanden zu einer wirtschaftlichen Konkurrenz werden. Zudem sind Meyers Patente und darauf basierende Bauanleitungen frei im Internet zugänglich. Jedermann kann jederzeit sein Glück damit versuchen. Ein Attentat auf diesen Erfinder wäre sinnlos gewesen.

Verschwörungstheorien

Die menschliche Geschichte ist voller Verschwörungen, wie schon Episoden in der Antike zeigen. Denken wir nur an die Ermordung Cäsars im Jahr 44 v. Chr. durch eine Verschwörergruppe, der auch ein enger Freund angehörte (»Auch du, mein Sohn Brutus?«, soll Cäsar im Sterben noch zu ihm gesagt haben). Unzählige Verschwörungen sind geschichtlich belegt, aber die Dunkelziffer ist noch weniger überschaubar.

Daneben gibt es zahlreiche Theorien, die eine Verschwörung hinter realen historischen Katastrophen vermuten, obwohl die Hinweise dafür dürftig sind oder nur aus einem Netz von Vermutungen bestehen. Als Beispiel seien genannt: die »Hexenverfolgung« im mittelalterlichen Europa oder die Verfolgung ethnischer Minderheiten, weil diese Personen angeblich Leute verhext, die Pest verursacht oder Brunnen vergiftet haben sollen. Verschwörungstheorien in jüngerer Zeit werden in Verbindung mit den »Fliegenden Untertassen« und mit dem Anschlag auf das World Trade Center in New York 2001 gebracht. In allen Fällen werden Argumente zusammengestrickt, um komplexe Ereignisse oder Unglücksfälle zu erklären nach dem Motto: »So könnte es doch gewesen sein«. [9, 10]

Die Verschwörungstheorie, dass hinter dem Tod von Stanley Meyer z. B. die Ölindustrie, die Energiewirtschaft oder Autofirmen stecken, klingt verlockend, ist aber in höchstem Maße unwahrscheinlich. Die Theorie wurde durch das Ergebnis der gerichtsmedizinischen Untersuchung ausreichend widerlegt. Zudem wurde bereits oben darauf hingewiesen, dass eine Ermordung Meyers keiner der möglichen Interessengruppen einen Vorteil gebracht hätte. Die Verfechter dieser Theorie stört das erwartungsgemäß wenig.

Wasserauto 3: Die Joe-Zelle

»Lassen Sie Ihr Auto mit Leitungswasser fahren!« Dieses Angebot ist inzwischen vertraut, aber es wird noch extremer. In diesem Internettext steht nämlich weiter: »Diese Pläne wurden dem Geist von Ma'at anonym von jemandem zugesandt, der seinen Namen nicht gedruckt sehen will ... Dies ist einfach ein effizienter Weg, um gewöhnliches Leitungswasser in gasförmigen Wasserstoff und Sauerstoff zu verwandeln, und dann diese Gase statt Benzin zu verbrennen.« [11]

Man findet weiterhin eine ausführliche, scheinbar einfache Bauanleitung, eine Liste häufig gestellter Fragen und einen Hinweis auf die Funktionsweise: »Sehr einfach. Wasser wird nach Bedarf in die Kammer gepumpt, um den Flüssigkeitsstand zu halten. Die Elektroden werden mit einem $0,5 - 5$ A-elektrischen Puls vibriert, was $2\,(H_2O) \rightarrow 2\,H_2 + O_2$ aufspaltet.«

Um die tiefere Bedeutung dieses physikalischen Wunders zu verstehen, muss man einen Teil des Internettextes im Original lesen (für die bessere Lesbarkeit des Textes wurde ein Teil der Rechtschreibung und Interpunktion korrigiert, die Grammatikfehler wurden belassen):

»JoeCell: Theorien der Funtionsweise Joe- und Moe-Joe-Zellen Teil 1 – Antimaterie

Geschrieben von Iggy am 28.08.2008 20:00

… Was wir ja schon alle wissen … Gasmenge, Wasserstoff, HHO, viele Ampere und Elektroylt sind bei der Joe-Zelle und Ablegern wie der Moe-Joe Zelle nicht die treibende Kraft!
Und wenn ich das anführe, werde ich direkt als nächstes gefragt: Ja, was zum Teufel teibt den dann den Motor an, was lässt ihn 20–40% weniger Sprit verbrauchen? Meine Antwort ist dann: Keine Ahnung, wenn ich es GENAU wüsste bekäme ich den Nobelpreis und das sicher nicht nur einmal. Aber hier ist mal ein Erklärungsversuch anhand der Moe-Joe-Zelle …

Theorie der Funtionsweise Joe- und Moe-Joe Zellen:
Der Strom, der in die Kugeln der Zelle fließt, lässt ein magnetisches Feld entstehen, welches den das Wasser im Inneren und gleichzeitig der Mitte der moe-joe umgibt. Das Wasser, welche wie die ganze nicht-magnetische Zelle umgibt und ebenfalls diamagnetischen ist, erschafft ebenfalls ein magnetisches Feld in der »Gegen« Richtung (repulsional).

Das Feld kann sich aber nicht bilden und »kolabiert« bzw implodiert. Aus diesem Kollaps könnten so Elektronen bzw. Anti-Elektronen also Positronen entstehen. Hier sind wären wir, wenn unsere Theorie stimmt, also im Bereich der Antimaterie angekommen.

Diese Antimaterie reagiert unter der Hochspannung des Zündungsfunkens auf dem Kolben und verschmilzt die Elektronen und Positronen, das Resultat ist eine Implosion/Explosion von Materie und Antimaterie, welche sich vernichten und so wieder das gegenseitige Gleichgewicht der Kräfte herstellt.«

Mehr ist dazu nicht zu sagen. Mit diesen Erklärungen verlassen wir endgültig den Bereich der Wissenschaft und betreten das Gebiet des pseudowissenschaftlichen Unsinns. Falls ein Leser weitere Fragen zur Joe-Zelle haben sollte, kann ihm nur noch die Kontaktaufnahme zum »Geist von Ma'at« helfen.

Was könnte dahinterstecken?

Neben den hier beschriebenen Beispielen gibt es noch eine Zahl weiterer Vorschläge für Wasserautos. Es soll hier aber keine vollständige Übersicht erfolgen, sondern auf die grundsätzlichen Möglichkeiten und Mechanismen solcher Autos eingegangen werden.

Zunächst muss man feststellen: Die Erbauer solcher Wasserautos weigerten sich bisher, einen plausiblen und nachprüfbaren Mechanismus für ihre Erfindung auf den Tisch zu legen. Vage Andeutungen ersetzen weder in der Wissenschaft noch in der Technik die ernsthafte Diskussion über neue Ideen. Seriöse Interessenten und Motorexperten sind daher weitgehend auf eigene Erfahrung und Spekulationen angewiesen.

Wenn Wasser in seine Bestandteile Wasserstoff und Sauerstoff getrennt wird (z. B. durch Elektrolyse), ist eine bestimmte Energie erforderlich. Die gleiche Energie wird wieder frei, wenn das Gemisch Wasserstoff-Sauerstoff (Knallgas) wieder verbrennt:

Spaltung: $2 H_2O + Energie \rightarrow 2 H_2 + O_2$
Verbrennung: $2 H_2 + O_2 \rightarrow 2 H_2O + Energie$

Energetisch und theoretisch ergibt dies eine Nullsumme, ohne erkennbaren Energiegewinn, durch den ein Auto bewegt werden könnte. Wie schon zu Beginn des Kapitels beschrieben, sprechen die Gesetze der Physik hier eine klare Sprache: Nach dem 1. Hauptsatz der Wärmelehre kann keine Energie aus dem Nichts gewonnen werden. Ein Perpetuum mobile dieser Art gibt es nicht.

Grundsätzlich könnte der Antrieb solcher Wasserautos zum Beispiel folgende mögliche Mechanismen enthalten:

- *einen mit einer Batterie gespeisten Elektromotor*

  Die Energie käme dann direkt aus einer Batterie, indirekt über deren Aufladung aus der Steckdose bzw. einem Kraftwerk. Da hierfür kein Wasser benötigt werden würde, wäre dies schlichter Betrug.

- *eine Elektrolyseeinheit*

  Mit ihr kann, wie beschrieben, durch Strom aus der Autobatterie Wasserstoff und Sauerstoff aus Wasser erzeugt werden. Das Wasserstoffgas könnte in einem modifizierten Motor unter Beimengung von Luft oder Sauerstoff verbrannt werden und so das Auto bewegen. Die Elektrolyse des Wassers würde aber in der Praxis mehr Strom aus der Batterie verbrauchen als bei der erneuten Verbrennung erzeugt wird. Das Fahren des Autos wäre nur möglich, wenn die Energie für die Elektrolyse durch Nachladen der Batterie immer neu zur Verfügung gestellt wird. Es könnte die bisher geschilderten kurzen Fahrten der Wasserautos erklären. Es wäre aber ebenfalls Betrug, denn von einem heimlichen Nachladen der Batterie nach einigen Kilometern wird nirgendwo gesprochen. Wasser wird stets als einzige Energiequelle genannt.

- *eine Brennstoffzelle*

Die Brennstoffzelle wäre somit eine Anwendung der Wasserstofftechnologie. (Vorsicht: Dieser offizielle technische Begriff wird häufig von Wasserauto-Erfindern für andere »Reaktionszellen« verwendet.) Hier wird in einer Zelle Wasserstoff durch kalte Verbrennung, d.h. ohne die übliche heiße Flamme, oxidiert und dabei Strom erzeugt. Dieser Strom treibt das Auto an. Vereinfacht finden folgende Reaktionen in der Zelle statt:

an der Anode:	$2\,H_2 \rightarrow 4\,H^+ + 4\,e^-$
an der Kathode:	$O_2 + 4\,e^- \rightarrow 2\,O^{2-}$
	$2\,O^{2-} + 4\,H^+ \rightarrow 2\,H_2O$
gesamte Reaktion:	$2\,H_2 + O_2 \rightarrow 2\,H_2O$

Es wird also die Energie des Wasserstoffs ausgenutzt, nicht die des Wassers. Diese Energie muss jedoch erst einmal aufgewandt werden, um den Wasserstoff für die Brennstoffzelle zu erzeugen. Das Wasser selbst ist dabei nur Reaktionsteilnehmer, nicht aber der Energielieferant.

Es gibt noch eine alternative Erklärung, die in Veröffentlichungen und Medien gelegentlich gehandelt wird: Die Nutzung der sogenannten »Raumenergie« oder »Freien Energie«. Gemeint ist damit meist Energie, die im Weltraum in Form von Neutrinos, energiereicher und elektrisch neutraler Teilchen, herumschwirrt. Die Idee ist faszinierend: Könnte man diese frei verfügbaren Teilchen einfangen und deren Energie anzapfen, hätte die Welt wohl keine Energieprobleme mehr. Bei der Größe des Universums wäre die Neutrinoquelle praktisch unerschöpflich. Auf dieser Basis ein Auto anzutreiben wäre nur noch eine Frage der Entwicklung.

Konstantin Meyl ist Professor für Computer and Electrical Engineering. Er glaubt an diese Idee und hat dies in einem Buch erläutert. [12] Einige Sätze daraus sind hier wiedergegeben:

>»Wirkt Wasser wie ein Katalysator? ... Ja, man kann das so sehen. Es kommt zu einer Anziehungskraft, die für das Molekül fatal enden kann. Ist das Neutrino zu einem Zeitpunkt gerade negativ geladen, vermag es das Wassermolekül von den beiden Wasserstoffatomen her zu spalten. ...

Es entsteht demnach Sauerstoff und Wasserstoff, wie bei der Elektrolyse. ... Nur wird kein elektrischer Strom verbraucht. Stattdessen verrichten Neutrinos die Arbeit. Zum besseren Verständnis haben wir uns in meinem Labor angewöhnt, von Neutrinolyse zu sprechen ...
In meinen Augen ist die Neutrinolyse eine perfekte Problemlösung. Genutzt wird Neutrinopower, und das ist eine absolut saubere Energie. In Amerika lebte ein erfolgreicher Erfinder von Geräten, die mit Wasser als Spritersatz auskommen...«

Mit dem »erfolgreichen amerikanischen Erfinder« bezieht sich Meyl auf Stanley Meyer und dessen Wasserauto. Wie bereits beschrieben, ist dieser Mann jedoch technisch wie juristisch gescheitert. Ein Gericht verurteilte ihn wegen Betrugs zur Rückzahlung von Geld, das Investoren ihm für die Produktion des Wasserautos geliehen hatten. Was ist daran erfolgreich?

Zugegeben, neue Ideen wie die der Neutrinopower können durchaus umstritten sein. Schließlich lebt die Wissenschaft von Querdenkern, neuen Ideen und der Diskussion darüber. Allerdings sollten die Argumente seriös sein, sonst wird die ganze Theorie unglaubwürdig. In Bezug auf das Wasserauto ist diese Erklärung der Energieerzeugung jedenfalls nicht überzeugend.

Man sieht also: Einfach Wasser in den Tank zu schütten genügt nicht, um Energie zum Fahren eines Autos zu gewinnen. Eine irgendwie von außen zugeführte Energie wird aber von keinem Erfinder eines Wasserautos beschrieben. Keiner gab an, woher die Energie dafür wirklich kam. Es wurde aber auch nicht erlaubt, eine offizielle Prüfung mit dem Wissen der heutigen Motortechnik durchzuführen. Der Einsatz obskurer technischer Zusatzgeräte (black box) ist in der realen wissenschaftlichen und technischen Welt auch kein gültiger Ersatz für Erklärungen. Sie sind erst recht kein Mittel, die Gesetze der Physik und Chemie aus den Angeln zu heben. Solche Wunderkisten unterliegen ebenfalls den Naturgesetzen.

Experten und Öffentlichkeit grübeln also weiter darüber nach, wie oder ob überhaupt solche Wasserautos funktionieren können. Letztlich ist es aber nicht Aufgabe von Außenstehenden, die Frage nach dem Wirkungsmechanismus eines Wasserautos herauszufinden. Dies darzulegen und zur Diskussion zu stellen ist eine Pflicht des Erfinders, eine Regel, die in der Naturwissenschaft als selbstverständlich gilt.

Bald Wasser in den Tank?

Wenn man sich in den zahlreichen Internetseiten zum Thema Wasserauto verliert, besteht die Gefahr der Verwirrung. Einerseits weiß man von der Physik, dass diese Geschichte nicht funktionieren kann. Andererseits chatten einige Leute bereits im Internet über Details zum Bau solcher Wassermotoren. Man meint, sie hätten die Gesetze der Physik bereits überwunden. Arbeitserfolge werden gemeldet, Selbstbauanleitungen werden preiswert zum Kauf angeboten, Investoren für die Großproduktion gesucht. Sind das alles Scharlatane oder irren die Physiker mit ihren Naturgesetzen?

Zur Klärung des gegenwärtigen Sachverhaltes kann man sich an einige einfache Fakten halten:

- Die Erbauer solcher Wasserautos weigerten sich bisher, eine plausible und nachprüfbare Beschreibung ihrer Erfindung auf den Tisch zu legen. Auch die inzwischen käuflichen Baupläne enthalten keine wissenschaftlich plausible Beschreibung des Wirkprinzips.

- Bisher wurde noch kein Wasserauto von Motorexperten nach dem gegenwärtigen Stand der Technik offiziell überprüft. Selbst simple physikalische Messungen, die Standard in einem Studienpraktikum sind, wurden offensichtlich kaum durchgeführt. Bei den bisherigen »Prüfungen« handelte es sich meist um unkritische Bestandsaufnahmen oder Reportagen, weitergehende Fragen wurden nicht verfolgt.

- Für keines dieser Wasserautos wurde eine Stoff- und Energiebilanz entwickelt. Sie würde den Eintrag von Material und Energie (z. B. Wasser, Benzin, Batterieladung) und den Austrag (z. B. Abgas, Abwasser, Fahrleistung) des Gesamtsystems darlegen.

Solch eine Input/Output-Bewertung könnte die Machbarkeit und den Vorteil eines wassergetriebenen Motors zeigen oder widerlegen.

- Erfahrungsberichte über Langzeittests sind nicht bekannt. Die bisher beschriebenen Tests zeigen immer nur Kurzzeiteinsätze, die auch mit einem regulären Elektro- oder Wasserstoffmotor möglich sind. Auch die zahlreichen Videos sind so nichtssagend, dass sie als Beweise für das Funktionieren des Wassermotors nicht taugen.

- Bisher gibt es außer den Originalfahrzeugen der jeweiligen Erfinder keine weiteren Prototypen. Bei den langfristig steigenden Kraftstoffpreisen spricht dies gegen die Verwendung von billigem Wasser als Treibstoff.

Diese Fakten sind alle mit dem gesunden Menschenverstand nachzuvollziehen, ohne die große Wissenschaft zu bemühen. Um es klar zu sagen: Sie sind noch kein Beweis, dass es den Antrieb mit Wasser als Energiequelle nicht geben kann. Aber die Fakten sollten zumindest potenzielle Käufer von Wasserautos kritisch werden lassen. Ob man damit wirklich Geld sparen kann, könnte eine teure Erfahrung werden.

Etwas Positives allerdings könnte diese Suche nach dem Auto, das nur mit Wasser fahren soll, haben. Wir erinnern uns an die vergeblichen Versuche der Alchemisten, auf chemischem Weg Gold herzustellen. Heute wissen wir, dass dieses Ziel wegen der Naturgesetze niemals erreichbar war und sein wird. Ihr Schaffen aber brachte eine Fülle neuer Erkenntnisse über die Zusammensetzung unserer Welt, es legte die Grundlage für unsere heutige Chemie. Möglicherweise gibt es unter denen, die an einem Wasserauto tüfteln, auch begabte Bastler, die brauchbares Neues finden. Bereits im Kapitel »Naturwissenschaftliches Denken und Arbeiten« wurde darauf hingewiesen, dass Neugierde und Experimentieren zwei der Voraussetzungen für naturwissenschaftliches Arbeiten sind. Es wäre nicht das erste Mal, dass dadurch neue Erkenntnisse oder technische Neuerungen geboren werden. Es liegt einzig an diesen Bastlern, sich einer kritischen Bestandsaufnahme und Diskussion zu öffnen, wie dies in der Naturwissenschaft notwendig ist. Nur so können sie sich möglicherweise die wissenschaftliche Anerkennung und den technischen Erfolg verdienen. Erfolgt dies nicht, wird der Traum vom Wasserauto wohl das Schicksal aller anderen Vorschläge für ein Perpetuum mobile teilen: Er wird ohne jeden Erfolg in der Schublade für kuriose Ideen verschwinden.

Inzwischen wird das Wasserauto weiterlaufen, wenn auch nur in kurzen Videoclips, in Interviews und gelegentlich für einige Stunden auf der Straße, bis die Batterie erschöpft ist. Wasser mag ein wundersamer Stoff sein, aber als Benzinersatz taugt es nicht.

Anmerkungen

1 Park, R. (2005) Woodoo Science – The road from foolishness to fraud, Oxford University Press

2 www.wasserauto.de/html/ neu–.html#Genepax (23 September 2010)

3 Czapp, W. (2009) Auszug aus einem Reisebericht; www.rolf-keppler.de/ 3frame (21 Januar 2009)

4 AUTO BILD, Ausgabe Nr. 42, 20. Oktober 2000

5 Keppler, R. www.rolf-keppler.de (21 Januar 2009)

6 Czapp, W. www.wasserauto.de (21 Januar 2009)

7 www.danieldingel.com/watercar (20 Dezember 2008)

8 AUTO BILD, Ausgabe Nr. 43, 26. Oktober 2001

9 Grüter, T. (2008) Wie viel Wahrheit enthalten Verschwörungstheorien? Skeptiker 21, 176-180

10 Demuth, L. (2008) Darf man Verschwörungstheorien unterrichten? Skeptiker 21, 181-190

11 www.joecell.de/modules/ altern8news/article.php?storyid=68 (04 Januar 2009)

12 von Buttlar, J., Meyl, K. (2000) Neutrinopower. Argo Verlag, Marktoberdorf

6
Faktenprüfung

Daten, Tests, Beweise?

Mit wenigen Ausnahmen waren Heilkräuter bis vor etwa einem Jahrhundert praktisch die einzigen bekannten Arzneien. Ihre Anwendung geschah ausschließlich auf der Grundlage überlieferter und persönlicher Erfahrung heilkundiger Menschen. Alte Überlieferungen gibt es aus vielen Regionen der Erde. Allerdings gab es bei den empfohlenen Anwendungen sehr häufig eine große Bandbreite an Krankheiten, bei denen ein bestimmtes Kraut verwendet werden sollte. Das Beispiel des bekannten Löwenzahns (Taraxacum officinale) soll dies zeigen. Seine medizinischen Wirkungen lesen sich in dem »Großen illustrirten Kräuterbuch« (Abb. 66) so:

- »... wirkt auflösend und stärkend auf die Schleimhäute, namentlich auf Lungen, Leber, Darmkanal und Harnwerkzeuge,

- gute Dienste bei Stockungen und Verschleimungen der Eingeweide, des Pfortadersystems, der Goldader (Hämorrhoiden), in Leberleiden, in Leberstockungen, Gelbsucht,

- als blutreinigendes Mittel,

- bei Verstopfungen des Unterleibes und der Harnwege, in Gelb- und Wassersucht sowie bei verschiedenen Hautkrankheiten,

- macht die Augen sehr hell und vertreibt alle Flecken in denselben,

- bei allen hitzigen Krankheiten und Fiebern,

- gegen Gallen-, Blasen- und Nierenstein ... Harnruhr ... Milzverstopfung, Milzentzündung,

- rheumatische, gichtische und stechende Schmerzen ... heftiges Kopfweh, Ausschläge, Flechten und Geschwüre,

- die Hitze schwarzer brennender Blattern wird gelöscht,

- bei Arthritis, Hypochondrie ...Blutbrechen ...«

Abb. 66 »Das große illustrirte Kräuterbuch« von 1874 [1]

Die kenntnisreichen Ärzte, Medizinmänner und Heiler in allen
Zeiten und Völkern verdienen großen Respekt für ihre Fähigkeit,
kranken Menschen mithilfe der Natur zu helfen. Dabei muss man
davon ausgehen, dass viele der Anwendungen, auch die aus diesem
Kräuterbuch, traditionell auf Einzelerfahrungen oder nur auf Hören-
sagen beruhten. Die verschiedenartigen Wirkungen können unmöglich im Sinne heutiger wissenschaftlicher und medizinischer Kriterien umfassend untersucht worden sein. Dennoch haben es zahlreiche Pflanzen geschafft, ihren Stammplatz als Heilpflanzen in der
Medizin zu behaupten.

In ganz ähnlicher Weise wie in Kräuterbüchern lesen sich häufig
auch die Wirkungen von »besserem« Wasser. Behauptungen darüber
aufzustellen ist die eine Seite, Nachweise für die propagierten Wirkungen zu bringen ist eine andere. Dabei werden sehr häufig Tests
empfohlen und Beweise geliefert, die den naturwissenschaftlichen
Qualitätskriterien nicht genügen. Nach all den Einzelheiten in den
vorausgegangenen Kapiteln ist es nun an der Zeit, eine systematische
Betrachtung vorzunehmen, gemeinsame Gesichtspunkte zu suchen
und sie zusammenzufassen. Wir wollen uns im Folgenden einige
Ergebnisse ansehen und auf die Defizite solcher »Beweise« und auf
die Tricks der Anbieter eingehen.

Die Daten

Einer der charakteristischen Unterschiede zwischen der naturwissenschaftlichen und der pseudowissenschaftlichen Darstellung von Ergebnissen besteht im Angebot von Daten. Darunter sind alle Arten von Messergebnissen, Berechnungen und sonstigen Informationen zu verstehen, mit denen das Ergebnis einer Untersuchung beschrieben wird. Zu Beginn des Buches wurde bereits festgehalten, dass die Erzeugung solcher Daten und deren öffentliche Diskussion ein wichtiges Merkmal des wissenschaftlichen Arbeitens ist. Die gewonnenen Daten werden in zahllosen Zeitschriften und anderen Medien bekannt gegeben und sind für jeden verfügbar. Es erlaubt die Zusammenarbeit von Kollegen weltweit und führt dazu, dass eine neue Hypothese irgendwann anerkannt oder aber widerlegt werden kann. Damit bilden Daten eine wesentliche Grundlage für neue wissenschaftliche Entwicklungen und Theorien.

In der pseudowissenschaftlichen und esoterischen Wasserliteratur sieht dieses Bild völlig anders aus. In den vorangegangenen Kapiteln wurde ausgiebig auf die Verwendung wissenschaftlicher Worthülsen hingewiesen: Frequenzmuster, Information, Gedächtnis des Wassers, Schwingungen, Forschungsergebnisse. Wer dazu nähere Beschreibungen erwartet, wird nur in ganz wenigen Fällen auch Zahlen zu diesen Begriffen finden. Von wenigen Ausnahmen abgesehen findet nur eine qualitative Beschreibung statt, ohne Daten zur Quantifizierung. Behauptungen über Schwingungen oder ein Gedächtnis des Wassers bleiben aber ohne Daten inhaltslos und unglaubwürdig.

Nehmen wir zwei im Buch beschriebene Beispiele über die Heilwirkung der Quelle in Lourdes. Zum einen schreibt P. Ferreira, das Wasser der Quelle weise bestimmte Frequenzmuster auf, die andere Quellen nicht haben und die heilsam seien. Zum anderen stellt P. Flanagan fest, das Quellwasser enthalte chemische Stoffe namens Hydride, die die Heilwirkung ausmachen würden. In der Naturwissenschaft wäre es ein Leichtes, diese beiden Hypothesen zu prüfen. Man würde die Wellenlängen und Intensität der Schwingung messen und das Frequenzmuster darstellen. Im Fall der Hydride würde man diese analysieren und ihre Konzentration errechnen. Keine dieser Daten sind jedoch bekannt, eine Bewertung ist so nicht möglich, die Behauptungen bleiben ohne Nachweis. Dieses Bild ist charakteristisch für pseudowissenschaftliche und esoterische Darstellungen.

Wer in der Naturwissenschaft Ideen und Behauptungen äußert, hat die Verpflichtung, sie zu beweisen. Das Glauben daran wird nicht akzeptiert. In der Pseudowissenschaft gilt diese Verknüpfung von Behauptung und Nachweis offenbar nicht. Dort ersetzt der Glaube das kritische Nachfragen.

Die angebotenen Tests

Der Geschmackstest

Wer nicht damit zufrieden ist, sein normales Leitungswasser zum Kochen und Trinken zu verwenden, kommt unweigerlich zu der Frage: Was gibt es Besseres? Die Meisten finden ihre Antwort im Kauf eines der vielen Mineralwässer. Eine andere Antwort kommt von Firmen, die mittels technischer Geräte oder durch Zusätze »verbessertes« Wasser anbieten. Der gleichlautende Tenor lautet in vielen Varianten: »Unser Wasser schmeckt Ihnen besser und ist gesünder«. Das bringt uns zu einer grundlegenden Frage: Warum schmeckt eigentlich Wasser gut oder schlecht? Worin liegt der Unterschied zwischen frischem Quellwasser und fadem Leitungswasser? Die Antwort darauf ist von Bedeutung, will man die Tricks der Anbieter von solchen Geräten oder von »verbessertem« Wasser durchschauen. Die Antwort liegt zum einen in der Wassertemperatur, zum anderen in

---

Auch Geschmacksexperten täuschen sich

Frédéric Brochet, ein Weinforscher an der Universität Bordeaux, führte mit Weinexperten folgenden Test verdeckt durch:
Er nahm einen Bordeauxwein mittlerer Qualität und teilte ihn in zwei Flaschen auf, eine mit dem Etikett eines hervorragenden »Grand Cru«, die andere mit der Bezeichnung eines gewöhnlichen »Vin de Table«. Das Ergebnis war verblüffend und desillusionierend. Der angebliche Topwein wurde mit »angenehm, mit Holzaroma, komplex, ausbalanciert und rund« bewertet, der als Tafelwein kre-denzte als »schwach, kurz, leicht, flach und fehlerhaft«. Vierzig der Experten empfahlen den Wein mit dem tollen Etikett als trinkenswert und nur zwölf sagten dies von dem angeblich billigen Wein.[2]
Wein ist zwar nicht Wasser – aber die Täuschung des Geschmacks gelingt eben bei beiden und auch bei Geschmacksexperten. Wie geht es da erst uns normalen Konsumenten? Vor der Frage »Schmeckt Ihnen dieses ›besondere‹ Wasser besser«? sollte man also gewappnet sein. Und man darf »nein« sagen.

---

den Inhaltsstoffen des Wassers. Im Kapitel »Trinkwasser« wurde dies bereits näher ausgeführt.

Nicht vergessen werden darf schließlich die Tatsache, dass – wie auch z. B. beim Wein – das subjektive Empfinden durch den Riech- und den Geschmackssinn eine wichtige Rolle spielt. Deshalb ist aber auch mit Sinnestäuschungen zu rechnen, die mit einer Erwartungshaltung gegenüber dem neuen Gerät oder dem besonderen Wasser verbunden sind. Diese Erwartung wird zum einen gespeist aus den Heilsversprechen, die die Gerätehersteller verbreiten, zum anderen aus dem Wunsch, für ein nicht gerade billiges Gerät auch etwas Besonderes zu bekommen.

Der Waschmaschinentest

Ein anderer Test wird von Geräteanbietern gelegentlich vorgeschlagen, um zu zeigen, dass eine Verbesserung des Leitungswassers sogar Kosten spart: der Waschmaschinentest. Die behauptete Wirkung lautet: »Weniger Verbrauch an Waschmittel durch Verwendung von energetisiertem Wasser«. Demnach soll nach der Installation eines Verbesserungsgeräts für Leitungswasser der Verbrauch an Waschmittel verringert werden. Es wird versprochen, dass auch mit weniger Menge die Wäsche zufriedenstellend sauber gewaschen wird.

Solch ein Test hört sich einfach und überzeugend an. In Wirklichkeit ist er aber sehr schwierig durchzuführen, wenn er mehr als ein subjektives, einmaliges Ergebnis bringen soll, das keinerlei Aussagekraft hat. Ein Test könnte theoretisch etwa so laufen:

Man nimmt 5 gleiche Waschmaschinen, füllt jede mit der gleich schmutzigen Wäsche und verwendet in den einzelnen Maschinen jeweils 0, 1/4, 2/4, 3/4 bzw. 4/4 der Anteile an der vorgeschriebenen Waschmittelmenge. Nach dem Waschgang wird die gereinigte Wäsche mehreren Familienmitgliedern zur Begutachtung vorgelegt, jeder muss seine Zufriedenheit mit dem Waschergebnis in Prozent kundgeben. Die Ergebnisse werden dann in einer Grafik zusammengefasst. Wie ein Gesamtresultat aussehen könnte, deutet Abb. 67 an.

Selbst dieser primitive Test ist keine ausreichende Grundlage, ein Waschergebnis – und damit den Waschmittelverbrauch – stichhaltig zu bewerten. Deshalb gibt es zum Schutz der Verbraucher ausgeklügelte Verfahren, um solche Tests der Waschmitteldosierung objektiv

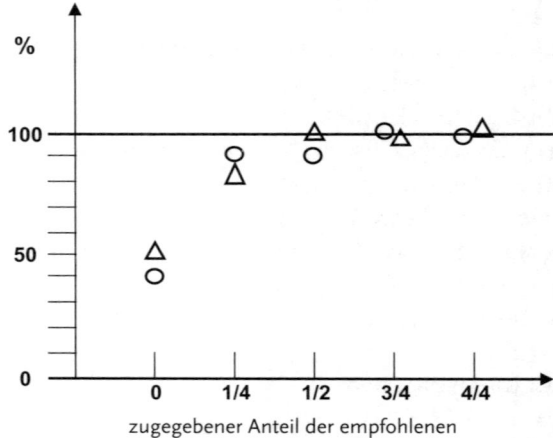

Waschmaschinentest

Zufriedenheit mit Wasch-ergebnis

Abb. 67 Ein denkbarer Waschmitteltest mit normalem (O) und energetisiertem (Δ) Leitungswasser. Es ist zu erwarten, dass ein zufriedenstellendes Waschergebnis bei beiden Wasserarten bereits vor der maximal empfohlenen Menge an Waschmittel eintritt. Zuverlässige Aussagen bringt nur ein standardisierter, neutraler Test.

durchzuführen. Dennoch hätte sogar ein solcher Selbsttest durchaus einen Vorteil: Er gibt einen besseren Einblick in den eigenen Verbrauch und zeigt, dass auch ohne Energetisierung des Wassers ein Waschen mit weniger Waschmittel gute Resultate bringen kann.

Der Trick und ein grundsätzliches Problem bei diesem Test werden von den Geräteanbietern nicht genannt: Man kann ihn erst durchführen, wenn das Gerät schon gekauft und installiert ist. Welche Person mit einem normalen Haushalt hätte wohl genügend Zeit und Lust, einen solchen Test durchzuführen? Wer könnte die Testergebnisse quantifizieren und vergleichen? Selbst wenn – erwartungsgemäß – kein Unterschied festgestellt wird, wer würde das Gerät wieder ausbauen lassen? Es hat sich ja nichts verschlechtert, außer dem Inhalt in der Geldbörse.

Die Anbieter können also sicher sein, dass ihr Argument »Weniger Verbrauch an Waschmittel durch energetisiertes Wasser« einfach als wahr hingenommen wird. Der Waschmitteltest könnte aber nur dann gelten, wenn die Hersteller von »verbessertem« Wasser zuverlässige Tests durch unabhängige Organisationen durchführen ließen.

Der Frischhaltetest

Auf einer Webseite, die rechtsdrehendes Wasser anbietet, ist Folgendes zu lesen:

»Während linksdrehendes Wasser (aus der Sicht der Rutengeher) die Bakterien-, Pilz- oder Virenbildung begünstigen, bringt eine starke Rechtsdrehung alles wieder ins Gleichgewicht.

Bei meinen Versuchen mit Lebensmitteln wie Fleisch, Hähnchen und Obst stellte ich fest, wenn man diese nur leicht mit dem ionisierten Wasser einsprühte, dass man diese stundenlang in der Hitze stehen lassen konnte, ohne dass sie schlecht wurden. Im Gegenteil – das Fleisch wurde mürbe und hatte einen angenehmen Geschmack.

Ich habe jetzt ein eingesprühtes Hähnchen eine Woche im Kühlschrank und immer noch dreht es ganz stark rechts und hat keinen schlechten Geruch!! Ebenso ist es bei zwei Schweineschnitzel, die jetzt schon 5 Tage in einer Plastikdose sind.

Bei meinen Versuchen an mir selbst, waren nach ein paar Tagen die Verdauungsprobleme so richtig verschwunden und ich fühle mich jetzt von Tag zu Tag wohler …

Ja sogar die Läuse auf Rosen verschwanden nach zwei Tagen. Ebenso probierten wir es bei Hunden aus, die Zecken hatten – mit gutem Erfolg!« [3]

Diese Liste unterschiedlichster Wirkungen von rechtsdrehendem Wasser ist fast so beeindruckend wie die des Löwenzahns in dem Kräuterbuch am Anfang des Kapitels. Jedoch ist objektiv nicht nachvollziehbar, wie ein Hähnchen überhaupt »ganz stark rechts drehen« kann. Welche nachprüfbaren Daten gibt es dazu und zu den anderen Darstellungen? Wie wir im Kapitel »Rechts- und linksdrehendes Wasser« gesehen haben, gibt es nicht einmal rechts- oder linksdrehendes Wasser.

Solche subjektiven Erfahrungsberichte tauchen immer wieder in Angeboten für »verbessertes« Wasser auf. In einigen Fällen werden Kunden sogar aufgefordert, ihre Erfahrungen an die Lieferfirma zu berichten. Für die ist es dann leicht möglich, solche Kundenstimmen in ihre Werbung aufzunehmen. Damit vermeiden sie eigene Behauptungen über angebliche Wirkungen, die aus juristischer Sicht als Täuschung angesehen und damit problematisch werden könnten.

In der Botanik gibt es seit Langem den sogenannten Keimtest, mit dessen Hilfe die Keimfähigkeit von Pflanzensamen bestimmt wird. Die Bildung dieser Keimlinge hängt von zahlreichen Faktoren ab. Dazu gehören bereits die Bedingungen, unter denen die Ernte und die Lagerung der Samen stattfanden, dann beim aktuellen Test u. a. die Vorbehandlung (Beizen), Temperatur und Licht. Soll der Test wissenschaftliche Kriterien erfüllen, muss er unter klar definierten Bedingungen durchgeführt werden. Dafür gib es internationale Vorschriften zur Prüfung der Keimfähigkeit von Saatgut. Einen einfachen Keimtest führt jedoch jeder durch, der zuhause Kresse- oder Sojasamen auf einer feuchten Unterlage keimen lässt, um die daraus entstehenden Pflanzensprosse in der Küche zu verwenden. Solch ein Beispiel mit der Keimung von Weizenkörnern zeigen Abb. 68 und 69.

Solche Keimtests oder andere Wachstumstests mit Pflanzen werden immer wieder in Informationsmaterial über energetisiertes oder irgendwie verbessertes Wasser erwähnt. Damit wird der Versuch unternommen, über eine naturwissenschaftlich anerkannte und angewandte Methode die bessere Wirkung eines solchen Wassers gegenüber normalem Wasser quasi wissenschaftlich zu beweisen. Das Problem dabei ist: Einen eigenen Test, wie von Firmen vorgeschlagen, können die Käufer eines Geräts zur Verbesserung von Wasser erst nach dem Kauf durchführen. Was ist, wenn der Test nichts anzeigt?

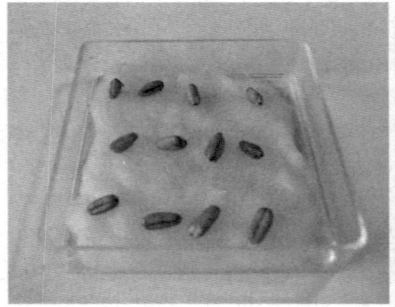

Abb. 68 und 69 Keimtest mit Weizenkörnern und
Leitungswasser. Startanordnung (links), Keimung nach
4 Tagen bei ca. 20 °C (rechts)

Eine Firma hatte es dennoch gewagt, ihr eigenes Ergebnis als Werbung in das Internet zu bringen. [4] Auf den Bildern wurde die Keimung von Samen des Bockshornklees als Beweis für die verbesserte biologische Wirkung ihres »belebten« Wassers gegenüber normalem Wasser dargestellt. In der Originalgröße sah man nicht viel, denn die Darstellung war zu klein. Erst wenn man eine Vergrößerung etwas genauer betrachtete und verglich, waren Details zu erkennen. Die Bilder zeigten ein erstaunliches, um nicht zu sagen unglaubwürdiges Keimwachstum bei einigen Samenkörnern bereits nach dem zweiten Tag. Nach drei weiteren Tagen hatten sich diese starken Keimlinge praktisch nicht mehr verändert. Angesichts der raschen Keimung zu Beginn hätte man auch in diesen Tagen mit erheblichem Fortschritt gerechnet. Stattdessen trat Stillstand ein, ein weiteres Wachstum der Keime war nicht zu erkennen. Das »belebte« Wasser hat sie offensichtlich nicht mehr belebt. Am fünften Tag war mit normalem wie mit »belebtem« Wasser eine praktisch gleichartige Keimung aufgetreten, ein Unterschied nicht mehr erkennbar.

Ein wissenschaftlicher Laie oder gutgläubiger Mensch hätte diese Details kaum bemerkt, sondern die Reklamebilder mit einem »Aha« zur Kenntnis genommen. Wer aber mit wissenschaftlichen Methoden und Ergebnissen an die Öffentlichkeit geht, muss damit rechnen, auch mit wissenschaftlichen Kriterien geprüft zu werden. Die Bilder der Firma und die Schlussfolgerung »Unser belebtes Wasser ist wirksam« hätten jedem Biologiestudenten im Praktikum ein »nicht plausibel« eingebracht. Vielleicht aus diesem Grund war im Jahr 2010 dieser Keimtest nicht mehr auf der Webseite der Firma zu finden.

Ein primitiver, nicht nachvollziehbarer Keimtest kann mit keinem Wasser, ob normal oder esoterisch verbessert, als wissenschaftlicher Beweis gelten. Ob hinter der Empfehlung zu einem eigenen Keimtest laienhafter Umgang mit wissenschaftlichen Methoden oder Absicht steckt, ist nicht zu erkennen. Ob er ein Ansporn ist, solch ein sogenanntes belebtes Wasser oder ein Gerät zu seiner Herstellung zu kaufen, bleibt jedem selbst überlassen.

Der Kristallbildungstest

Wasser und Kristalle gehören zusammen wie Geschwister. Dabei gibt es zwei Möglichkeiten Kristalle zu bilden: Die eine ist, Wasser soweit abzukühlen, dass es Eiskristalle, Schneeflocken, Hagel oder Eisblumen an den Fenstern bildet. Die zweite Möglichkeit besteht darin, Wasser aus einer Lösung von Stoffen zu verdunsten und die darin gelösten Bestandteile als sogenannten Trockenrückstand auszukristallisieren. Bekannte Beispiele für diesen Weg sind die Meersalzgewinnung in Salzteichen und der menschliche Schweiß, der bei anstrengender Tätigkeit auf der Haut als Salz trocknet.

Über beide Vorgehensweisen der Kristallbildung und ihre schwer durchschaubare Anwendung wurde bereits im Kapitel »Kristalle zeigen Gefühle?« diskutiert. Die Kristallbildung der gelösten Stoffe durch Verdunsten des Wassers ist darüber hinaus in einigen Texten über das verbesserte Wasser aufgeführt. Dort wird sie als Test für die Wirksamkeit eines irgendwie energetisierten Wassers dargestellt. Nun wird niemand Werbetexte für wissenschaftlich seriöse Information halten. Was aber, wenn dort behauptet wird: »Durch diese Kristallbildung ist die Wirkung unseres Gerätes wissenschaftlich bewiesen?« Hier begibt sich der Werbetexter auf das Gebiet der Naturwissenschaften, für die strenge Regeln gelten, wie im Kapitel »Naturwissenschaftliches Denken und Arbeiten« dargelegt.

Im Kapitel »Die Energie bringt's?« haben wir bereits auf die AQUA-VITAL-FOLIE hingewiesen, die durchströmendes Leitungswasser mithilfe der Chi-Energie energetisieren soll. Diese Energetisierung wiederum soll positive, in der Werbung beschriebene Wirkungen auf Menschen und Pflanzen haben. Zum Nachweis dieser Wirkungen wurde im Auftrag des Anbieters Ulrich Holst eine Untersuchung durchgeführt. Auf der Webseite lesen wir dazu Folgendes [5]:

> **»Wissenschaftlich untersucht**
> Unabhängige Laboruntersuchungen mit dem Rasterelektronen-Mikroskop bestätigen die Wirkung der AQUA-VITAL-FOLIE.
>
> … Der Einfluss der Aqua-Vital-Folie auf die Wasserqualität wurde untersucht vom akkreditierten Prüflaboratorium Dipl. Ing Walter Lang, Nürnberg. Es wurden Wasserproben entnommen und unter normaler Raumtemperatur verdunstet. Aus den Ablagerungen wurden Segmentproben entnommen und unter dem Raster-Elektronen-Mikroskop untersucht.«

Es folgen zwei Fotos mit den mikroskopischen Aufnahmen der beiden Wasserproben und dazu die Erläuterung:

»Links: normales Leitungswasser. Deutlich sichtbar die gröberen Kalk-kristalle, die »verklebten« Flächen und die ungleichmäßige Verteilung der anderen Inhaltsstoffe. Rechts: Wasser aus demselben Hahn, wobei um das Wasserrohr eine Aquavital-Folie gewickelt war. Die Inhaltsstoffe sind wesentlich besser gelöst.«

Das sieht nun sehr wissenschaftlich und seriös aus, doch der Schein trügt. »Wissenschaftlich untersucht« ist ein hoher Anspruch, dem die geschilderte Untersuchung in keiner Weise gerecht wird, denn:

- Vom Auftraggeber, nicht vom Labor, wurde je eine einzige Probe des unbehandelten und des behandelten Wassers entnommen. Für eine wissenschaftliche Bewertung hätten es wesentlich mehr Wasserproben sein müssen. Die Proben hätten zudem verblindet werden müssen, d.h. so gekennzeichnet, dass weder der Unter-suchende die Proben noch der Auswertende die Fotos zuordnen konnte.

- Die Proben wurden nach Laborvorschrift getrocknet. Danach wurde jeweils ein kleiner Ausschnitt des Trockenrückstandes der beiden Proben unter dem Rasterelektronenmikroskop fotogra-fiert. Bei dem Prozess des Trocknens können jedoch Teilbereiche mit verschiedenen Kristallisationsbildern entstehen (als Beispiel siehe Abb. 70). Es wurde aber in jeder Probe nur ein winziger Bereich ausgewählt und verglichen. Nach welchem Kriterium wurden diese Bereiche ausgewählt? Dass das gewünschte Ergeb-nis unterstützt wird? Der Vergleich mehrerer Kristallisationsbe-reiche und eine Begründung für die Bewertung wären notwendig gewesen.

- Auswertung und Bewertung der Fotografien wurden nicht vom Laborfachmann, sondern vom Auftraggeber vorgenommen, also ohne Fachkenntnis. Wie schon erwähnt, hätten auch die Bilder verblindet ausgewertet werden müssen, d.h. ohne zu wissen, wel-ches Bild zu welcher Probe gehört.

- Auf der Webseite werden verschiedene Wirkungen der Aqua-Vital-Folie aufgeführt. Das Werbematerial suggeriert den Lesern, dass diese Wirkungen durch die Laboruntersuchung bestätigt

werden. Dort werden aber nur die Verdunstung zweier Wasserproben und die Fotografie der beiden Rückstände beschrieben,
nicht mehr. Dies stellt keine Bestätigung der behaupteten Wirkungen dar.

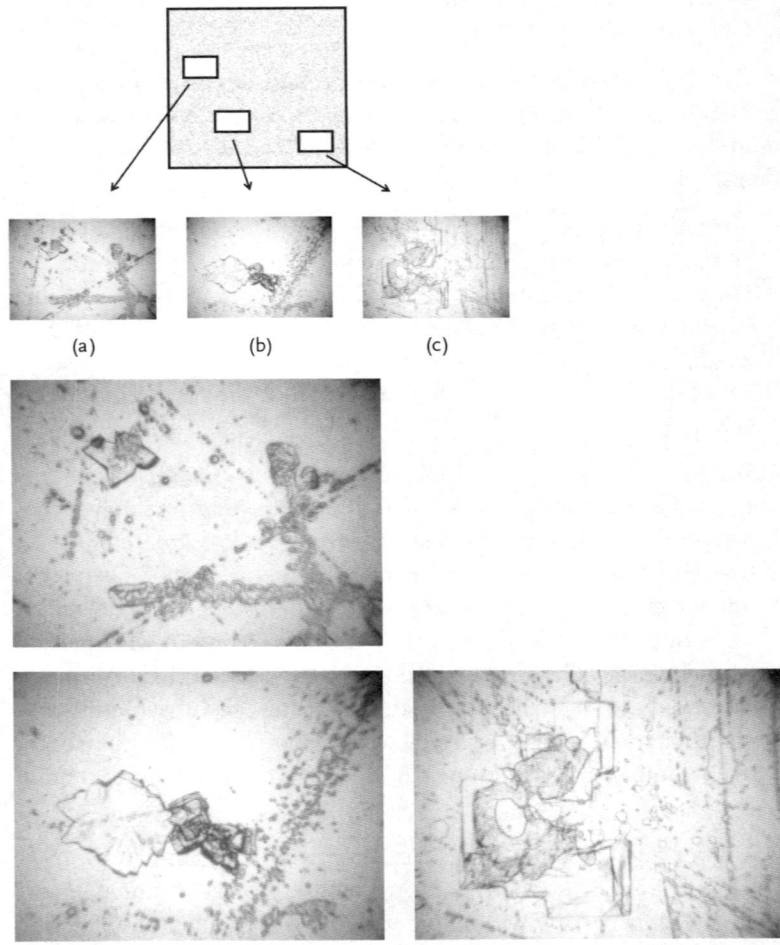

Abb. 70 Die Trocknung von normalem Leitungswassers
in einer Schale. Im Trockenrückstand (Rahmen oben)
lassen sich Bereiche verschiedener Kristallbildung erkennen. Doch welches ist der richtige Bereich?

Nach dem auf der Webseite veröffentlichten Lebenslauf ist davon auszugehen, dass der Leiter der Firma weder eine naturwissenschaftliche Ausbildung noch Laborpraxis hat. Deshalb ist ihm vielleicht nicht bewusst, dass dieses Gutachten in keiner Weise den Kriterien einer naturwissenschaftlichen Untersuchung entspricht. Ein Interessent für seine Chi-Folie, der die Bezeichnung »wissenschaftlich untersucht« liest, wird aber selbstverständlich annehmen, dass dies nach den stringenten Regeln der Naturwissenschaft erfolgt ist.

Die Durchführung und Bewertung eines solchen Kristallbildungstests sind schwierig und komplex. Er kann daher zuverlässig nur von einer Fachkraft durchgeführt und bewertet werden. Selbst dann ist seine Aussagekraft nur mit entsprechender Einschränkung gültig. Weiterhin ist in diesem Fall zu erkennen, dass hier »untersucht« gleichgesetzt wird mit »bestätigt«. Das ist in keiner Weise zulässig, denn es gibt natürlich auch Laboruntersuchungen, die eine Hypothese nicht bestätigen. Ein normaler Leser könnte das »bestätigt« sogar im Sinn von »bewiesen« verstehen. Eine Untersuchung allein ist jedoch noch längst keine wissenschaftliche Bestätigung und schon gar nicht ein Beweis. Schließlich ist nirgendwo eine Bestätigung der angeblichen Wirkungen zu finden. Für deren Untersuchung müssten andere Tests herangezogen werden, die eine Wirkung tatsächlich anzeigen könnten. Das zusammenfassende Ergebnis lautet: Der wissenschaftliche Schein trügt, das vom Anbieter sich selbst verliehene wissenschaftliche Gütesiegel hält nicht, was es verspricht.

Die wissenschaftlichen Beweise

Im Verlauf des Buchs wurde bereits mehrfach auf Ergebnisse hingewiesen, die in der Werbung für besonderes Wasser als »wissenschaftlich untersucht« oder gar »wissenschaftlich bewiesen« hingestellt wurden. In der Naturwissenschaft überprüft man solche Ergebnisse und sie werden bestätigt oder sie stellen sich als falsch heraus. Es ist nun charakteristisch für pseudowissenschaftliche und esoterische Texte, dass ein Ergebnis ohne Überprüfung einfach hingenommen wird. Es geht jedoch noch weiter, wie die Darstellung über das Gedächtnis des Wassers und der Homöopathie zeigten: Selbst neuere Ergebnisse, die nicht in das Weltbild passen, werden ignoriert. Als weiteres Beispiel für einen misslungenen Beweis soll das Grander-Wasser dienen.

Im Kapitel »Informieren Sie Ihr Wasser!« wurde das informierte Wasser von Johann Grander vorgestellt. Lange Zeit stand er mit seiner Überzeugung des besonderen Wassers da, ohne einen Nachweis für die lange Liste von Wirkungen seines Wassers in der Hand zu haben. Dies änderte sich im Jahr 2000 schlagartig und unter großer Medienanteilnahme. In einer Diplomarbeit an der Universität Graz untersuchte K. Faißner eine in einem Grander-Gerät behandelte Wasserprobe. Dabei fand er heraus, dass die Oberflächenspannung in der behandelten Wasserprobe geringer war als in dem unbehandelten Wasser. [6]

In der ganzen Grander-Welt wurde diese Nachricht verbreitet. In der naturwissenschaftlichen Welt war man jedoch nach wie vor skeptisch. Entsprechend deren Tradition (»Überprüfung«) wurde daher das Ergebnis unter die Lupe genommen. Und siehe da: In einer Wiederholung, diesmal unter streng wissenschaftlichen Kriterien, fanden M. Heckel und P. Heinig keine Veränderung der Oberflächenspannung. Was sie allerdings herausfanden: Faißner hatte bei der Untersuchung des Grander-Wassers, nicht aber bei der des normalen Wassers, als Wasserzuführung einen Gartenschlauch verwendet. Sie wiederholten daher ihre Untersuchung ebenfalls mit einem Gartenschlauch. Das Ergebnis brachte dann auch bei ihnen eine erniedrigte Oberflächenspannung, sowohl bei unbehandeltem wie auch bei behandeltem Wasser.

Als Fazit schrieben sie: »Die Experimente deuten auf eine Verschmutzung der Probe durch den Schlauch hin ... Ursache dafür könnten z. B. Weichmacher im Schlauch sein, die in kleinen Mengen aus dem Kunststoff austreten und die Oberflächenspannung ändern können ... Die hier beschriebenen Experimente zeigen keinen Einfluss der Grandertechnologie auf die Oberflächenspannung von Wasser.« [7] Dieses negative Ergebnis wurde dann 2004 und 2005 noch in weiteren Untersuchungen bestätigt. [8, 9] Grander steht bis auf den heutigen Tag ohne stichhaltigen Beweis für sein informiertes Wasser da.

Ähnlich wie dieser verpatzte Beweis wurden in den verschiedenen Kapiteln immer wieder Ergebnisse erwähnt, die als Beweis für eine besondere Eigenschaft des Wassers präsentiert worden waren. Wie wir gesehen haben, ist nach einer fachkundigen Überprüfung durch Wissenschaftler von der Beweiskraft nichts mehr übrig geblieben. Die Gründe sind fast immer ähnlich: Die Untersuchungen waren möglicherweise ernsthaft geplant und durchgeführt, aber die naturwissenschaftlichen Regeln nicht eingehalten worden. Es verwundert nicht, dass die Ergebnisse bei nachfolgenden Überprüfungen dann eventuell nicht mehr bestätigt werden.

Checks und Fragen: Wie prüft man Angebote für »verbessertes« Wasser?

Nach diesen Beispielen für zweifelhafte Wassertests folgen nun Hinweise auf einige weitere Kriterien, die bei der Bewertung von »verbessertem« Wasser und entsprechenden Geräten helfen können.

Die Werbung

Werbung wird grundsätzlich zur Förderung des Verkaufs betrieben, nicht zur Darstellung naturwissenschaftlicher Erkenntnisse. Werbetexte zum Verkauf eines Wasserverbesserungsgerätes oder von besonderem Wasser bilden hier keine Ausnahme. Dieser Sachverhalt sollte immer bedacht werden.

Werbung allein stellt niemals eine Garantie für verbessertes Wasser oder die Funktion eines Wasserverbesserungsgerätes dar. Trotzdem besteht grundsätzlich die Pflicht eines Anbieters, keine falschen oder täuschenden Informationen zu verbreiten. Besonders trifft dies zu, wenn Heilsversprechen für gesundheitliche Probleme gemacht werden. Hier besteht die Gefahr, dass mit verbessertem Wasser eine Erwartungshaltung gefördert wird, die eventuell sogar gefährlich werden kann.

Was könnte man tun? – Lesen Sie die Werbung kritisch unter diesen Aspekten:

- Welche Wirkungen werden versprochen? Wie soll mir das helfen? Ist das plausibel?

- Wird für Wasser geworben, das Krankheiten heilen oder eine »Energetisierung« des Körpers bewirken soll?

- Werden Erfahrungsberichte und Heilerfolge von zufriedenen Kunden oder ein Patent präsentiert? Kann ich dies nachprüfen?

- Ist mit »wissenschaftlichen« Erläuterungen ein Angebot für »besonderes« Wasser oder ein Gerät verbunden? Die ist in seriösen wissenschaftlichen Texten nicht üblich.

Überlegen Sie schließlich, ob Sie enttäuscht sein würden, wenn keine der versprochenen Wirkungen eintreten sollte. Damit ist bei esoterischen Wasserangeboten mit großer Sicherheit zu rechnen.

Die Forschungsergebnisse

In zahlreichen Darstellungen des »besseren« Wassers findet man den Hinweis auf Forschungsergebnisse. Sie werden meist erwähnt mit dem Ziel, einen Leser von der Richtigkeit irgendwelcher Behauptungen über besondere Wasserqualitäten zu überzeugen. In das Kalkül wird dabei gezogen, dass »Forschung« häufig für »Wissenschaft« und »Beweis« gehalten wird. Man kann solch einen Hinweis hinnehmen und von der Richtigkeit überzeugt sein. Wer jedoch solche Forschungsergebnisse in die Hand bekommen möchte, um sich näher zu informieren, wird in vielen Fällen eine Enttäuschung erleben: Es ist nicht möglich, die Berichte in der Werbung oder im Internet zu finden noch auf Anfrage von der Firma zu bekommen.

Dafür kann es mehrere Gründe geben. Zum einen hat die erwähnte Forschung mit Methoden gearbeitet, die in der klassischen Naturwissenschaft nicht anerkannt sind. Dazu zählen u. a. Wünschelruten, Orgon- und Chi-Energie oder Kirlian-Fotografie. Um solche Methoden zu verschleiern und das Siegel »Wissenschaft« dennoch zu behalten, werden diese Untersuchungen ebenfalls »Forschungsergebnisse« genannt. Wer bemerkt beim oberflächlichen Lesen schon den Unterschied?

Zum andern kann es sein, dass es die Forschungsergebnisse gar nicht gibt. Manche Beschreibung esoterischer Wassereigenschaften (rechtsdrehend, magnetisch, Gedächtnis u. a.) lässt nur den Schluss zu, dass eine wissenschaftliche Untersuchung gar nicht existieren kann. Eine Nachfrage an die Firma bleibt unbeantwortet oder ist ausweichend. Jedenfalls war dies die Erfahrung beim Schreiben dieses Buches.

Was könnte man tun?

- Wenn in einer Werbung für Wasser oder für Geräte zu seiner Verbesserung irgendwelche »Forschungsergebnisse« erwähnt werden, sollten Sie danach suchen. Finden Sie sie nicht in der Werbung, fragen Sie bei der Firma nach.

- Falls Sie die Berichte erhalten, können Sie sich die Daten von einer fachkundigen Person erläutern lassen.

- Wenn Sie die erwähnten Forschungsergebnisse nicht erhalten, könnte es sein, dass sie gar nicht existieren. Vielleicht erübrigt sich dann alles Weitere.

- Vorsicht bei allen Studien, die Ihnen etwas beweisen sollen. In den meisten Fällen können Sie diese Information nicht auf wissenschaftliche Stichhaltigkeit überprüfen. Selbst einem Experten fällt dies manchmal schwer.

Die Experten

Wer sich in irgendeiner wissenschaftlich erscheinenden Form über Wasser äußert, ist ein Experte. Diesen Eindruck vermittelt jedenfalls ein großer Teil der Darstellungen von »besserem« Wasser und von Geräten zu dessen Herstellung. Dem muss man klar entgegenhalten: Wasserexperte wird man nicht dadurch, dass man einige wissenschaftliche Fachwörter verwendet, deren Inhalt man nicht kennt oder versteht. Es genügt auch nicht irgendein Titel, weder sich selbst noch durch andere verliehen. In salopper Weise könnte man sagen: »Ein naturwissenschaftlicher Experte ist jemand, der auf seinem Arbeitsgebiet die Inhalte und Zusammenhänge in den Naturwissenschaften kennt und sich an die Arbeitsregeln hält.« Das bedeutet gleichzeitig, dass man dazu eine geeignete Ausbildung haben muss.

Hier tut sich allerdings ein Problem auf: Neben den tatsächlichen Fachleuten gibt es in dieser Szene auch solche, die die Naturwissenschaften nur oberflächlich kennen. In einem Fall wurde sogar ein Nobelpreisträger in einer solchen Wasserwerbung zitiert, obwohl aus seinen wissenschaftlichen Arbeiten kein Ergebnis diesen Werbetext stützen konnte. Dies macht eine Wertung von Wasserexperten und ihren Aussagen sehr schwierig. Nur eine detaillierte Prüfung ihrer veröffentlichten Arbeiten kann hier etwas Licht ins Dunkel bringen. Mehrere solcher Versuche wurden in diesem Buch beschrieben. Das Ergebnis ist nicht eindeutig: In einigen Fällen konnte klar gezeigt werden, dass die naturwissenschaftliche Basis eines »Experten« unzureichend war, in einigen anderen blieb eine Reihe von Fragen offen. Die Bewertung der Wasserexperten bleibt schwierig.

Was könnte man tun?

- Vorsicht bei allen Expertennamen, die Ihnen genannt werden, um Sie zu beeindrucken. In vielen Fällen können Sie diese Angaben nicht überprüfen.

- Werbetexte in Broschüren und im Internet unterliegen keiner wissenschaftlichen Prüfung. Sie gelten daher grundsätzlich nicht als wissenschaftlich. Solche Informationen sind daher mit großer Skepsis zu betrachten. Das gleiche gilt für Bücher, die zur Werbung für »besseres« Wasser geschrieben werden.

- Wenn Sie Interesse haben, fragen Sie nach dem Namen und der beruflichen Qualifikation des zitierten Experten. Fragen sie auf jeden Fall nach den wissenschaftlich anerkannten (!) Veröffentlichungen, auf deren Ergebnisse sich das Angebot stützt.

- Sprechen sie darüber mit einem neutralen Fachmann. Sie sind in vielen Instituten und staatlichen Fachbehörden zu finden.

Das wirkende physikalische oder chemische Prinzip

In dem Werbematerial zu Geräten für »heiles« Wasser sind häufig ausführliche Darstellungen zum Wasser und zu seinen Eigenschaften zu finden. Sie sind in vielen Teilen auch unter wissenschaftlichen Gesichtspunkten durchaus einwandfrei. Eingebettet in dieses seriös aussehende Material sind dann jedoch die Angebote für die Geräte selbst und meist auch einige Worte zur Funktionsweise des Gerätes. Dabei ist dann z. B. von Energetisierung, natürlichen Frequenzen, Informationswasser, Elektrolyse oder anderen Dingen die Rede. Sie wurden bereits in früheren Kapiteln besprochen.

An dieser Stelle ändert sich jedoch stets die Darstellung in der Werbung: Im Gegensatz zu den ausführlichen allgemeinen Beschreibungen sind diejenigen zum wirkenden physikalischen oder chemischen Prinzip spärlich, nebulös und nichtssagend. Dies ist eines der

Hauptmerkmale, woran man erkennen kann, dass das Wasser oder ein Gerät kaum die versprochene Wirkung zeigen wird. Dazu kommt ein weiteres Kennzeichen: Auf Nachfrage bei den Firmen erhält man dazu entweder keine oder wiederum nur nichtssagende, unsinnige oder unbewiesene Informationen. Das wirkende wissenschaftliche Prinzip, nach dem das »heile« Wasser angeblich hergestellt wird, bleibt weiterhin im Dunkel.

Eine eigene Erfahrung:
E-Mail-Anfrage zu einem Wasser-Ionisator

Betreff: Anfrage
Von: Helge Bergmann
An: info@....de
Liebes ... Team,

mit Interesse habe ich Ihre umfassenden Informationen über Ihren Wasser-Ionisator gelesen. An einer Stelle schreiben Sie dazu, dass sie bei »Fragen zu diesem komplexen Thema gern zur Verfügung stehen.« Dieses Angebot möchte ich wahrnehmen, da ich trotz Chemiebüchern bei einigen Punkten nicht klarkomme. Hier die (für Sie sicher einfachen) Fragen:

1. Warum sind kleinere Wassercluster, wie sie in Ihrem Ionisator erzeugt werden, besser als große?

2. Bei der Autoprotolyse schreiben Sie, dass jedes Wasser eine (geringe) Konzentration an ionisierten Molekülen enthält. Bei dem Wasser aus Ihrem Ionisator stellen Sie aber das ionisierte Wasser in der Abbildung als Ergebnis der Elektrolyse dar. Wo ist da der Unterschied zwischen dem vorher zugeführten Wasser aus der Leitung und Ihrem ionisierten Wasser?

3. Als Ergebnis der Elektrolyse erhält man Kathodenwasser = reduziertes Wasser = hohe Elektronendichte sowie Anodenwasser = oxidiertes Wasser. Wie sind die vielen Elektronen beim reduzierten Wasser enthalten, und gibt es dementsprechend Elektronenlöcher o. Ä. beim oxidierten Wasser, damit das Ganze elektrisch neutral bleibt? Wie ist dies alles physikalisch-chemisch zu verstehen? Ich konnte selbst keine Antwort darauf finden. Vielleicht haben Sie Literatur, die mir weiterhilft.

4. Aus dem Ionisator kommen zwei Wasserarten heraus (reduziert und oxidiert). Welches ist nun das eigentliche Trinkwasser, das ich täglich trinken kann? Oder muss ich die beiden wieder mischen?

Ich hoffe, dass Ihnen die Beantwortung keine allzu große Mühe macht. Falls es zu Ihrem Wasser-Ionisator öffentlich zugängliche Messdaten oder Testergebnisse gibt, wäre ich Ihnen auch dafür dankbar. Falls nicht mit E-Mail zu versenden, komme ich für eventuelle Kopierkosten gern auf.

Mit freundlichen Grüßen

H. Bergmann

Antwort der Firma: Keine!

Dieses Ergebnis einer Nachfrage bei einer Firma war kein Einzelfall. Wenn aber eine Firma sich nicht bemüht, einen potenziellen Käufer ausführlich und zu dessen Zufriedenheit über ein Produkt zu informieren, ist immer Vorsicht angesagt. Nach eigener Erfahrung scheuen diese Firmen – trotz ihres angeblichen wissenschaftlichen Anscheins – nichts so sehr wie fachkundige Nachfragen. Fehlende oder unplausible Information zur Wirkungsweise gehört – naturgemäß – zu den wesentlichen Schwächen im Werbematerial. Sie sollte daher auch Anlass sein, den Kauf eines solchen Gerätes oder verbesserten Wassers kritisch zu überdenken.

Was könnte man tun?

- Falls erforderlich, sprechen Sie zuallererst mit einem Menschen in Ihrer Umgebung, der sich in wissenschaftlichen Dingen genügend auskennt.

- Diese Person sollte die Funktionsweise und vor allem das wirkende physikalische oder chemische Prinzip des Gerätes überprüfen und es Ihnen verständlich machen.

- Wenn Angaben zum wirkenden Prinzip nicht klar sind, fehlen oder Widersprüche auffallen: Fragen Sie bei der Firma nach.

- Falls diese weitere Information auch nicht plausibel erscheint, fragen Sie hartnäckig nach.

- Suchen Sie im Internet nach Informationen, die auch kritische Meinungen anbieten.

Wenn Antworten ungenügend sind oder ganz ausbleiben, erledigt sich Ihre Anfrage eventuell von selbst.

Das Patent

Nach dem Patentrecht werden »Patente für Erfindungen auf allen Gebieten der Technik erteilt, sofern sie neu sind, auf einer erfinderischen Tätigkeit beruhen und gewerblich anwendbar sind ... Als Erfindungen werden insbesondere nicht angesehen: ... wissenschaftliche Theorien«. An verschiedenen Stellen des Buches wurde erwähnt, dass für einige Geräte ein Patent erteilt oder beantragt wurde. Für einen normalen Leser bedeutet dies, dass das Produkt eine amtlich geprüfte Garantie für sein Funktionieren aufweist. Wer in der Werbung diesen Hinweis verwendet, kann dadurch mit einem erhöhten Vertrauen in das betreffende Produkt rechnen.

Dass dieses Verständnis eines Patentes nicht ganz stimmen kann, zeigt das Beispiel von Stanley Meyer und seinem Wasserauto (Kapitel »Wasser statt Benzin – das Wasserauto«). Er hatte mehrere Patente zugesprochen bekommen, nach denen sein Wassermotor in der Lage sein sollte ein Auto anzutreiben. Trotz aller Bemühungen und aller Patente gelang ihm dies jedoch nicht.

Das Patentrecht ist von Staat zu Staat verschieden und die Materie so komplex, dass nur ein Spezialist hier genauere Erläuterungen geben könnte. Es soll deshalb hier nur darauf hingewiesen werden, was bei der Bewertung von Geräten zur Verbesserung von Wasser ein Patent bedeutet: Es stellt vielleicht eine Garantie für sein Funktionieren dar, nicht jedoch für die Wirkung des so hergestellten Wassers. Noch viel weniger gilt dies, wenn ein Patent nur angemeldet ist. Solch eine Feststellung ist völlig wertlos und soll lediglich eine Wirksamkeit suggerieren.

Was könnte man tun?

- Der Hinweis auf ein Patent für ein Gerät zur Verbesserung von Wasser ist mit Vorsicht zu betrachten. Weder die Funktionsfähigkeit des Gerätes noch die Wirkung des damit hergestellten Wassers sind dadurch garantiert.

- Den Hinweis auf die Anmeldung eines Patentes ignoriert man am besten. Er besagt wenig in Bezug auf die Wirkung von verbessertem Wasser.

Die begeisterte Kundschaft

Eines der Ziele der Werbung ist es, die Vorzüge und Vorteile des jeweiligen Produkts anzupreisen. Wenn die Hersteller dies selbst tun, überzeugt es vielleicht nicht genügend, denn man weiß, dass der Anbieter natürlich so denkt. Deshalb werden neben professionellen Werbespots auch Zuschriften von Kunden mit positiven Erfahrungen präsentiert. Die Vorteile liegen auf der Hand: Ein Mensch und Kunde wirkt persönlicher. Darüber hinaus kann man einen Anbieter für eine unglaubwürdige Reklame belangen, einen privaten Kunden wegen seiner Erfahrung nicht.

Es muss jedem klar sein, dass solche Einzelmeinungen auf Einzelerfahrungen beruhen. Unter genau welchen Bedingungen diese Erfahrung zustande kam, ist meist nicht ausreichend nachvollziehbar. Um solche Unsicherheit zu verhindern, wurden in der naturwissenschaftlichen Forschung strenge Regeln eingeführt, um nachvollziehbare, beweiskräftige Ergebnisse zu erzielen. Es kommt ein weiterer Punkt hinzu: Enttäuschte Kunden werden sich entweder nicht melden, oder ihre negative Erfahrung wird in der Werbung nicht erwähnt.

Was könnte man tun?

- Ignorieren Sie begeisterte Zuschriften von Käufern eines Gerätes zur Herstellung von verbessertem Wasser.

- Fragen Sie stattdessen die Firma nach Referenzadressen in Ihrer Gegend, die schon ein solches Gerät gekauft haben. Bei ihnen können Sie sich nach einer tatsächlichen Wirkung dieser Geräte erkundigen. Nach der Lektüre dieses Buches liegen die kritischen Fragen auf der Hand.

- Bitten Sie diese Leute, Ihnen einige Liter Wasser zu überlassen. Machen Sie damit zuhause (eventuell mit anderen Personen) die Tests, mit denen die Herstellerfirma die Wirkung des verbesserten Wassers beweisen will (z. B. Geschmackstest, Keimtest). Wenn es nicht klappt wie beschrieben, muss dies nicht an Ihnen liegen.

Der mieseste Trick zum Schluss

Wenn man sich für die Verbesserung des normalen Trinkwassers interessiert, kommt es unter Umständen vor, dass man zu einem Geschmackstest gebeten wird. Das Gerät oder die Herstellung des Wassers werden erklärt, und Sie bekommen eine Probe des normalen und danach des verbesserten Wassers. Sie trinken beides, vergleichen, sind unschlüssig und vergleichen nochmals. Sie schmecken aber beim besten Willen keinen Unterschied und sagen dies mehr oder weniger zögerlich. Der Verkäufer sieht sie etwas zweifelnd an und meint: »Das wundert mich aber, Sie sollten vielleicht noch einmal probieren.« Sie tun dies und suchen verzweifelt nach einem Unterschied. Schließlich wollen sie doch etwas für Ihre Gesundheit tun. Aber dies auch schmecken? Dann kommt möglicherweise die niederschmetternde Aussage: »Schade, dass Sie den Unterschied nicht schmecken können.« Und danach beruhigend: »Aber Sie werden sehen, dieses ›bessere‹ Wasser wird trotzdem gut für Sie sein.«

Das ist der mieseste der Verkaufstricks. Zum einen kennt der Verkäufer Ihre Erwartungshaltung nach all den tollen Erläuterungen. Er weiß, dass Sie eigentlich etwas schmecken wollen, und er fördert diese Erwartung. Zum anderen wird Ihre Unfähigkeit, Ihre fehlende Sensibilität je nach Gesprächsart angedeutet oder klar ausgesprochen. Sie fühlen sich wegen dieses Mankos schlecht. Und dies, obwohl es auch objektiv gar keinen Unterschied zu schmecken gibt. Sie sitzen in der doppelten Psychofalle.

Dass im Hintergrund den Anbieter nur noch der baldige Verkauf des Geräts oder des Wassers interessiert, nehmen Sie schon gar nicht mehr wahr. Ihre Überlegungen werden nicht mehr ernst genommen, der Glaube an das »bessere« Wasser soll Ihre Urteilskraft ersetzen. Aus der Falle können Sie herauskommen, z. B. durch ein klares »Jetzt nicht!« Das gibt Ihnen Zeit zum Überlegen. Wer danach noch kauft, handelt im puren Glauben an ein »Etwas«, nicht aber aufgrund überzeugender Argumente.

Prüfung durch Information und Überlegung

Nach all diesen Darstellungen wird klar, dass das Fragezeichen in der Überschrift des Kapitels seine Berechtigung hat. Charakteristisch ist der Befund, dass neben den umfangreichen Beschreibungen praktisch keine konkreten Daten angeboten werden. Wo sollten sie auch herkommen? Wo keine Änderung des Wassers und keine Wirkung sind, kann auch nichts gemessen werden. Tests, Beweise und Forschungsergebnisse sind nur selten verfügbar und bisher nicht stichhaltig. Kein Naturwissenschaftler könnte auf diese Weise erfolgreich arbeiten.

Man muss einfach akzeptieren, dass praktisch keiner der Werbetexte und Tests zum verbesserten Wasser eine wissenschaftliche Information darstellt, obwohl dies immer wieder behauptet wird. Sie dienen einzig der Förderung des Verkaufs von Wasser, Zusatzstoffen, Geräten und Büchern. In jedem Fall ist es ratsam, vor dem Kauf von verbessertem Wasser fachkundige Personen zu fragen, im Internet nach kritischen Webseiten zu suchen oder bei Verbraucherschutzorganisationen um neutrale Information zu bitten. Dazu kommen Überlegungen, was durch den Kauf von verbessertem Wasser oder einem entsprechenden Gerät tatsächlich erreicht werden kann. Eine eventuelle Kaufentscheidung könnte dadurch transparenter werden.

Anmerkungen

1 Müller, F. (1874) Das große illustrirte Kräuterbuch. Verlag J. Ebner'sche Buchhandlung, Ulm, 5. Auflage

2 Berger, E. www.blogs.chron.com/sciguy/archives/2006/08/something--to–co.html (15 August 2006)

3 Utz, W. http://seminareforum.de/texteseminare/Wutz–Wasser.html (03 Juni 2007)

4 Fa. Vital-Wasserbelebung, www.vitalwasserbelebung.at (01 August 2007)

5 http://www.ulrich-holst.de/158901.html (23 September 2010)

6 Faißner, K. (2000) Physikalische und physikalisch-chemische Daten unter Verwendung von belebtem und unbelebtem Wasser und der Einsatz der Grander-Wasserbelebung in Betrieben. Diplomarbeit, Technische Universität Graz

7 Heckel, M., Heinig, P. (2003) Oberflächenspannungsänderung durch Grander-Belebung nicht bestätigt. Skeptiker 16, 98-101

8 Hammer, R. (2004) Diplomarbeit aaO.

9 Boss, P., Christen, D. (2005) Versuchsbericht Grander-Wasser: Vergleich der UV-Absorption und der Gesamtwasserhärte von Grander- und normalem Wasser. Berner Fachhochschule, Fachbereich Chemie, Burgdorf

Im Namen des Volkes – Gerichte urteilen

Ein Blick auf die Rechtslage

Viele der in der Werbung für das »besondere« Wasser enthaltenen Informationen sind nahezu Heilsversprechen, wirken aber bei näherem Hinsehen unglaubwürdig und sind es auch. Dies mag leicht dazu verführen, sie als Schwindel zu bezeichnen. Doch Vorsicht, Begriffe wie »Täuschung« und »Betrug« sind juristisch definiert.

Deutsche Rechtssprechung

- *Täuschung:* Eine Täuschung im Sinne des § 123 I BGB (Bürgerliches Gesetzbuch) ist jedes Verhalten, das auf Erregung, Bestärkung oder Unterhaltung eines Irrtums gerichtet ist.

- *Arglistige Täuschung:* Eine arglistige Täuschung im Sinne des § 123 I BGB liegt vor, wenn jemand bei einem anderen vorsätzlich einen Irrtum hervorruft, um ihn zur Abgabe einer Willenserklärung zu veranlassen (Beispiel: ein Kauf).

- *Betrug:* Schädigung des Vermögens eines anderen dadurch, dass durch Vorspiegelung falscher oder durch Entstellung oder Unterdrückung wahrer Tatsachen ein Irrtum erregt oder unterhalten wird, um sich oder einem Dritten einen rechtswidrigen Vermögensvorteil zu verschaffen (§ 263 Strafgesetzbuch).

- *Unlauterer Wettbewerb:* Unlauter handelt, wer die geschäftliche Unerfahrenheit oder die Leichtgläubigkeit von Verbrauchern ausnutzt. Bei der Beurteilung der Frage, ob eine Werbung irreführend ist, sind ihre Angaben über die von der Verwendung zu erwartenden Ergebnisse zu berücksichtigen (§ 4 und 5, Gesetz gegen den unlauteren Wettbewerb).

Wasser, das Wunderelement? 1. Auflage. Helge Bergmann
© 2011 WILEY-VCH Verlag GmbH & Co. KGaA, Weinheim

- *Irreführende Werbung* (bei Heilmitteln): Unzulässig ist eine irreführende Werbung. Sie liegt insbesondere dann vor, wenn Arzneimitteln, Medizinprodukten, Verfahren, Behandlungen, Gegenständen oder anderen Mitteln eine therapeutische Wirksamkeit oder Wirkungen beigelegt werden, die sie nicht haben,... außerdem, wenn fälschlich der Eindruck erweckt wird, dass ein Erfolg mit Sicherheit erwartet werden kann (§ 3 Heilmittelwerbegesetz).

Europäische Rechtssprechung

Neben der nationalen Rechtssprechung gibt es weitere umfangreiche Regelungen in der Europäischen Gemeinschaft. Mit Bezug auf Werbung und Verkauf von »besserem« Wasser könnten insbesondere aufgeführt werden:

EG-Richtlinie über die Etikettierung und Aufmachung von Lebensmitteln sowie die Werbung hierfür: Diese Richtlinie gilt u. a. für Lebensmittelwerbung. Mit ihr wird allgemein die Verwendung von Informationen untersagt, die den Käufer irreführen können oder den Lebensmitteln medizinische Eigenschaften zuschreiben. U. a. legt sie fest: »Die Etikettierung und die Art und Weise, in der sie erfolgt, dürfen nicht ... einem Lebensmittel Eigenschaften der Vorbeugung, Behandlung oder Heilung einer menschlichen Krankheit zuschreiben oder den Eindruck dieser Eigenschaften entstehen lassen.« [1]

EG-Verordnung über nährwert- und gesundheitsbezogene Angaben über Lebensmittel: Nach ihr »muss sichergestellt werden, dass für Stoffe, auf die sich eine Angabe bezieht, der Nachweis einer positiven ernährungsbezogenen Wirkung oder physiologischen Wirkung erbracht wird.« Und weiter:

- »Gesundheitsbezogene Angaben sollten nur nach einer wissenschaftlichen Bewertung auf höchstmöglichem Niveau zugelassen werden.

- Die Verwendung nährwert- und gesundheitsbezogener Angaben ist nur zulässig, wenn ... anhand allgemein anerkannter wissenschaftlicher Erkenntnisse nachgewiesen ist, dass das Vorhandensein, das Fehlen oder der verringerte Gehalt des Nährstoffs oder der anderen Substanz, auf die sich die Angabe bezieht, in einem Lebensmittel ... eine positive ernährungsbezogene Wirkung oder physiologische Wirkung hat.

- Nährwert- und gesundheitsbezogene Angaben müssen sich auf allgemein akzeptierte wissenschaftliche Erkenntnisse stützen und durch diese abgesichert sein.« [2]

Beispiele für Rechtsfälle

Der Fall Penta-Wasser

Im Kapitel »Seltsame Wasserangebote« wurde bereits auf dieses angeblich besondere Wasser hingewiesen. Die US-amerikanische Firma Penta machte Werbung dafür. Hier einige der von der Firma angepriesenen Eigenschaften ihres »verbesserten« Wassers: »Leicht zu trinken – bessere und schnellere Hydration nachgewiesen – kein Völlegefühl – Penta ist ultragereinigtes, umstrukturiertes ›Microwasser‹ – bahnbrechende Wissenschaft – nachgewiesen durch Patent – einfach H_2O in kleineren stabilen Clustern. Auch Sie können Penta nehmen (1–4 Flaschen pro Tag) ... – optimale Zellenhydration, die Ihren Körper wieder belebt ... Es ist nachgewiesen, dass Penta aufgrund seiner einzigartigen Struktur effektiver hydratisiert.« (Übersetzung durch den Autor)

Und der Beweis? Die Firma gab dazu an: »Forscher an der Universität von Kalifornien in San Diego haben gezeigt, dass Penta-Wasser Zellen schneller und effektiver als anderes Wasser hydriert. Forscher an der Moskauer Universität zeigten, dass Penta-Wasser die Umgebung in Ihren Zellen verbessert ... Einzigartige patentierte Struktur ... am bekannten General Physic Institute bewiesen.«

Der britische Verband Advertising Standards Authority (ASA), eine unabhängige Stelle der britischen Werbeindustrie, fand allerdings etwas anderes heraus: Sie zog Expertenrat hinzu und erfuhr, dass Penta-Wasser keinerlei gesundheitliche Vorteile gegenüber anderem Wasser aufwies, und dass es nicht zu kleineren Clustern umstrukturiert wurde. Die Wasserstoffbindungen im normalen Wasser seien eine Art schwache chemische Bindung, die die Bildung und Umformung zeitweiliger Cluster aus Wassermolekülen viele Male pro Sekunde ermöglicht. Daraufhin empfahl die Behörde der Firma Penta, diese Werbung nicht mehr zu verwenden. [3] Inzwischen wurde der Verkauf von Penta-Wasser in Großbritannien von der dortigen Aufsichtsbehörde für Nahrungsmittel (Food Standards Agency) untersagt.

Das »ätzende« Angebot: H_3O^+

Ebenfalls in Kapitel »Seltsame Wasserangebote« wurde über das »besondere« Wasser H_3O^+ berichtet, der Werbung nach eine »großartige Erfindung des 21. Jahrhunderts«, anscheinend das große Wundermittel. Es handelte sich jedoch um 10-prozentige Schwefelsäure mit einem pH-Wert von unter 0,5. Auf der Webseite der Firma ist u. a. zu lesen, dass »in sechs Jahren des Experimentierens nicht ein glaubwürdiger Fall von Vergiftung oder Nebenwirkungen beobachtet werden konnte.« Aber auch: »Dies [H_3O^+] ist nicht in den USA zu kaufen.« Warum diese Einschränkung bei einem riesigen, lukrativen Markt?

Im Jahr 2005 berichten G. Allen und D. Manoucheri im CBS-Fernsehen (USA) über zwei katastrophale Fälle mit H_3O^+. [4] Danach hatte ein Arzt in einem Krankenhaus Patienten mit einer »magischen Lösung«, nämlich dem H_3O^+, behandelt. Diese Behandlung führte – wie bereits jeder Chemiestudent ahnen kann – zu Verätzungen. Es kam zu Beschwerden und 2003 wurde die zuständige US-Bundesbehörde aktiv. Der Besitzer der $H3O^+$-Firma wurde verhaftet und 2004 wegen Werbung für und Verkauf von nicht genehmigten Produkten als Arzneimittel verurteilt.

Das H_3O^+ ist nun nicht mehr in den USA erhältlich. Allerdings ist verdünnte Schwefelsäure auch im Rest der Welt in Laienhänden extrem gefährlich und für medizinische Anwendungen ungeeignet. Trotzdem wird diese Substanz immer noch im Internet angeboten.

Urteil 1 gegen Grander-Wasser

Der »Schutzverband gegen Unwesen in der Wirtschaft e. V.« erwirkte 2003 eine Einstweilige Verfügung am Landgericht München. In dieser Verfügung [5] wurde der Firma Grander »... verboten, im geschäftlichen Verkehr für das ›Grander-Wasser‹ und ›Grander Technologie‹ wie folgt zu werben:

a) Grander-Wasser unterstützt die Wundheilung,
b) Grander-Wasser beseitigt und/oder lindert Infektionen,
c) Grander-Wasser beseitigt und/oder lindert Hautkrankheiten,

d) Grander-Wasser beseitigt und/oder lindert Neurodermitis,

e) Grander-Wasser beseitigt und/oder lindert Hautprobleme,

f) Grander-Wasser beseitigt und/oder lindert Arthrose,

g) Grander-Wasser beseitigt und/oder lindert Stoffwechselerkrankungen,

h) Grander-Wasser beseitigt und/oder lindert Gicht,

i) Grander-Wasser beseitigt und/oder lindert Ekzeme,

j) Grander-Wasser beseitigt und/oder lindert Diabetes.«

Urteil 2 gegen Grander-Wasser

Im Jahr 2005 wurde in Neuseeland die Fa. Ecoworld NZ zu 60 000 $ Strafe verurteilt. Sie hatte Käufern irreführende Angaben gemacht über den Nutzen eines Wasserbehandlungssystems, das das Wasser gar nicht veränderte. Zusätzlich mussten 68 000 $ als Schadenersatz an Kunden zurückgezahlt werden. Die Fa. Ecoworld hatte »Grander Living Water Units« (Geräte zur Wasserbelebung nach Grander) für Preise zwischen 1500 und 12 000 $ verkauft. Tests hatten gezeigt, dass kein Unterschied zwischen dem behandelten und dem unbehandelten Wasser gefunden werden konnte.

Die Richterin stellte fest, dass das Werbematerial für die Geräte Ungereimtheiten, Quacksalberei und Pseudowissenschaft (»inconsistencies, quackery and pseudo-science«) enthielt. [6]

Urteil 3 gegen Grander-Wasser

Vom Oberlandesgericht in Wien wurde 2006 ein Urteil gefällt, das die »Grander-Technologie« und das »Grander-Wasser« juristisch in die esoterische Ecke stellte. Die Firma U. V. O., die Grander-Technologie verkaufte, hatte gegen den österreichischen Biologen Erich Eder geklagt. Der hatte öffentlich behauptet, bei der Grander-Technologie handelte es sich um »einen aus dem Esoterik-Milieu stammenden, parawissenschaftlichen Unfug«. Weil die Firma eine Wirkung ihres »informierten« Wassers nicht nachweisen konnte, lehnte das Gericht den geforderten Widerruf in diesem Punkt ab. Gemäß diesem Urteil ist es zulässig zu behaupten, dass

- »es sich bei der Grander-Technologie bzw. dem Grander-Wasser um einen aus dem Esoterik-Milieu stammenden, parawissenschaftlichen Unfug handelt,

- deren kommerzielle Nutzung zumindest zur gesundheitlichen Gefährdung leichtgläubiger Menschen führe ...«

Im Urteilstext ist auch zu lesen: »Grander-Wasser ist ein Produkt des Johann Grander, der nach eigenen Angaben die Anweisungen zur Entwicklung des Grander-Wassers von Gott bekommen hat.« [7] Ist Grander-Wasser also eine Art weltlich hergestelltes Weihwasser? Das müsste eigentlich auch die katholische Kirche interessieren und zu einer kritischen Prüfung veranlassen.

Eine kleine Pikanterie am Rand

Herrn Grander, Erfinder des »Grander-Wassers«, war im Jahr 2001 das »Ehrenkreuz für Wissenschaft und Kunst« der Republik Österreich verliehen worden. Anlass war die Anerkennung seines Lebenswerks, der Entdeckung des Verfahrens der Wasserbelebung. Dieselbe Republik Österreich hat ihm nun mit dem Gerichtsurteil von 2006 die Grundlage für diese Ehrung wieder aberkannt.

Die Pikanterie geht aber weiter: Im Jahr 2008 gab es im österreichischen Parlament eine Anfrage »betreffend Österreichisches Ehrenkreuz für Wissenschaft und Kunst an Johann Grander sen. – Aberkennungsverfahren.« Dort wurde u. a. angefragt, ob Herrn Grander das Ehrenkreuz wieder aberkannt werden sollte, nachdem die Unwirksamkeit seines »Grander-Wassers« öffentlich belegt worden ist (»Herr Grander sen. hat ... nachweislich überhaupt keine Leistungen auf dem Gebiet der Wissenschaft erbracht«). Die Antwort des Ministeriums war eindeutig: Eine Aberkennung des Ehrenkreuzes kommt nicht infrage. [8]

Diese Geschichte einer Auszeichnung rechtfertigt die allgemeine Warnung vor Titeln und Ehrungen, die Wasseresoteriker stolz vorweisen. Solche Auszeichnungen müssen höchst kritisch hinterfragt werden.

Rechtliche Überprüfung erforderlich

Rainer Wolf, aktives Mitglied der GWUP, schreibt zu dieser Situation Folgendes: »Der Jahresumsatz an esoterischer Ware geht allein in Deutschland in die Milliarden. Wenn ich in ein Geschäft gehe und eine Packung Müsli kaufe, dann fühle ich mich betrogen, wenn die Schachtel nur 3/4 voll ist. Was wäre, wenn bei den Leistungen der Esoterik-Proponenten dasselbe gilt, nur dass in diesem Fall die Schachtel ganz leer ist? Dies wäre in der Tat ein immenser Betrug am Kunden, der objektive Aufklärung verlangt.« [9]

Der Vorwurf der Täuschung oder des Betrugs wird in diesem Buch nur deshalb nicht direkt bei der Bewertung von »besonderem« Wasser erhoben, weil dies unabsehbare juristische Folgen für den Autor haben könnte. Wer will, kann sich aber selbst ein Bild machen über mögliche Unterschiede zwischen angeblichen und tatsächlichen Wirkungen von solchem Wasser, zwischen irreführender Werbung und wissenschaftlichem Wissen. Die Lektüre dieses Buchs und die zahlreichen Hinweise können dabei behilflich sein.

Nach den gesetzlichen Regelungen müsste es eigentlich möglich sein, Teile der Werbung für esoterisches Wasser oder für Geräte zu dessen Herstellung zu untersagen. Was dem Einzelnen aus praktischen Gründen kaum möglich ist, könnte und müsste von öffentlichen Organisationen für den Verbraucherschutz aufgegriffen werden. Deren Aufgabe ist es, Werbung im Hinblick auf ihre Seriosität zu überprüfen. Wie dieses Buch zeigt, gibt es genügend Beispiele für zweifelhafte Angebote und Heilsversprechen in Bezug auf Wasser, die einer Überprüfung wert sind.

Anmerkungen

1   Richtlinie 2000/13/EG des Europäischen Parlaments und des Rates vom 20. März 2000

2   Verordnung (EG) Nr. 1924/2006 des Europäischen Parlaments und des Rates vom 20. Dezember 2006

3   Goldacre, B. (2005) Penta tonics. The Guardian, 10. März (gekürzt); www.badscience.net (21 September 2010)

4   Allen, G., Manoucheri, D. (2005) Doctor Disciplined After CBS 11 Reports. CBS-11 News, Sep 27, 2005; http://cbs11tv.com/investigators/ 2.492290.html (21 September 2010)

5   Landgericht München I, 03.10.2003, Az: 17HK O 18142/03

6   http://www.comcom.govt.nz/Media-Centre/MediaReleases/200506/ livingwaterquackeryresult-sin136000.aspx (zitiert nach Eder, E. http://homepage.univie.ac.at/ erich.eder/wasser/index.htm, 29 September 2010)

7   Eder, E. homepage aaO.

8   http://www.parlament.gv.at/PG/DE/ XXIII/AB/AB–04581/pmh.shtml (21 September 2010)

9   Wolf, R. (2001) Vom Sinn und Unsinn der Sinnestäuschung. Studium Generale, Universität Würzburg

Wasser zwischen Wissenschaft und Scharlatanerie

Wir sind am Ende dieses Buchs angelangt, sicherlich aber nicht am Ende unserer Erkenntnisse über das Wasser. Es war ein anstrengender, steiniger Weg durch Gebiete der Naturwissenschaften und der Pseudowissenschaft. Er begann bei den uralten Mythen, führte über die unterschiedlichsten Beschreibungen des Wassers und zeigte neue Mythen auf: rechtsdrehendes Wasser, Wassergedächtnis, Energetisierung des Wassers und die Meinung, dass unser aufbereitetes Trinkwasser krankmacht. Wegen einiger dieser Behauptungen in der Werbung endete das Buch fast zwangsläufig im juristischen Gelände. Hier sollen einige Erkenntnisse zusammengefasst werden.

Die Naturwissenschaften sind im Vergleich zur Magie noch relativ jung. Durch die Trennung von der Religion wurden sie unabhängig von Glaubenszwängen und durchliefen nach dem europäischen Mittelalter eine eigenständige Entwicklung. Dies bewirkte zweierlei: Es wurde selbstverständlich, dass neue Ergebnisse nicht nur geglaubt, sondern bewiesen werden müssen. Zum anderen etablierte sich eine kritische Arbeitsweise mit Regeln, die die Richtigkeit neuer Ergebnisse sicherstellen sollen. Dies führte im Lauf der Jahrhunderte über viele Erfolge und Irrtümer zum heutigen naturwissenschaftlichen Bild unserer Welt. Selbst die jetzt global verfügbare Technik ist auf dieser Grundlage entstanden.

Auch die Erforschung des Wassers entwickelte sich auf dieser Linie. Was wir heute darüber wissen, wurde in vielen Jahren wie ein Puzzlebild zusammengetragen, geprüft und in der Öffentlichkeit diskutiert. Nicht nur seine chemische Zusammensetzung, H_2O, wurde gefunden, sondern auch zahlreiche Eigenschaften und sogenannte Anomalien wurden entdeckt und öffentlich dokumentiert. Trotz dieser Erfolge wird auch das heutige Bild nur als momentaner Stand der Wissenschaft gesehen. Es ist sicher, dass es sich auch in Zukunft erweitern wird, denn das Wissen um das Wasser vergrößert sich stän-

Wasser, das Wunderelement? 1. Auflage. Helge Bergmann
© 2011 WILEY-VCH Verlag GmbH & Co. KGaA, Weinheim

dig. Es ist daher eine normale Haltung der Naturwissenschaftler, dies zu erkennen und zuzugeben: »Wir wissen vieles nicht oder noch nicht.« Daraus entspringt die grundlegende Motivation, das Wasser weiter zu erforschen.

Wir haben in diesem Buch aber auch eine andere Haltung zum Wasser kennengelernt. Wie in einem Werbespot ziehen Personen einen Labormantel an und behaupten, sie seien Wissenschaftler. Ihr »wissenschaftliches« Beiwerk, das wir kennengelernt haben, besteht aus unbewiesenen Behauptungen und wissenschaftlichen Worthülsen, die nur ausgeliehen, aber nicht verstanden werden. Sie erfinden neue Mythen zum Wasser, plausible Nachweise dafür, wie in der Naturwissenschaft erforderlich, werden nicht vorgelegt. Solchen Pseudowissenschaftlern geht es nicht um wissenschaftliche Fragen und Antworten, sondern vor allem um Geschäftemacherei mit angeblich »verbessertem« Wasser.

Nach dem Lesen dieses Buches ist der Missbrauch durchaus zu erkennen. Das Prinzip findet man immer wieder: Zunächst wird eine Eigenschaft des Wassers seriös wissenschaftlich beschrieben. Diese Beschreibung wird dann mit einer Behauptung verknüpft, die mit Naturwissenschaft nichts mehr zu tun hat. Mit dieser verfälschten Darstellung wird dann ein Produkt oder eine Serviceleistung angeboten, wie beispielsweise rechtsdrehendes Wasser.

Leser einer solch manipulierten Darstellung sollen annehmen, dass das Produkt wissenschaftlich abgesichert ist. Der rasche Übergang von der Naturwissenschaft zur Pseudowissenschaft entgeht dabei manchem zukünftigen Käufer. Er hat oft nicht die Kenntnisse, diesen Wechsel festzustellen. Die Erklärung wird als seriös übernommen und auf das Produkt übertragen. Das bedeutet, dass in diesen Fällen die Naturwissenschaft herhalten muss, damit ein Verkäufer sein fragwürdiges Wasser verkaufen kann. Bei solchen Angeboten sollte man nicht vergessen: Nicht die Information, sondern der finanzielle Gewinn ist das Ziel. Der Missbrauch der Naturwissenschaft wird dabei in Kauf genommen oder sogar gezielt eingesetzt. Dass ein Verkäufer im Einzelfall sogar die Gesundheit eines Kunden riskieren könnte, kommt bei diesem Geschäft noch hinzu.

Sobald mit dubiosen Methoden ein »besonderes« Wasser zum Kauf angeboten wird, gelangen wir in die Domäne der Scharlatane. Sie wurden im Kapitel »Naturwissenschaftliches Denken und Arbeiten« als Personen beschrieben, die im Ruf stehen, eine Tätigkeit unsachgemäß auszuüben, aber damit Geld zu verdienen. Nun gibt es seit Menschengedenken Zauberei, Magie und Scharlatanerie in vielfältigen Formen. Das Erstaunliche dabei ist aber: Warum lassen sich trotz der verfügbaren wissenschaftlichen Kenntnisse noch so viele Menschen täuschen? Die Annahme, dass solch irrationaler Glauben durch das erweiterte Wissen ausgestorben sei, trifft jedenfalls nicht zu. Warum dies so ist, wird zunehmend selbst zum Forschungsobjekt der Wissenschaften. [1] In der Praxis kann man eigentlich nur dem Laissez-faire-Prinzip folgen, nach dem niemandem verwehrt ist, sein Geld für unwirksames Wasser auszugeben.

Das Angebot von »besonderen« Wässern hat noch einen weiteren Aspekt. Im Rahmen der beschriebenen Scharlatanerie hat man es erwartungsgemäß immer wieder mit Heilsversprechen, unbewiesenen Behauptungen und fehlenden Wirkungen zu tun. Dadurch kann die Scharlatanerie in Täuschung und Betrug übergehen, falls Gesetze bezüglich Arzneimittel, Lebensmittel und Werbung tangiert sind. Die Urteile gegen das Grander-Wasser haben gezeigt, dass in krassen Fällen ein juristisches Vorgehen möglich und erfolgreich sein kann. Die Frage, warum der Verbraucherschutz hier nicht stärker greift, bleibt offen. Am Fehlen zweifelhafter Werbetexte und Produkte kann es nicht liegen, wie das Buch zeigt.

Bei Diskussionen über die Scharlatanerie mit »besonderem« Wasser kommt immer wieder die Frage auf: »Warum soll hier überhaupt Aufklärung betrieben werden? Lasst die Leute doch ihr Geld dafür ausgeben.« Hinzu kommt, dass der »besondere« Wassermarkt ja nur ein Schauplatz von vielen ist, auf denen Verbraucher obskure Angebote finden. Der Markt für Nahrungsergänzungsmittel beispielsweise ist erheblich größer und wirbt ebenfalls mit vielen unbewiesenen Behauptungen und Wirkungen.

Eine erste Antwort darauf lautet: Es gilt, die Geschäftemacherei mit der Pseudowissenschaft aufzudecken und zurückzudrängen, allgemeiner ausgedrückt: dem Aberglauben und der Magie in allen Formen entgegenzutreten. Dieses Ziel wird seit der Epoche der Aufklärung im 18. Jahrhundert in Europa verfolgt. Vieles hat sich dadurch in den letzten zwei Jahrhunderten in Gesellschaft, Politik, Religion, Wissenschaft und Kunst verändert. Ängste und Zwänge wurden verringert, das Wissen des Einzelnen nahm zu. Dennoch ist es immer wieder frappierend zu beobachten, dass Menschen in ihrem täglichen Leben zwar kritisch mit Lebensmitteln umgehen, Werbung für

»energetisiertes Wasser« aber unkritisch hinnehmen. Überzeugt durch Heilsversprechen sind sie bereit, dafür Geld auszugeben. Solche Menschen leben nach dem Motto »Wer nichts weiß, muss alles glauben« [2], dem Titel eines humorvollen Buchs über die Naturwissenschaft. Grundkenntnisse der Naturgesetze wären eine solide Grundlage, um ein besseres Verständnis für das Wasser und seine Eigenschaften zu entwickeln. Hier gilt es, in der Tradition der Aufklärung weiterzuarbeiten, um der Scharlatanerie und Pseudowissenschaft auch auf dem Gebiet des Wassers Grenzen zu setzen.

Ein zweites Motiv für die Darstellung wissenschaftlicher Themen ist, die Ansprüche der Pseudowissenschaftler auf »wissenschaftliches« Arbeiten zu entlarven. Vor allem ist es nötig, den verdeckten Übergang von der Naturwissenschaft zur Pseudowissenschaft darzulegen. Vorwürfe von deren Seite, die Naturwissenschaftler seien »starrköpfig« und »hartgesotten«, sie würden neue Erkenntnisse nicht akzeptieren, sind unverständlich. Es sind die Pseudowissenschaftler, die sich freiwillig auf das Gebiet der Naturwissenschaft begeben. Sie wollen für ihre Behauptungen das Siegel »wissenschaftlich bewiesen« erhalten, um damit den Verkauf ihrer Produkte zu fördern. Niemand zwingt sie dabei zu irgendetwas, außer zur Einhaltung der Arbeitsregeln, die auf diesem Gebiet über lange Zeit entwickelt worden sind und sich bewährt haben. Der Zwiespalt, in dem sich die Hersteller von »besonderem« Wasser befinden, ist offenkundig: einerseits das Bestreben, das begehrte Gütesiegel der Wissenschaftlichkeit zu bekommen, andererseits die Weigerung, sich an deren Arbeitsregeln zu halten.

Warum aber sollte man diese bewährten Regeln ändern, nur weil ein Nachweis für rechtsdrehendes Wasser nicht gelingt? Auch anderen Ideen wie der vom Gedächtnis des Wassers, vom informierten Wasser oder vom Wasserauto wird man also weiterhin mangels Beweis die Anerkennung der Naturwissenschaft versagen müssen. Der Spruch am Anfang des Buches wurde ganz bewusst als Leitfaden gewählt. Er bedeutet in unserem Zusammenhang: Jedermann kann Behauptungen über Eigenschaften und Heilwirkungen des Wassers aufstellen. Wer dafür jedoch das Merkmal »Wissenschaft« verwendet, muss damit rechnen, mit deren Maßstäben beurteilt zu werden.

An dieser Stelle soll nochmals auf die Grenzen auch der Wissenschaftler hingewiesen werden. Es ist offensichtlich, dass sie immer nur das wissen, was bis zum jetzigen Zeitpunkt erkannt worden ist.

Es liegt damit in der Natur der Sache, dass jetziges Wissen jederzeit durch neueres Wissen ersetzt werden kann und dass es immer Lücken geben wird. Dies immer wieder zu bedenken ist erforderlich, damit Wissenschaftler nicht der Gefahr der Überheblichkeit unterliegen.

Dennoch steht fest, dass uns die Naturwissenschaft in den letzten Jahrhunderten eine Fülle von Erkenntnissen gebracht hat, sowohl über unsere normale, erfahrbare Welt als auch über die Welt der Atome und über das Universum. Die Gesetze und Anschauungsmodelle, die dabei in mühsamer Kleinarbeit gefunden wurden, haben eine in sich stimmige Erklärung der Natur geschaffen. Ein alternatives Bild ist zurzeit durch keine andere rationale Darstellung möglich. Wer also mit dem Anspruch antritt, ein neues wissenschaftliches Prinzip oder die Überwindung eines gültigen Naturgesetzes gefunden zu haben, muss stichhaltige Gründe und Beweise dafür liefern. Irgendein Gerätehersteller oder Verkäufer von »besonderem« Wasser ist dazu kaum in der Lage. Ein gesundes Misstrauen gegen solche Geschäftemacher ist deshalb angebracht. Auch in Zukunft können Naturwissenschaftler nicht tolerieren, dass ihre Tätigkeit als »Gütesiegel« von Scharlatanen missbraucht wird. Das Buch hat möglicherweise dazu beigetragen, diese Grenze etwas deutlicher zu machen.

Über all diesen Erwägungen ist eines jedoch sicher: Die wissenschaftliche Erforschung des Wassers geht weiter. Manche Wissenslücke wird geschlossen werden, neue Fragen werden auftauchen. Das Thema Wasser wird spannend bleiben und noch manche Überraschung bringen.

Anmerkungen

1 Warum Menschen Unfug glauben. 20. GWUP-Konferenz, 13.-15. Mai 2010, Essen, www.gwup.org (11 Oktober 2010)

2 Gruber, W., Oberhummer, H. und Puntigam, M. (2010) Wer nichts weiß, muss alles glauben, Ecowin Verlag, Bietighiem-Bissingen. Die drei Autoren treten auch unter dem Namen »Science Busters« in einer Wissenschaftsshow mit dem Titel ihres Buches auf.

Informationsquellen

Während die naturwissenschaftlichen Ergebnisse der Wasserforschung regulär veröffentlicht werden, liegen die pseudowissenschaftlichen und esoterischen Darstellungen des Wassers nur zum Teil in gedruckter Form vor. Ein großer Teil davon ist hingegen im Internet zu finden. Aus diesem Grund bestehen viele der hier zitierten Informationsquellen aus Internetadressen. Sie haben den Vorteil, dass die zugehörigen Webseiten rasch und weltweit verfügbar sind. Ihr Nachteil ist aber, dass sowohl Inhalte wie Adressen einer schnellen Veränderung unterworfen sind. Es ist daher in einzelnen Fällen möglich, dass zitierte Internetadressen nicht mehr zu finden sind. Ihre frühere Verfügbarkeit ist jedoch durch das jeweilige Datum des letzten Aufrufs dokumentiert. In einigen Fällen ist es möglich, den ursprünglichen oder einen ähnlichen Inhalt durch geeignete Internetsuche unter einer anderen Adresse zu finden.

Wasser, das Wunderelement? 1. Auflage. Helge Bergmann
© 2011 WILEY-VCH Verlag GmbH & Co. KGaA, Weinheim

Abbildungsnachweise

Register